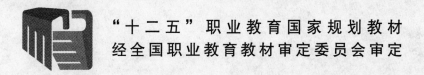

"十二五"职业教育国家规划教材
经全国职业教育教材审定委员会审定

工程流体力学

主　编　侯　涛　陈明付

副主编　梁　倩　易祖耀

编　写　乔　凯

主　审　毛正孝　江文贱

U0271166

中国电力出版社
CHINA ELECTRIC POWER PRESS

内 容 提 要

本书为"十二五"职业教育国家规划教材。

全书分为四个学习项目，共十五个学习任务。通过对电力生产过程中流体设备和流动系统的分析，阐述了流体的物理性质、流体静压力的规律以及流体流动的基本规律等内容，着重介绍了流体稳定一元管流流动的基本规律，侧重工程实例和管道计算等方面的内容，同时对平面流动、气体动力学基础知识做了介绍。

本书可作为高职高专学校电厂热能动力装置专业和火电厂集控运行专业的教材，也可作为电力职工大学、高等院校成人教育、函授等相应专业的教材，并可供有关专业技术人员参考。

图书在版编目（CIP）数据

工程流体力学/侯涛，陈明付主编. —北京：中国电力出版社，2014.8

"十二五"职业教育国家规划教材

ISBN 978-7-5123-6134-8

Ⅰ.①工… Ⅱ.①侯…②陈… Ⅲ.①工程力学－流体力学－职业教育－教材 Ⅳ.①TB126

中国版本图书馆 CIP 数据核字（2014）第 144737 号

中国电力出版社出版、发行

（北京市东城区北京站西街 19 号　100005　http：//www.cepp.sgcc.com.cn）

航远印刷有限公司印刷

各地新华书店经售

*

2014 年 8 月第一版　　2014 年 8 月北京第一次印刷

787 毫米×1092 毫米　16 开本　13.25 印张　322 千字

定价 **27.00** 元

敬 告 读 者

本书封底贴有防伪标签，刮开涂层可查询真伪

本书如有印装质量问题，我社发行部负责退换

 前 言

本书为贯彻落实《国家中长期教育改革和发展规划纲要（2010—2020）》要求企业参与职业教育的文件精神，满足电力行业产业发展对高技术技能型人才的需求而编写。采用行动导向编写方式，为电力职业教育工程流体力学课程实现工学结合和理实一体教学模式起到支撑和载体的作用。同时，以编写规划教材为契机，总结、推广各校教学改革成果，进一步深化行动导向教学模式改革，促进"双师型"教师队伍和实训实习基地建设，实现"教、学、做"一体化，全面提升电力职业教育人才培养水平。

本书根据高等职业教育人才培养目标和电力行业人才需求，按照"项目导向、任务驱动、理实一体、突出特色"的原则，以岗位分析为基础，以课程标准为依据，充分体现高等职业教育教学规律。教材内容突出以能力培养为核心的教学理念，引入国家标准、行业标准和职业规范，科学合理设计学习项目和任务，充分考虑学生认知规律，充分体现任务驱动的特征，充分调动学生学习积极性。

本书对传统沿用多年的教材编写体系做出了重大调整，按照"项目导向、任务驱动"的原则，对内容重新进行了组织，设计了 4 个学习项目，共 15 个学习任务。学习项目中重点突出一元管道系统流动基本规律，以电力生产过程中典型流体设备和流动系统等的工作过程为学习任务，导入相关流体力学基础知识，弱化公式的理论分析与推导过程，强调知识在实践中的应用，通过任务的实施训练学生的基本技能。本书整体上降低了难度，与工程热力学课程协调，删去了气体一元管流基本方程和喷嘴流动等内容，增加了锅炉水动力计算、锅炉烟风系统通风计算以及水泵的扬程计算等工程问题的介绍，有助于学生理解和掌握工程中应用流体力学基本原理处理问题的方法。为了开阔学生视野，增加学习趣味性，培养科学素养，特别设计了"拓展知识"环节，介绍古今中外流体知识的智慧结晶和自然流体现象。

本书由郑州电力高等专科学校侯涛，福建电力职业技术学院陈明付担任主编，武汉电力职业技术学院梁倩，华电郑州机械设计研究院有限公司易祖耀担任副主编，郑州电力高等专科学校乔凯参加编写。项目一中任务一、项目三任务二、三、五及项目四由侯涛编写，项目二中任务一、三和项目三中任务一、六由陈明付编写，项目一中任务二、三由梁倩编写，项目三中任务四由易祖耀编写，项目二中任务二由乔凯编写，全书由侯涛统稿。

本书由国网技术学院泰山校区毛正孝老师和江西电力职业技术学院江文贱老师担任主审。两位审稿老师花费了大量时间精力从不同的侧面提出了很多宝贵的意见，毛正孝老师修订了本书的编写大纲，并提出了关于教材编写的指导意见，江文贱老师从篇幅剪裁、内容表述、文字校核等方面对全书做了细致严密的审核，编者感谢主审人对本书的仔细审阅及提出的宝贵意见。同时，本书在编写过程中参考了有关教材和文献资料，得到了其他院校老师和企业技术人员的大力支持，在此表示衷心的感谢。

由于编者水平有限，书中难免存在缺点和不足之处，敬请读者不吝赐教。

编 者
2014 年 2 月

∷ 目 录

项目一

电力生产过程中的流体力学

【项目描述】

本项目了解工程流体力学的研究内容、基本概念，通过认识火力发电、水力发电、风力发电等各种电力生产方式，以及火力发电的生产过程来了解工程流体力学在流体工程、特别是电力生产过程中的重要作用，认识电力生产过程中常用流体的物理性质，熟悉工程流体力学的研究内容、研究方法、流体的力学模型与流动模型，以及流体的运动要素等基本概念。

【教学目标】

能表述工程流体力学的研究内容、研究方法，说出电力生产过程中工程流体力学的作用，举出工程应用实例，能分析电力生产过程中常用流体的物理性质，能解释工程流体力学中流体的各种力学模型和流动模型，能分析流体的运动要素并进行简单计算。

【教学环境】

多媒体教室、流体实验室、仿真机房、模型室或利用理实一体化教室实施课程教学，需要火力发电厂的生产设备模型、热力系统图、设备技术参数。

任务一 工程流体力学及其在电力生产过程中的应用

【教学目标】

知识目标：

（1）了解工程流体力学的研究内容、研究方法。

（2）了解工程流体力学在电力生产过程中的作用。

（3）了解流体力学的发展历史和现状。

（4）了解流体力学在自然界、流体工程中的普遍应用。

能力目标：

（1）能表述工程流体力学的研究内容、研究方法。

（2）知道工程流体力学在流体工程，特别是电力生产过程中的作用。

（3）知道流体力学的发展历史。

（4）能说出工程流体力学在自然界或流体工程中的应用实例。

（5）知道工程流体力学的学习方法。

态度目标：

（1）能积极主动学习、独立思考、发现问题、分析问题、解决问题。

（2）以团队协助的方式，与小组成员共同完成本学习任务。

☺【任务描述】

通过相关内容的录像、模型、图片及网络资源等了解各种电力生产方式，特别是火力发电生产过程，认识工程流体力学的研究内容、研究方法，了解工程流体力学在流体工程、特别是电力生产过程中的作用，并举出工程应用实例。了解流体力学的发展历史和现状，知道如何学习本课程。

⚓【任务准备】

（1）了解各种电力生产方式和火力发电生产过程，独立思考并回答下列问题：

1）电力生产过程中有哪些流体介质？流体起什么作用？流体介质的状态如何？

2）工程流体力学能解决电力生产过程中的哪些工程问题？

（2）了解工程流体力学与各种力学如固体力学等的区别，课前复习相关内容，独立思考并回答下列问题：

1）力学主要研究哪些内容？解决哪些问题？

2）中学物理中的力学研究对象是什么？有哪些主要的力学规律？

3）流体有哪些？流体有什么特点？与固体有何区别？

4）流体力学与固体力学有何区别？

（3）了解流体力学的发展历史和现状及其在自然界和工程中的应用，独立思考并回答下列问题：

1）工程流体力学与流体力学有什么不同？

2）流体力学在自然界或流体工程中有哪些应用？

〰️【任务实施】

（1）通过了解电力生产方式和电力生产过程了解工程流体力学的学习意义。

1）通过观看电力生产的视频，参观电力设备模型，教师讲解热力系统图、演示仿真运行等方法，了解电力生产方式和电力生产过程的特点，认识各种流体在电力生产过程中的状态和作用。

2）学生分组讨论工程流体力学在电力生产过程中的作用，举出工程应用实例，总结电力生产过程中的常用流体介质，电力生产过程中的流体力学工程问题，以及流体力学在自然界和其他流体工程中的应用。

（2）了解流体力学的发展历史和现状。

1）分组学习，搜索网络资源，了解流体力学的发展历史。

2）了解对流体力学做出重要贡献的中外科学家。

3）了解流体力学的发展现状和分支学科及应用。

4）撰写学习报告：流体力学发展与未来。

📖【相关知识】

知识一：电力生产过程中的流体力学

流体包括液体和气体，最具代表性的流体是水和空气，也是流体力学研究的主要对象。流体力学是研究流体运动规律及工程应用的科学。力学研究物体在受外力作用下的运动规律，如果物体不变形，属于理论力学研究范畴；若物体有轻微有限变形，是固体力学的研究对象；流体特别容易变形，由力学的分支学科——流体力学加以专门的研究。

流体力学研究宏观现象中的流体平衡、运动及流体与固体相互作用等的力学规律。流体力学按研究对象的特点，通常有两个分支：一个是水力学，以水为代表的不可压缩流体（通常是液体）的运动规律；另一个是空气动力学，以极易被压缩的空气为代表的可压缩流体（一般指气体）的运动规律。工程流体力学侧重于工程技术中的流体力学问题及应用。

随着科学技术的发展和环保意识的增强，电力生产方式日益多元化，特别是新能源技术发展迅猛。电力生产过程各有其特点，但在绝大多数的电力生产方式中，都利用水、蒸汽、空气等流体作为工作介质，因为流体廉价、环保、流动性好，且气体易膨胀压缩，便于实现连续生产，所以被广泛应用于各种形式的动力循环中，通过流体的流动传输能量，转换能量，生产出电能，满足工业生产和生活的需要。

一、电力生产方式

按照利用能源的种类来分，电力生产方式主要有以下几种：

1. 火力发电

以煤、油、天然气等为燃料，加热水产生蒸汽，推动汽轮机旋转，带动发电机发电。

2. 水力发电

通常利用江河、水库中的水推动水轮机旋转，带动发电机发电。

3. 风力发电

以自然界的风驱动风车发电。

4. 核能发电

核燃料在反应堆中发生原子核裂变产生能量，加热水产生蒸汽，推动汽轮发电机组发电。

5. 太阳能发电

有两种方式，一是直接用光伏电池发电；另一种为太阳能热发电技术，即用太阳能加热水等介质，带动汽轮发电机组发电。

6. 地热发电

利用地下的热水或蒸汽等热源生产蒸汽，带动汽轮发电机组发电。

7. 潮汐发电

潮汐发电是一种水力发电的形式，利用潮汐水流的移动或潮汐海面的升降，推动水轮机旋转，带动发电机发电。

8. 生物质发电

利用农业、林业和工业废弃料，如秸秆、沼气等，直接燃烧或气化的方式发电。

9. 磁流体发电

将燃料（石油、天然气、燃煤等）直接加热成易于电离的气体，极高温度并高度电离的气体高速流经强磁场直接发电。

可以看出，各种电力生产方式中，利用最多的流体介质是水、蒸汽、空气等，不同的流体介质通过参与燃烧吸收热量，在原动机中转换为机械能，或者流体直接推动原动机旋转，最后在发电机中产生电能。流体的性质及运动规律对电能的生产方式和生产过程有着重要的作用和意义，许多电力生产方式，典型的如风力发电、水力发电都是直接利用流体的力学性质完成电能的生产。

二、火力发电生产过程

在最常见的火力发电生产过程中，发电过程以蒸汽的动力循环为基础完成电能的持续生成。动力循环中以水为工作介质，水在锅炉中吸热变成高温高压的蒸汽，蒸汽进入汽轮机内膨胀做功，推动汽轮机旋转，汽轮机旋转带动发电机发电，做功后的乏汽排入凝汽器中放热凝结成水，水经给水泵升压，高压水重新回到锅炉吸热。这样的过程周而复始就称为动力循环（也叫热力循环），简称循环。当循环完成后，工质回复到了原来的初始状态，再按相同的过程重复进行循环，就可以连续不断地对外输出电能。

完成这个电力生产的循环需要许多设备和系统的共同工作。下面以燃煤电厂为例介绍火力发电生产过程（见图 1-1）。

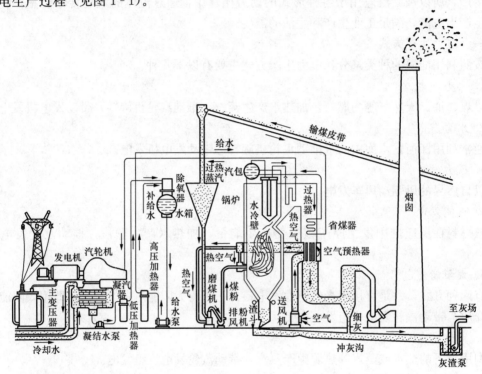

图 1-1 火力发电生产过程

1. 运煤系统

利用各种运输工具（火车、汽车、轮船等）将电煤从产区运往发电厂的储煤场，再根据燃烧需要用输煤皮带送至锅炉的原煤仓。

2. 制粉系统

为了尽快燃烧，提高燃烧效率，将煤磨制成煤粉后再送入锅炉燃烧。首先送风机将冷空气送入空气预热器加热，经热风道输送到制粉系统中，一部分热空气先干燥原煤，再把磨煤机内磨制的煤粉送往燃烧设备燃烧，另一部分热空气直接进入燃烧设备提供燃烧所需的空气。

3. 燃烧系统

制粉系统送到燃烧设备的风粉混合物和热空气在锅炉的炉膛内燃烧，生成高温烟气，在引风机的作用下，沿锅炉本体烟道依次流经炉膛、过热器、再热器、省煤器和空气预热器，同时将热量传递给水、蒸汽和空气。然后经除尘器、脱硫装置净化后，经引风机送入烟囱排出。锅炉的炉渣和除尘器下部的细灰用水由灰浆泵排到灰场。

4. 汽水系统

给水由给水泵加压后经给水管道进入省煤器，利用烟气余热吸收热量后进入汽包，经下降管进入水冷壁，吸收炉内燃烧生成的热量后，部分变成水蒸气。水冷壁内的汽水混合物再次进入汽包，经汽水分离器分离，蒸汽引出后进入过热器继续加热，水重新进入下降管，进行循环流动。

从过热器出来的合格蒸汽经蒸汽管道引入汽轮机内进行膨胀做功。通常过热蒸汽先在高压缸膨胀做功，排汽经管道送回锅炉，在再热器中重新加热后，引入汽轮机的中、低压缸继续膨胀做功，蒸汽推动汽轮机旋转，带动与汽轮机同轴相连的发电机一起旋转，发出交流电。

汽轮机排出的乏汽进入凝汽器，经循环水泵打入的循环冷却水将其冷凝成凝结水，凝结水经凝结水泵加压后，送入低压加热器加热，再经除氧器除氧后，经给水泵加压送入高压加热器加热，重新进入省煤器，自此完成一次热力循环，并且开始下一次循环。如此连续不断地循环往复，持续生产电能。汽轮机、发电机及泵与风机等转动设备的润滑油来自油系统。

5. 电气系统

发电机生产的交流电经主变压器升压后，经高压配电装置由输电线路向用户供电。其中，一部分由厂用变压器降压后，供电厂泵与风机等辅助设备用电，即厂用电。

电力生产的实质是能量的转换，由燃料的化学能经燃烧变为热能，热能依次传递给烟气、水、蒸汽、空气，蒸汽在汽轮机内将热能转换为动能并传递给汽轮机转子，汽轮机转子将动能传递给发电机转子，进而切割磁力线产生电能。一系列能量的转换中流体作为能量的载体在各种设备和系统中循环流动，例如，磨制的煤粉由热空气输送进入炉膛燃烧，燃烧生成的高温烟气沿烟道流动，将热量传递给过热器、再热器、省煤器和空气预热器，送入锅炉的给水经省煤器吸收热量后，在水冷壁内继续吸热变为水蒸气，蒸汽在过热器、再热器内吸热变为过热蒸汽，过热蒸汽进入汽轮机，先膨胀加速，再推动汽轮机旋转，这样通过流体进行传热、功能转换最终实现电能的生产。

三、工程流体力学在电力生产工程中的应用

在电力生产过程中，各种热力设备和管道系统内的主要工作介质是水、蒸汽、空气、烟气、油等流体。维持流体的正常流动是能量转换的基本前提。流体的物理性质、流动特点和能量转换都直接影响电力生产的各个环节。锅炉、汽轮机及附属系统中流体设备的结构、热力系统的建立及管道的连接，均建立在对工程流体力学规律的深入理解和运用上。

例如，锅炉自然水循环以流体静力学为工作原理，要保证自然水循环的正常流动需要进行正确的水（动）力计算，锅炉烟风系统的设计需要进行通风计算。而汽轮机是以蒸汽绕流叶栅产生升力的基本原理来工作的。热力循环中所有管道系统的循环流动都建立在应用连续方程、伯努利方程等的管道水力计算基础之上。热力系统中维持流体流动的主要是各系统中的泵与风机，泵与风机是为流体流动提供动力的，其设置合理与否，关键在于对所在流体系统进行正确的管道水力计算。如果应用工程流体力学的流动规律来设计或改造流体管道系统，可以有效控制流动中的能量损失，提高流动效率，降低泵与风机电耗，节约生产成本。这也是电力生产"节能降耗"的主要途径之一。

热力设备和管道系统中流体的压力、流量等参数直接反映了系统运行状态，是运行监控和事故处理的重要依据，要及时准确地进行自动控制和调节。表 1-1 是我国常用机组锅炉

的部分技术参数，这些重要的运行参数由热工测量仪表进行测量与计算。而许多热工测量仪表如文丘里流量计、毕托管测速仪、液柱式测压计、水位计等也是按照流体力学原理设计制造的，仪表的布置安装和控制系统的逻辑均需建立在流体力学知识的基础之上。因此，只有掌握了流体的基本运动规律，才能真正了解流体设备和热力系统的性能和运行规律，继而进行正确的设计和运行管理，从而保障电力生产过程安全、经济、节能、环保。

表1-1 我国常用机组锅炉部分技术参数

机组功率（MW）	300	600	1000
过热蒸汽流量（t/h）	1025	1900	2953
过热蒸汽压力（MPa）	18.2	25.4	27.56
再热蒸汽流量（t/h）	860	1607.6	2457
再热蒸汽压力（MPa）	4.00/3.79	4.71/4.52	6.0/5.8

应该特别指出的是，虽然本教材以电力生产过程为主要对象研究工程流体力学的基本概念和规律，但是，流体力学的基本概念和规律是普遍适用的，各种流体工程及自然界的流体现象都遵循同样的力学规律。

知识二：流体力学发展历史

流体力学是随着人类追求文明和科学进步而不断发展成熟起来的。

在人类早期，文明的孕育与河流密不可分。古人在傍水而生的过程中，观察总结了河流的四季变化，形成了最早的人类智慧。距今五千年前古埃及人就掌握了尼罗河定期泛滥的规律，他们修建河坝，用水位测量标尺测量季节性洪水，依据洪水的水位预测出当年庄稼的收成，以此来确定相应的征税金额。可以说正是通过对尼罗河的认识和利用，古埃及人建立了灿烂辉煌的古埃及文明。两河流域的古巴比伦（今伊拉克）颁布的著名《汉谟拉比法典》（约公元前18世纪）中有许多关于灌溉、水权的明确规定。古代中国大禹治水的故事流传至今，春秋战国和秦朝时修建了都江堰、郑国渠和灵渠三大著名水利工程。

最早对流体力学做出研究的是古希腊的数学家、物理学家阿基米德，他在公元前250年撰写的《论浮体》中，通过严密的数学推理建立了包括浮力定律和浮体定常性在内的液体平衡理论，奠定了流体静力学的基础。此后千余年间，流体力学没有重大发展。

14世纪伟大的文艺复兴运动兴起，开启了科学与艺术的革命时期，近代科学孕育而生。意大利著名画家、物理学家达·芬奇（15世纪）比较系统地研究了沉浮、孔口出流、物体运动阻力、流体在管道和水渠中的流动问题，在他的著作中还谈到水力机械、鸟的飞翔原理等问题。此后，流体力学开始了快速发展。17世纪，帕斯卡阐明了静止流体中关于压力的帕斯卡原理。伽利略建立了沉浮的基本理论。力学奠基人牛顿研究了在流体中运动的物体所受到的阻力，得到阻力与流体密度、物体迎流截面积以及运动速度的平方成正比的关系。他通过实验验证了黏性流体运动时的内摩擦力，提出了牛顿内摩擦定律。

从17世纪到20世纪流体力学不断进步，逐步形成了流体力学的理论分析和实验研究两大发展方向。理论分析的基本方法是忽略实际流体运动时的次要影响因素，将流体视为理想流体，建立抽象的数学模型，应用数学推导的方法得出结论。瑞士的数学家、物理学家欧拉是理论流体力学的奠基者，他在数学上著述颇丰，并将数学方法引入力学研究，用欧拉法研究了运动流体，建立了欧拉方程，并用微分方程组描述了无黏流体（理想流体）的运动，奠定了理想流体的运动理论基础。在欧拉、拉格朗日等科学家的共同努力下，建立起以数学推理为基础的理论流体力学，理论分析的研究方法日趋成熟。但是，由于流体运动的复杂性，理论分析得出的结论并不与实际情况完全相符，无法指导实践活动。用以弥补不足的实验研究的方法逐渐兴起，人们经过大量的实验研究和实践，总结出了许多经验和半经验公式，用来解决生产实践中的各种问题，这样建立起了以实验研究为基础的实用水力学。其中最著名的是伯努利方程，这是瑞士著名科学家伯努利将牛顿力学引入流体力学的研究，从经典力学的能量守恒观点出发，通过实验研究分析得到的。1738年伯努利出版了《流体动力学》。欧拉方程和伯努利方程的建立，是流体动力学作为一个分支学科建立的标志。19世纪末又出现了对空气动力学的研究，德国物理学家普朗特通过实验观察发现了边界层的存在，提出边界层理论，他还分别在风洞实验技术、机翼理论、紊流理论等方面做出突出贡献，被誉为空气动力学之父，是现代流体力学的创始人之一。20世纪50年代，水力学与空气动力学并入统一的流体力学。当代，随着科学技术的进步，流体理论的发展和实验技术的完善，理论流体力学与实用水力学不断结合，使工程流体力学发展成为一门应用科学。

20世纪以来，随着计算机技术的突飞猛进，各科学和技术领域获得了前所未有的发展，以前很多人力无法计算和处理的复杂方程得以顺利解决，复杂多变的流体运动可以实现计算机模拟和研究，以计算机计算为基础的数值计算技术得到飞速发展。流体力学中的数值计算已成为继理论分析和实验研究之后的第三种重要的研究方法，在求解流体力学的问题中得到了越来越广泛的应用。由此出现一个新的分支学科——计算流体力学，大到星际爆炸、飓风肆虐、大洋环流、火山爆发、油轮和客机航行，小到浮游生物游动、心血管流态都可以通过计算机模拟出来。

纵观流体力学的发展历史，流体力学的研究方法随着科学技术生产力的发展不断演进。现场观测、理论分析、实验研究、数值计算仍然是当今流体力学的重要研究方法。科学与技术总是相辅相成、互为促进，流体力学作为各种流体工程中最重要的基础学科，在科学技术高速发展的现代，出现了许多新兴分支学科，如电磁流体力学、环境流体力学、生物流体力学、多相流体力学、物理－化学流体力学、非牛顿流体力学、高速气体动力学、稀薄气体动力学，等等，在航空航天、宇宙探索、现代医学、环境保护、海洋、气象、化工、能源等领域发挥日益重要的作用。

🏛【拓展知识】

都江堰水利工程

都江堰水利工程［见图1-2（a）］位于长江支流岷江的上游，是公元前256年战国时期秦国蜀郡太守李冰主持修建的一座大型水利工程，是世界上修建最早、至今仍发挥着巨大效益的水利工程。

李冰总结蜀人治水的经验，精心选址都江堰，因为都江堰位于成都平原的顶部，是整个都江堰灌溉区的制高点。岷江流至此处，地势由高山峡谷变为平原，河床变宽，水势趋缓，是设置渠首枢纽的最佳位置。都江堰既可扼制住刚出峡谷的岷江水势，使其不能直泻成都平原，又可因地势高而控灌整个都江堰灌溉区。这项工程主体由鱼嘴分水堤、飞沙堰溢洪道、宝瓶口进水口三大部分构成，如图1-2（b）所示，它们的位置、结构、尺寸、方向等的设计，与岷江的河势、周围的地理条件、上游的来水来沙条件等巧妙结合，彼此之间互为依存、互相关联、互相协作，形成浑然天成的系统工程，科学地解决了江水自动分流、自动排

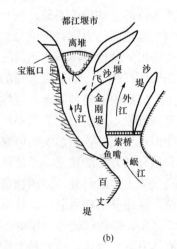

(a)　　　　　　　　　　　　　　　(b)

图 1-2　都江堰水利工程

(a) 全景图；(b) 示意图

沙、控制进水流量等问题。

　　鱼嘴分水堤的设置极为巧妙，它利用地形、地势，巧妙地完成分流引水的任务，鱼嘴将岷江水流一分为二，外江是原河道，内江水经人工造渠引入成都平原，既可以分洪减灾，又达到了引水灌溉、变害为利的目的。在洪、枯水季节不同水位条件下，起着自动调节水量的作用。

　　鱼嘴前方的岷江江面狭窄，江水流向因而受到控制。枯水季节时，天然江心洲露出水面，主流被挑向右岸，沿百丈堤下泄直趋内江，形成枯水季节内江分六成、外江分四成的天然倒四、六分流，可以保证灌溉用水。为了不让外江40％的流量白白浪费，聪明的先人采用杩槎截流的办法，拦截外江水入内江，使内江灌区用水更加可靠。洪水季节时，水位没过天然江心洲，岷江主流取直，趋向外江，形成洪水季节内江分四成、外江分六成的天然四、六分流，使灌区不受水灾影响。现在，在鱼嘴的外江河道已建成一座钢筋混凝土结构的大坝，代替过去临时杩槎工程，截流排洪更加灵活可靠。

　　飞沙堰溢洪道因具有泄洪排砂的显著功能而得名。一方面，飞沙堰的作用是当内江水量过大时，多余的水便从飞沙堰（飞沙堰的高度只超过内江河床2.15m）自行溢出；如果遇到特大洪水，它还会自行溃堤，让大量江水回归岷江正流。另一方面的作用就是"飞沙"，内江进口处于微弯河段的凹岸，飞沙堰位于内江弯道的下段。水流进入内江以后，在弯道环流离心力作用下，底部水流的流向指向飞沙堰，底流横向越过堰顶，将泥沙、石块带到外江，表层水流与堰顶平行而流向内江下游，形成堰顶溢流时底部流量大、上部流量小的特殊流态，在中等流量的需水季节，用较少的水量排走进入内江的大部分卵石和泥沙。飞沙堰的排沙作用随泄流量的增加而增强。洪水越大，飞沙堰的分流比越高，排沙效果越显著。

　　宝瓶口进水口是人工开凿用来控制内江的进水流量的，因形似瓶口且功能奇特而得名。宝瓶口的宽度和底高都有极严格的控制，古人在岩壁上刻了几十条分划，取名"水则"，这是中国最早的水位标尺。内江水流进宝瓶口后，通过干渠经节制闸，把江水一分为二。再经下一道闸二分为四，依西北高、东南低的地势，一分再分，形成自流灌溉渠系，灌溉成都平原。

两千年来，都江堰水利工程历经多次修复，始终发挥作用，以"历史跨度大、工程规模大、科技含量大、灌区范围大、社会经济效益大"的特点享誉中外、名播遐方，其中蕴含的系统工程学、流体力学等知识，在今天仍处在当代科技的前沿，普遍受到推崇，然而这些科学原理，早在两千多年前的都江堰水利工程中就已被勤劳的中国人民运用于实践了。这是中华古代文明的象征，是我们智慧的先人留给世界的财富。

任务二 电力生产过程中常用流体的物理性质和力学模型

🔊【教学目标】

知识目标：

（1）掌握电力生产过程中常用流体介质的基本物理性质，包括密度、压缩性与膨胀性、黏性。

（2）理解表面张力的含义。

（3）掌握流体受力分析的方法。

（4）理解流体的基本力学模型，包括流场连续性假定、理想流体与实际流体、不可压缩流体与可压缩流体、牛顿流体与非牛顿流体。

能力目标：

（1）能进行流体密度的计算。

（2）说出压缩系数、膨胀系数的概念和特点，能进行液体与气体压缩性、膨胀性的定量分析。

（3）能解释黏性的概念，应用牛顿内摩擦定律计算黏性系数与黏性力，分析黏度系数的物理意义、特点和影响因素并应用于工程问题。

（4）能对作用在流体上的力进行分析和推导。

（5）阐述流体基本力学模型引入的目的及其含义。

态度目标：

（1）能积极主动学习、独立思考、发现问题、分析问题、解决问题。

（2）以团队协助的方式，与小组成员共同完成本学习任务。

💬【任务描述】

通过对电力生产过程中常用流体介质基本物理性质、作用在流体上的力和流体基本力学模型的学习，能掌握和区别水、空气、油等电厂典型流体介质的物理性质，能对流体受力情况进行分析，能对锅炉、汽轮机等热力设备中流体介质的力学模型进行分析。

⚓【任务准备】

（1）了解电力生产过程中常用到的流体介质。

（2）复习中学物理中有关的力学知识，课前预习流体物理性质等相关内容，独立思考并回答下列问题：

1）如何从力学角度区别固体与流体？

2）电力生产过程中常用到的流体介质有哪些？

3）中学物理中研究过哪些与力学相关的固体的物理性质？

4）流体的基本物理性质包含哪些内容？其中哪些物理性质与力学相关？

5）黏性对流体的影响是什么？

6）固体受力分析方法是什么？作用在流体上的力分为哪几类？各自有什么特点？

7）常用的流体基本力学模型有哪些？

※【任务实施】

（1）观看电力生产过程的录像，了解各种流体工质在热力循环中所起到的作用及其性质，并分组讨论学习。

（2）学习电力生产过程中常用流体介质的基本物理性质，了解作用在流体上的力，认识流体基本力学模型。

（3）以学生自荐或教师指定的方式选择1～2组，对本次任务进行总结汇报。

■【相关知识】

知识一：电力生产过程中常用的流体介质

我们知道固体有固定的形状，受到切向力作用时，只有力足够大，才会产生某种程度的变形，固体变形的大小与作用力大小有关，作用力越大，变形越大。流体没有一定的形状，而且不能抵抗切向力的作用，也就是说，任何微小的切向力都会使流体发生连续变形，外力停止作用，变形才会消失。这种持续的变形就是我们看到的流动。流体这种极易变形的性质叫作流动性。从力学的角度看，流体是一种受任何微小切向力作用都会产生连续变形的物质。由于液体与气体内部的微观结构不同，二者的流动性也有差别，通常液体在流动时体积不变，气体则总是充满流动的空间。

通过前一个学习任务，我们了解到电力生产方式多种多样，在绝大多数的电力生产方式中，都利用水、蒸汽、空气等常见流体作为工作介质，利用流体的流动性传输能量、转换能量，实现连续生产电能。

在电力生产过程中，流体全面参与了各生产环节的工作。以前面介绍的火力发电生产过程为例，蒸汽动力循环以水和水蒸气为工作介质，空气主要参与燃烧和煤粉的输送，燃烧生成的烟气将热量依次传递给各受热面。在运转设备中还离不开油这种介质，油主要在锅炉点火、轴承润滑、液压控制等方面使用。由于循环系统的复杂性和热力设备各有其技术规范，流体在其中处于各种物理状态，水从未饱和状态到饱和状态，再蒸发为水蒸气，由饱和蒸汽加热到过热蒸汽。电厂用油根据不同的用途，可以有燃料油、绝缘油、润滑油等多种油类。不同种类的流体物理性质有所不同，即使是同种流体，在不同环境条件下，物理性质也会发生变化，其中，如密度、黏度、膨胀系数、弹性系数等物理性质与力学和运动有密切的关系。以油为例，入厂的新油和使用一定时期的油均需对其多种物理指标进行检验，以确保油在使用中符合各自用途的要求，特别是油的黏度对其工作状态有重要影响。黏度也是流体力学中流体运动的主要影响因素之一。电力生产过程中除了水、蒸汽、空气、烟气、油等大量使用的流体介质外，还会有氢气、氮气、二氧化碳等多种流体。

流体与固体一样，均是在外力作用下保持平衡或产生运动。从牛顿定律等基本力学规律可知，固体的密度、质量等物理性质深刻影响着固体受力与运动的关系。流体也是如此，而且由于流体形状不固定、很容易变形流动，其运动规律更加复杂，至今仍有许多流动现象与流动问题有待解释，但是有一点，不管固体还是流体，在本质上都遵循共同的力学规律，只不过流体运动的表现形式比较复杂，研究起来更加困难。在研究流体的力学规律前，首先要了解流体的基本物理性质，在研究流体平衡或机械运动的内部因素之后，再来分析作用在流体上的力，因为力是使流体运动状态发生变化的外因。鉴于实际流动现象的复杂性，流体力学在研究每一个具体物理过程中，往往不是一开始就把所有的内在因素全部考虑进去，而是抓住影响问题本质的最基本因素，忽略一些次要因素，先建立理想的物理模型，进行理论上的分析及数学推理，然后再考虑次要因素，通过实验等手段对结果进行逐步修正。

知识二：流体的基本物理性质

这里只介绍与力和运动相关的流体物理性质，主要有：密度、压缩性和膨胀性、黏性及表面张力。

一、密度

（一）密度的定义

惯性是物体维持原有运动状态的能力的性质，表征某一流体惯性的大小除了可用质量外，习惯上常用流体的密度来比较不同流体的惯性。单位体积流体的质量称为流体的密度，以 ρ 表示，其单位为 kg/m^3。

如果流体是均质的，即流体各点密度相同，其密度 ρ 表示为

$$\rho = \frac{m}{V} \tag{1-1}$$

式中　ρ——流体的密度，kg/m^3；

　　　　m——流体的质量，kg；

　　　　V——该质量流体的体积，m^3。

对于非均质流体，流体各点的密度不完全相同。如图 1-3 所示，在流体中取一个流体微团 A，其微元体体积为 ΔV，微元质量为 Δm。当微元体无限小而趋近 $P(x, y, z)$ 点成为一个流体质点时，流体中该质点的密度为

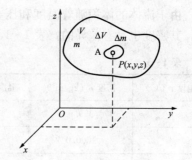

$$\rho = \lim_{\Delta V \to 0} \frac{\Delta m}{\Delta V} \tag{1-2}$$

式中　ρ——某点流体的密度；

　　　　Δm——微小体积 ΔV 内的流体质量；

　　　　ΔV——包含该点在内的流体体积。

图 1-3　流体密度示意图

密度 ρ 的倒数即是流体的比容，又称比体积，也就是单位质量流体所占据的空间体积，以 v 表示，单位为 m^3/kg，可表示为

$$v = \frac{1}{\rho} = \frac{V}{m} \tag{1-3}$$

（二）影响流体密度的因素

1. 流体的种类

密度是流体的物性参数。不同流体的密度是不相同的，表 1-2 给出了几种常见流体的密度。

从表 1-2 可以看到，不同流体的密度差别很大。液体的密度比气体的密度大得多，因此克服液体的惯性改变流体状态所需的力要比气体大很多，所以输送液体比输送气体更耗能。在气液共存的同一容器或管路之中，气体的质量往往可以忽略不计。

表 1 - 2 常 见 流 体 的 密 度

流体名称	温度 t（℃）	密度 ρ（kg/m³）	流体名称	温度 t（℃）	密度 ρ（kg/m³）
汽油	15～20	700～750	氨	0	0.771
苯	60	873	氮	0	1.251
甘油	0	1260	空气	0	1.293
煤油	15	769	氧	0	1.429
蒸馏水	4	1000	氯	0	3.217
重油	15	900～950	氢	0	0.0899
酒精	15～18	790	甲烷	0	0.717
水银	0	13 600	一氧化碳	0	1.250
海水	15	1020～1030	二氧化碳	0	1.976
乙醚	0	740	乙烯	0	1.206
甲醇	4	810	二氧化硫	0	2.925

2. 温度和压力

由于流体的体积随着温度和压力的变化而变化，即使同种流体，在不同的温度或压力下，其密度也是有差异的。表 1-3、表 1-4 为不同温度下水、空气和水银的密度。

表 1 - 3 不 同 温 度 下 水 的 密 度

温度 t（℃）	密度 ρ（kg/m³）	温度 t（℃）	密度 ρ（kg/m³）	温度 t（℃）	密度 ρ（kg/m³）
0	999.9	30	995.7	70	977.8
4	1000.0	40	992.2	80	971.8
10	999.7	50	990.1	90	965.3
20	998.2	60	983.2	100	958.4

表 1 - 4 不 同 温 度 下 空 气 和 水 银 的 密 度

温度 t（℃） 流体名称	0	10	20	40	60	80	100
空气	1.29	1.24	1.20	1.12	1.06	0.99	0.94
水银	13 600	13 570	13 550	13 500	13 450	13 400	13 350

一般来说，温度和压力对液体密度的影响比气体小很多。对于液体而言，温度变化和压力变化二者之中，前者对密度的影响更大一些。由于液体在温度和压力变化较小时，密度值变化也很小，通常在温度和压力变化不大时，液体的密度可取某一定值。例如水通常取 101.3kPa（1atm）、4℃时的密度为 $\rho=1000$kg/m³，作为其常温常压状态下的密度计算值。

但当温度和压力变化较大时，液体要取不同的密度，如锅炉中水在温度为 160℃、压力为 0.618MPa 的饱和状态下，密度为 $\rho = 909\text{kg/m}^3$。水在不同温度、压力下的密度可以通过查水性质表得知。

气体的密度随温度和压力的变化关系可以用热力学理想气体状态方程来表示

$$\rho = (p, T)$$

$$\frac{\rho_1}{\rho_2} = \frac{p_1}{p_2} \frac{T_2}{T_1} \tag{1-4}$$

$$T = 273.15 + t$$

式中　ρ_1，p_1，T_1——气体状态变化前的密度、绝对压力、热力学温度；

　　　ρ_2，p_2，T_2——气体状态变化后的密度、绝对压力、热力学温度；

　　　T——热力学温度，K；

　　　t——摄氏度，℃。

【例 1-1】　某风机厂的产品标明，通风机的性能曲线是在环境温度为 20℃，大气压力为 101.3kPa 的条件下实验得到的，这时空气的密度为 1.2kg/m^3，当风机在温度为 40℃，大气压力为 93.3kPa 的条件下工作时，风机入口空气的密度是多少？

解　$\rho_2 = \rho_1 \dfrac{p_2 T_1}{p_1 T_2} = 1.2 \times \dfrac{93.3}{101.3} \times \dfrac{273 + 20}{273 + 40} = 1.035\text{kg/m}^3$

在某些工程技术资料中，会看到流体重度这个概念，它表示单位体积流体的重量，通常以 γ 表示，单位为 N/m^3。

重度和密度的关系为

$$\gamma = \rho g \tag{1-5}$$

式 (1-5) 两端均乘以体积 V，即得

$$G = mg \tag{1-6}$$

二、压缩性和膨胀性

由于流体的体积随着温度和压力的变化而变化，在高温高压的锅炉、汽轮机等热力设备中就必须要考虑流体的压缩性和膨胀性。流体受压，体积缩小，密度增大的性质，称为流体的压缩性，如图 1-4 (a) 所示。流体受热，体积膨胀，密度减小的性质，称为流体的膨胀性，如图 1-4 (b) 所示。这是所有流体的共性，但是液体和气体有很大的区别。

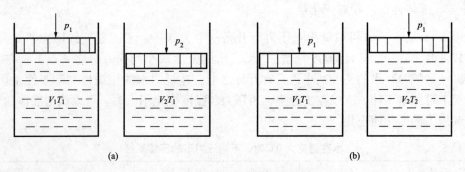

图 1-4　流体的压缩性和膨胀性示意图
(a) 流体压缩；(b) 流体膨胀

（一）液体的压缩性和膨胀性

1. 液体的压缩性

液体的压缩性一般用压缩系数 β 来表示。压缩系数表示当温度不变时，单位压力变化所引起的液体体积的相对变化量，即

$$\beta = -\frac{1}{\Delta p}\frac{\Delta V}{V_1}$$

$$\Delta p = p_2 - p_1$$

$$\Delta V = V_2 - V_1 \qquad\qquad (1-7)$$

式中　β——液体的压缩系数，$\mathrm{m^2/N}$；

　　　Δp——液体压力的变化量，$\mathrm{N/m^2}$；

　　　$\dfrac{\Delta V}{V_1}$——液体体积的相对变化量。

β 值越大，则流体的压缩性也越大。压缩系数计算公式中，有负号的原因在于，Δp 总是和 ΔV 的符号相反，即压力增加，体积减小，压力降低，体积增大。为了保持 β 为正值，在公式中加入负号。

在工程中还经常用弹性系数（体积弹性模量）来表示流体的压缩性，压缩系数 β 的倒数 $1/\beta$，就是流体的弹性系数，用 E_0 表示，单位为 $\mathrm{N/m^2}$，即

$$E_0 = \frac{1}{\beta} = -\Delta p\frac{V_1}{\Delta V} \qquad\qquad (1-8)$$

2. 液体的膨胀性

液体的膨胀性一般用膨胀系数 α 来表示。膨胀系数表示，当压力不变时，单位温度变化所引起的液体体积的相对变化量，即

$$\alpha = \frac{1}{\Delta T}\frac{\Delta V}{V_1}$$

$$\Delta T = T_2 - T_1$$

$$\Delta V = V_2 - V_1 \qquad\qquad (1-9)$$

式中　α——液体的膨胀系数，$\mathrm{K^{-1}}$；

　　　ΔT——液体温度的变化量，K；

　　　$\dfrac{\Delta V}{V_1}$——液体体积的相对变化量。

从表 1-5 及表 1-6 可以看出：压力每升高一个大气压，水的密度约增加两万分之一。在温度较低时（10～20℃），温度每增加 1℃，水的密度减小约为万分之一点五；在温度较高时（90～100℃），水的密度减小也只有万分之七。这说明水的压缩性和膨胀性是很小的，一般情况下可忽略不计。所以在工程中，当压力和温度变化不大时，可以认为液体的密度不随温度和压力的变化而变化。

表 1-5		水在温度为 0℃ 时，不同压力下的压缩系数		
p（$\times 10^5\mathrm{N/m^2}$）	4.904	9.807	19.614	39.228	78.456
β（$\times 10^{-9}\mathrm{m^2/N}$）	0.539	0.537	0.531	0.523	0.515

表 1-6 水在一个大气压下，不同温度时的密度

温度（℃）	密度（kg/m³）	温度（℃）	密度（kg/m³）	温度（℃）	密度（kg/m³）
0	999.9	15	999.1	60	983.2
1	999.9	20	998.2	65	980.6
2	1000.0	25	997.1	70	977.8
3	1000.0	30	995.7	75	974.9
4	1000.0	35	994.1	80	971.8
5	1000.0	40	992.2	85	968.7
6	1000.0	45	990.2	90	965.3
8	999.9	50	988.1	95	961.9
10	999.7	55	985.7	100	958.4

但是在特定情况下，如启动前的锅炉水压实验、水击，必须考虑水的压缩性和膨胀性。在电厂中，由于水升温膨胀而引起的对管道、容器等的热应力是很大的。汽水系统采用密封运行的方式，其工质的压力和温度都很高，因此在机组启、停和负荷变化的过程中，需要采用控制温升率和压力变化率的方法，使产生的热应力在安全范围内。大型电厂锅炉在启动前上水时，一般只允许上到汽包最低可见水位（汽包正常水位线下 100mm）。因为在点火后，随着炉水温度的升高，炉水会膨胀到正常水位甚至超过正常水位。需要说明的是，汽包内的水处于高温高压状态，由于水的膨胀性大于压缩性，水的体积受压收缩小于升温膨胀，因此体积是增加的，这是高温高压下给水和炉水的密度减小的原因。

【例 1-2】 已知某锅炉厂生产的 1021/18.2YM 型锅炉从给水泵出口到汽轮机主汽门前的空间水容积是 484m³。启动前做水压实验时，如果压力从 0.2MPa 升高至工作压力 19.6MPa，不考虑温度变化的影响，求需要补充多少水？

解 由于

$$\beta = -\frac{1}{\Delta p}\frac{\Delta V}{V_1}$$

$$\Delta V = -\beta\Delta pV_1 = -0.5\times10^{-9}\times(19.6-0.2)\times10^6\times484 = -4.7m^3$$

由计算结果可以看到，在锅炉等高压设备中，压力变化比较大，由此所引起的液体体积变化量不应被忽略。

【例 1-3】 如果一容器中水的体积 $V_1 = 40L$，保持其压力不变，温度由 4℃升高到 90℃，问水的体积膨胀了多少？

解 从表 1-2 查出，4℃时水的密度 $\rho_1 = 1000kg/m^3$，90℃时水的密度 $\rho_2 = 965.3kg/m^3$。水的质量 $m = \rho_1 V_1 = 0.04\times1000 = 40kg$。由公式 $\rho = m/V$ 得

$$V_2 = \frac{m}{\rho_2} = \frac{40}{965.3} = 0.0414m^3$$

水的体积变化值

$$\Delta V = V_2 - V_1 = 1.4L$$

体积相对增加值

$$\frac{\Delta V}{V_1} = 3.5\%$$

（二）气体的压缩性和膨胀性

气体和液体不同，气体具有显著的压缩性和膨胀性。温度和压力的变化对气体的密度影响很大。在温度不过低，压强不过高时，气体密度、压强和温度三者之间的关系，服从理想气体状态方程，即

$$\frac{p}{\rho} = RT \qquad (1\text{-}10)$$

式中　p——气体的绝对压力，N/m^2；

　　　T——气体的热力学温度，K；

　　　ρ——气体的密度，kg/m^3；

　　　R——气体常数，$J/(kg \cdot K)$。对于空气，$R=287$；对于其他气体，在标准状态下，$R=8314/n$，其中 n 为气体的分子量。

在等温情况下，状态方程简化为

$$\frac{p}{\rho} = \frac{p_1}{\rho_1} \qquad (1\text{-}11)$$

式中　p_1、ρ_1——原来的压力和密度；

　　　p、ρ——其他状态下的压力和密度。

在等温条件下，气体密度与压力成正比，也就是说，压力增加，体积缩小，密度增大。根据状态方程，把一定量的气体压缩到密度增加一倍，则压力也要增加一倍，相反，如果密度减小一半，则压力也要减小一半。这一关系与实际气体的压力和密度关系变化几乎是一致的。但是，如果把气体压缩，压力增加至极大时，气体的密度也随之变得很大，甚至达到水、水银的密度，是不可能发生的。因为气体有一个极限密度，对应的压力为极限压力。若压力超过此极限压力，不管压力多大，气体的密度都不会超过此极限密度。只有当密度远小于极限密度时，状态方程才与实际气体的情况一致。

在定压情况下，状态方程简化为

$$\rho T = \rho_1 T_1 \qquad (1\text{-}12)$$

式中　T_1、ρ_1——原来的温度和密度；

　　　T、ρ——其他状态下的温度和密度。

在定压情况下，密度与热力学温度成反比；即温度增加，体积增大，密度减小；温度降低，体积缩小，密度增大。这一规律对各种不同温度下的一切气体都是适用的。特别是在中等压力范围内，对于空气及其他不易液化的气体相当准确。只有当温度降低到气体液化的程度，才有比较明显的误差。表1-7为在标准大气压下，不同温度时空气的密度。

表1-7 **在标准大气压下，不同温度时空气的和密度**

温度（℃）	密度（kg/m³）	温度（℃）	密度（kg/m³）	温度（℃）	密度（kg/m³）
0	1.293	25	1.185	60	1.060
5	1.270	30	1.165	70	1.029
10	1.248	35	1.146	80	1.000
15	1.226	40	1.128	90	0.973
20	1.205	50	1.093	100	0.947

【例1-4】 已知压力为 $98.07kN/m^2$，0℃时烟气的密度为 $1.34kg/m^3$，求200℃时烟气的密度。

解 在定压情况下，用 $\rho_1 T_1 = \rho_2 T_2$ 计算密度

$$\rho_2 = \frac{\rho_1 T_1}{T_2} = \frac{1.34 \times 273}{273 + 200} = 0.77kg/m^3$$

可见，温度变化很大时，气体的密度发生了很大的变化。

在工程中，为了简便起见，允许低速流动的气体在温度和压力变化不大时，忽略密度的变化，将其看作是定值。

三、黏性

我们知道蜂蜜、胶水和油一类的物质比较黏稠，不易流动，而水流动性好，不易黏着，沥青加热后变得易于流动，河流中越往河心处，水流越急，这些都体现出流体的重要属性——黏性的作用。自然界中的流体都具有黏性，黏性表现为黏附力、内摩擦力。

黏性是流体力学研究中要重点讨论的物理性质，流体在流动过程中，为了克服黏性，不断将机械能转化为热能，造成了流体的能量损失。在流体动力学研究中，流体黏性是重要的研究课题。因为黏性是阻碍流动运动，引起运动流体产生能量损失的根本原因。流体运动状态在很大程度上受黏性影响，很多致力于提高运动效率的研究都必须深入探讨黏性的作用方式及大小，人们为此花费了大量的人力物力做实验研究和理论分析，也取得了很多研究成果并应用于各领域。

（一）黏性的含义

假设某种液体在两块足够大的平板间流动，如图1-5所示。两块平板平行放置，板间充满液体，其中平板A固定不动，平板B以速度 u 匀速运动。由于液体的黏附力作用，紧贴两块平板的液体会黏附于其上，流速分别为0和 u。两平板间的液体平行于平板运动，距离平板不同位置的液体以不同的速度向右运动，整个流动可以看成是许多不同流速的流体薄层作平行运动，速度由A板处为0逐渐增加到B板处速度为 u。由于每一流体薄层的速度都不相同，相邻的流体薄层间存在着相对运动，内摩擦力就产生于有相对运动的流体薄层之间。

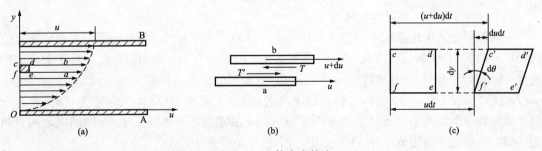

图1-5 流体内摩擦力

在流体薄层中取相距 dy 的 a 和 b 两个相邻流体薄层。两个流体薄层的速度分别为 u 及 $u+du$，如图1-5（b）所示。流体分子间的引力作用使流体内部产生内聚力，表现为：速度较快的流体薄层 b 对速度较慢的流体薄层 a 产生一个水平向右的拖力 T'。其反作用力 T 由速度较慢的流体薄层 a 施加于速度较快的流体薄层 b。T' 与 T 大小相同，方向相反，是由

两个流体薄层的相对运动产生的，假如两个流体薄层均静止或以相同速度向同一方向运动，就不会产生相互作用的 T' 与 T。由流体薄层间相对运动产生的 T' 与 T，表现出来的力的作用效果却是阻碍流体薄层间的相对运动，类似于固体的摩擦阻力。因为发生在流体的内部，所以称为内摩擦力或黏性力。内摩擦力与固体运动的摩擦阻力性质一样，会阻碍流体的运动，消耗流体运动的能量，这部分能量也转化为热能，不同的是由于流体与固体内部分子结构的差异，固体摩擦力只产生于接触的固体表面上。流体由于其内部往往会发生复杂的变形运动，内摩擦力也将变得非常复杂（参见项目三任务三）。流体流动时，流体内部质点间或流体薄层间因相对运动而产生内摩擦力以阻碍相对运动的性质，叫作流体的黏性。流体的黏性在流体内部有相对运动时才能显现出来。流体黏性还表现为流体会黏附于固体的表面。

（二）牛顿内摩擦力定律

无数实验表明，内摩擦力的大小：

（1）与两流体薄层间的速度差（相对速度）du 成正比，和流层间距离 dy 成反比。

（2）与流体薄层的接触面积 A 的大小成正比。

（3）与流体的种类有关。

（4）与流体的压力大小无关。

内摩擦力的数学表达式为

$$T = \eta A \frac{\mathrm{d}u}{\mathrm{d}y} \qquad\qquad (1 - 13)$$

这就是牛顿内摩擦定律（牛顿黏性定律）。如果以 τ 表示单位面积上的内摩擦力，即（摩擦）切应力，则

$$\tau = \eta \frac{\mathrm{d}u}{\mathrm{d}y} \qquad\qquad (1 - 14)$$

式中　T——流体的内摩擦力，N；

$\quad\quad A$——流体薄层间的接触面积，m^2；

$\quad\quad \eta$——流体的动力黏度，它与流体种类以及温度和压力有关，Pa·s；

$\quad\quad \dfrac{\mathrm{d}u}{\mathrm{d}y}$——流体的速度梯度，表示速度沿速度法线方向的变化率，s^{-1}；

$\quad\quad \tau$——（摩擦）切应力，N/m^2。

下面解释公式中速度梯度的意义，在图 1 - 5（a）中 a、b 两个流体薄层间垂直于速度方向任取一边长为 dy 的流体方块 $cdef$，将其放大。由于小方块下表面的速度 u 小于上表面的速度（$u+\mathrm{d}u$）。经过 dt 时间后，$cdef$ 运动到 $c'd'e'f'$ 的位置，如图 1 - 5（c）所示，小方块 $cdef$ 变形为 $c'd'e'f'$。下表面 ef 移动的距离为 $u\mathrm{d}t$，上表面 cd 移动的距离为（$u+\mathrm{d}u$）dt，两个表面移动的距离差为 dudt，两表面在 y 方向上的垂直距离为 dy。在 dt 时间内，两直角边 cf 和 de 变化了角度 dθ。由于 dt 很小，因此 dθ 也非常小。

$$\mathrm{d}\theta \approx \tan\theta = \frac{\mathrm{d}u\mathrm{d}t}{\mathrm{d}y}$$

故

$$\frac{\mathrm{d}u}{\mathrm{d}y} = \frac{\mathrm{d}\theta}{\mathrm{d}t}$$

由此可见，速度梯度就是角变形速度。角变形速度是在切应力作用下产生的，也称剪切

变形速度。牛顿内摩擦定律也可理解为切应力与剪切变形速度成正比。

【例 1 - 5】　在图 1 - 6（a）中，汽缸内壁的直径 $D=12\text{cm}$，活塞的直径 $d=11.96\text{cm}$，活塞的长度 $l=14\text{cm}$，活塞往复运动的速度为 1m/s，润滑油液的动力黏度 $\eta=0.1\text{Pa}\cdot\text{s}$，试问作用在活塞上的黏性力为多少？

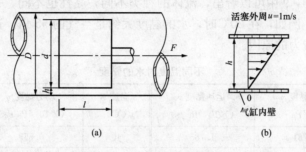

图 1 - 6　活塞运动的黏性力

解　由于黏性的作用，黏附在汽缸内壁的润滑油层速度为 0，黏附在活塞外沿的润滑油层与活塞速度相同，即 $u=1\text{m/s}$。因此润滑油层的速度由 0 增加至 1m/s，油层间因相对运动产生切应力，用牛顿内摩擦力公式计算黏性力的大小。

将间隙 h 放大，绘制该间隙中的速度分布图，见图 1 - 6（b）。由于活塞与汽缸的间隙 h 很小，可认为其速度分布为线性分布。故

$$\frac{\mathrm{d}u}{\mathrm{d}y}=\frac{u}{h}=\frac{100}{0.5\times(12-11.96)}=5\times10^3\text{s}^{-1}$$

代入公式

$$\tau=\eta\frac{\mathrm{d}u}{\mathrm{d}y}=0.1\times5\times10^3=5\times10^2\text{N/m}^2$$

接触面积

$$A=\pi\mathrm{d}l=\pi\times0.1196\times0.14=0.053\text{m}^2$$

因此

$$T=A\tau=0.053\times5\times10^2=26.5\text{N}$$

（三）流体的黏度

流体的黏度有两种，动力黏度和运动黏度。

1. 动力黏度

由牛顿内摩擦力定律可以得到

$$\eta=\frac{\tau}{\dfrac{\mathrm{d}u}{\mathrm{d}y}} \tag{1 - 15}$$

当取 $\dfrac{\mathrm{d}u}{\mathrm{d}y}=1$ 时，$\eta=\tau$，即 η 反映了单位速度梯度下的切应力，即黏度的动力性质，因此也称 η 为动力黏度，单位为 $\text{Pa}\cdot\text{s}$。

2. 运动黏度

在流体力学中，经常出现流体动力黏度 η 与密度 ρ 的比值，称为运动黏度，用希腊字母 ν 表示，公式为

$$\nu = \frac{\eta}{\rho} \tag{1-16}$$

式中 ν——流体的运动黏度，又叫运动黏滞系数，m^2/s。

3. 黏性的影响因素

从表 1-8 和表 1-9 中可以看出，流体的种类不同，黏性也不同。一般而言，液体的黏性大于气体的黏性。例如，在 20℃ 时，水的黏度大约是空气的 55 倍。这也是我们感觉在水中运动比在空气中费力的原因。

表 1-8 不同温度时水的黏度

温度 t （℃）	动力黏度 η （$\times 10^{-3}$Pa·s）	运动黏度 ν （$\times 10^{-6}$m²/s）	温度 t （℃）	动力黏度 η （$\times 10^{-3}$Pa·s）	运动黏度 ν （$\times 10^{-6}$m²/s）
0	1.781	1.785	40	0.653	0.658
5	1.518	1.519	50	0.547	0.553
10	1.307	1.306	60	0.466	0.474
15	1.139	1.139	70	0.404	0.413
20	1.002	1.003	80	0.354	0.364
25	0.890	0.893	90	0.315	0.326
30	0.798	0.800	100	0.282	0.294

表 1-9 不同温度时空气的黏度 （1atm）

温度 t （℃）	动力黏度 η （$\times 10^{-3}$Pa·s）	运动黏度 ν （$\times 10^{-6}$m²/s）	温度 t （℃）	动力黏度 η （$\times 10^{-3}$Pa·s）	运动黏度 ν （$\times 10^{-6}$m²/s）
0	0.0172	13.7	90	0.0216	22.9
10	0.0178	14.7	100	0.0218	23.6
20	0.0183	15.7	120	0.0228	26.2
30	0.0187	16.6	140	0.0236	28.5
40	0.0192	17.7	160	0.0242	30.6
50	0.0196	18.6	180	0.0251	33.2
60	0.0201	19.6	200	0.0259	35.8
70	0.0204	20.5	250	0.0280	42.8
80	0.0210	21.7	300	0.0298	49.9

从表中还可以看出，水和空气的黏性系数随温度的变化规律是不同的，水的黏性随温度的升高而减小，空气的黏性随着温度的升高而增大。压力变化通常对黏性影响较小，一般不予考虑。

温度对液体和气体黏性的影响之所以不同，是因为引起黏性的主要因素不同。图 1-7 为流体的动力黏度曲线。黏性是分子间的吸引力和分子不规则热运动产生动量交换的结果。对于液体而言，黏性主要由分子间的吸引力的大小决定，当温度升高时，液体分子间的距离增大，分子间的吸引力减小，液体的黏性降低；反之，温度降低，液体黏性升高。对于气体而言，由于分子间距离大，分子间的吸引力很小，黏性主要由气体内部运动质点的动量交换决定，温度升高，分子的碰撞增多，不同流层的质点动量交换加剧，导致黏性升高；反之，温度减低，黏性减小。

液体的黏性随温度升高而减低的性质，在工程中可以有针对性地加以利用。最典型的例子是电厂用油，由于用途不同，电厂用油有燃料油、绝缘油、润滑油等多种油类。黏度是油的重要物性指标，油的黏度对其工作状态有重要影响，尤其是润滑油的选择，往往以黏度性质来确定用油的品种。以汽轮机油为例，汽轮机油是电厂用油量最大的润滑油，汽轮机油的牌号是按 40℃ 时油的平均运动黏度来表示的，32 号汽轮机油的运动黏度为 28.8 ~ 35.2mm²/s。在选择润滑油的油品时，应根据使用条件选择适当黏度的牌号，以保证润滑的可靠。若黏度过大，不但功率损失大，散热慢，还可能会导致油膜增厚或者厚薄不均，不能形成连续、均匀的油膜，导致机组振动过大，对机组安全运行不利；若黏度太小，不能保证形成足够的油膜，可能难以支撑转子的重力而造成轴与轴瓦的摩擦，产生磨损。一般运行温度高，被润滑部件负荷大、较低转速的轴承处，应选用黏度较大的油品。此外，油的黏度受温度影响较大，不同的油黏度随温度变化的程度也不同，这种性质称为黏温性。从图 1-8 中可以看出，汽油的黏温性要优于煤油和原油，黏温性最差的是重油。轴承运行中温度变化

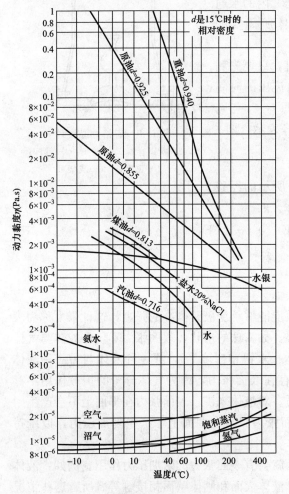

图 1-7　流体的动力黏度曲线

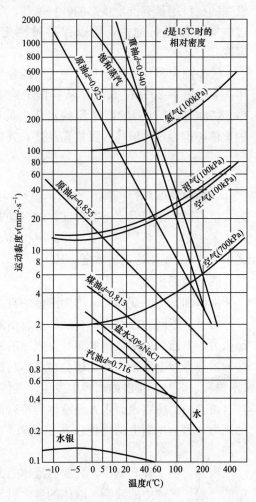

图 1-8　流体的运动黏度曲线

范围较大，应选用黏温性较好的油品，这样在不同温度下运行时，油的黏度不会发生明显变化，能始终保持良好的润滑作用。在机组运行过程中，为保持适当的黏度，要始终监控油温的变化，一般保持油温不高于75℃，冷油器的出口油温在45℃左右。而锅炉燃烧用的重油恰恰因为黏温性差，加热后黏度能很快下降，便于管道输送和进行雾化处理。

4. 黏度的测量

流体黏度的测量方法有两种。一种是直接测定法，借助于黏性流动理论中的某一基本公式，测量该公式中除黏度外的所有参数，从而直接求出黏度。直接测定法的黏度计有转筒式、毛细管式、落球式等，这类黏度计的测试手段比较复杂，使用不太方便。

另一种方法是间接测定法，在这种方法中，首先利用仪器测定经过某一标准孔口流出一定量流体所需时间，然后再利用仪器所特有的经验公式间接地算出流体的黏度，这种方法所用的仪器简单、操作方便。我国一般采用的是恩格勒黏度计，如图 1-9 所示，它是由内外两个同心安装的黄铜容器组成的。容器 1 的底部中心开口于小管嘴，管嘴的孔口用具有锥形顶部的针杆塞住。容器 2 内的水通过电加热器进行加热，用以保持被测定液体所需要的温度。

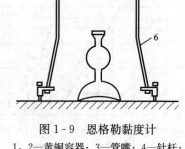

图 1-9　恩格勒黏度计
1，2—黄铜容器；3—管嘴；4—针杆；
5—温度计；6—支架

需要测定某种液体在某一温度下的黏度时，只要先测出某一温度下 200cm^3 该液体从容器 1 管嘴内流出的时间 t，然后再测出 $20℃$ 的同体积的水流出的时间 t_0。t 与 t_0 的比值，称为这种液体的恩格勒黏度，并以 ^0E 表示，即

$$^\circ\text{E} = \frac{t}{t_0} \tag{1-17}$$

根据液体的恩格勒黏度，用式（1-18）所示的经验公式就可以算出某温度下这种液体的运动黏度，即

$$v = 0.0731^\circ\text{E} - 0.0631/^\circ\text{E} \tag{1-18}$$

式中　v——流体的运动黏度，$10^{-4}\text{m}^2/\text{s}$。

四、表面张力

液体和气体的交界面，称为液体的自由表面。

由于分子间的吸引力，在液体的自由表面上能够承受极其微小的张力，这种张力称为表面张力。表面张力使液体表面具有收缩的趋势，如露珠的形状，表面张力不仅在液体与气体接触的周界面上发生，而且还会在液体与固体（水银和玻璃等），或一种液体与另一种液体（水银和水等）相接触的周界上发生。气体不存在表面张力，因为气体分子的扩散作用不存在自由表面，所以表面张力是液体的特有性质。对液体来讲，表面张力在平面上不会产生附加压力，因为平面上的力处于平衡状态。表面张力只有在曲面上才产生附加压力，以维持平衡。

因此，在工程问题中，只要有液体的曲面就会有表面张力的附加压力作用。例如，液体中的气泡，气体中的液滴，液体的自由射流、液体表面和固体壁面相接触等。所有这些情况都会出现曲面，都会引起表面张力产生附加压力的影响。不过在一般情况下，这种影响是比较微弱的。表面张力很小，一般工程问题中可以忽略不计。但是把一根细玻璃管立于液体中，可以看到表面张力引起管内液面的上升或下降，同时形成下凹或上凸的曲面，而且管子越细，这种现象越明显，这就是毛细现象。形成毛细现象的细管称为毛细管，如图1-10所示。

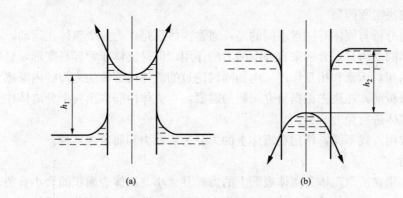

图 1-10　毛细现象
(a) 浸润现象；(b) 不浸润现象
h_1—毛细管中水面上升的高度；h_2—毛细管中水面下降的高度

　　液体在毛细管内是上升还是下降，取决于液体和固体的性质。液体与毛细管管壁接触，液体与管壁间存在着由分子引力形成的附着力（即黏附力），而液体内部分子之间存在着内聚力。液体的内聚力和液体与管壁的附着力大小与液体种类和管壁性质有关，内聚力和附着力大小不同，会出现两种现象：

　　（1）当附着力大于内聚力时，毛细管内液面上升，形成凹面，如图 1-10 (a) 所示，即浸润现象。

　　（2）当附着力小于内聚力时，毛细管内液面下降，形成凸面，如图 1-10 (b) 所示，即不浸润现象。

　　毛细现象会引起液柱式压力计、水位计等测量仪表的读值误差，因此必须予以考虑。

　　方法一，对读值误差进行修正。例如，在温度 20℃ 时，毛细管中水面上升的高度，可近似按式 (1-19) 计算，即

$$h = \frac{29.8}{d} \tag{1-19}$$

式中　h——毛细管中水面上升的高度，mm；

　　　　d——玻璃管的内径，mm。

　　由式 (1-19) 计算结果对测量仪表读值进行校正。

　　方法二，测量仪表采用较大管径的管子，由公式 (1-19) 可以看到，当管径很小时，h 就会很大。所以测量仪表选用的管子直径不能太小，否则就会产生很大的误差。如果改用较大管径的管子，如水柱测压管内径 $d > 20\text{mm}$，水银柱测压管内径 $d > 15\text{mm}$ 时，毛细现象产生的 h 值很小，可忽略不计。对于 U 形测压管，因为两侧均受毛细现象的影响，相互抵消，所以可不做任何修正。

　　在工程中，绝大多数情况下，表面张力的作用可忽略不计。但在液滴或气泡的形成、液体的雾化和液体射流的破碎、汽液两相流动的传热等问题上，表面张力起着不可忽视的作

用，必须加以考虑。

知识三：流体受力分析

流体是在外力作用下保持平衡或产生运动的。与研究固体的运动规律一样，首先要分析作用于流体上的外力，再利用宏观的力学规律研究流体运动状态与受力的关系，来确定流体的运动规律或解决工程问题。

流体的受力分析与固体有一点不同的是：通常固体总是作为一个整体在运动，不用考虑变形问题，固体的受力只需分析来自外部的力的作用，但是流体非常容易变形，且各部分之间有各种复杂的相对运动和相互作用，例如刚讨论过的流体内部薄层之间的内摩擦力。在对流体进行受力分析前，往往先根据研究问题的需要，在流体内隔取出一个分离体作为研究对象，然后对分离体进行受力分析。

根据力的作用方式不同，作用在流体上的力分为表面力和质量力两种。

一、表面力

表面力是作用在所取流体分离体表面上的力，其大小与流体表面积的大小有关。表面力可以来自外部，如活塞对水的压力，也可以是内部作用，即流体各部分之间的相互作用而产生的。尽管流体内部任何一对相互接触的表面上，这部分流体和那部分流体之间的表面力是大小相等、方向相反、相互抵消的，但在流体受力分析时，常常从流体内部取出一个分离体并研究其受力状态，这时与分离体相接触的周围流体对分离体作用的内力就变成了作用在分离体表面上的外力。总之，表面力是就所研究的流体对象而言的。

表面力是通过流体分离体表面作用于流体的，其大小可以用应力来表示。设在流体分离体的表面上，围绕任一点 O_1 取一微元面积 dA，作用在该微元面上的表面力为 dF，如图 1-11 所示。一般来说，表面力 dF 可分解为法线方向的分力 dF_n 和切线方向的分力 dF_τ。当微元面趋向于 O_1 时，O_1 点的表面力为

$$p_n = \lim_{dA \to 0} \frac{dF_n}{dA}$$

$$\tau = \lim_{dA \to 0} \frac{dF_\tau}{dA} \tag{1-20}$$

式中　　p_n——法向应力，流体所受的压力或拉力产生，Pa；

　　　　τ——切向应力，流体的内摩擦力产生，Pa。

作用在微元面 dA 上的表面力为

$$dF_n = p_n dA$$

$$dF_\tau = \tau dA \tag{1-21}$$

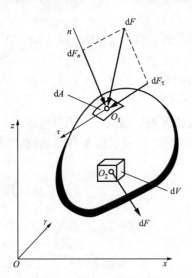

图 1-11　作用在流体上的力

二、质量力

质量力是某种力场对流体的作用力，其大小与流体的质量成正比。均质流体的质量与体积成正比，质量力又可称为体积力。

质量力在流体力学研究中主要有两种：一种是地球施加于流体的重力，$G=mg$；另一种是流体做加速运动时虚加在其上的惯性力，如匀加速直线运动中的惯性力，$F=ma$。根据达朗贝尔原理，虚加在流体质点上的惯性力 F 的方向与加速度 a 的方向相反。

图 1-11 中，在流体中 O_2 点附近取质量为 dm 的微团，其体积为 dV，作用在该微团的质量力为 $d\vec{F}$，则

$$\lim_{dm \to 0} \frac{d\vec{F}}{dm} = \vec{f} \tag{1-22}$$

式中 $\vec{f}$——作用于 O_2 点单位质量流体上的质量力，简称单位质量力，N/kg；

$d\vec{F}$——作用在流体微团上的质量力，N；

dm——流体微团质量，kg。

设 $d\vec{F}$ 在 x、y、z 坐标轴上的分量分别为 dF_x、dF_y、dF_z，则单位质量力的轴向分力可表示为

$$f_x = \lim_{dm \to 0} \frac{dF_x}{dm}$$

$$f_y = \lim_{dm \to 0} \frac{dF_y}{dm}$$

$$f_z = \lim_{dm \to 0} \frac{dF_z}{dm} \tag{1-23}$$

流体力学中碰到的问题通常是流体所受的质量力只有重力，$G = mg$。当采用惯用的直角坐标系，且 z 轴铅垂向上为正时，重力在各方向上的分力分别为 G_x、G_y、G_z，则单位质量力的轴向分力为

$$f_x = \frac{G_x}{m} = 0$$

$$f_y = \frac{G_y}{m} = 0$$

$$f_z = \frac{G_z}{m} = -g \tag{1-24}$$

由牛顿第二定律可知，$d\vec{F} = dm \cdot \vec{a}$。同时，由单位质量力公式，$d\vec{F} = \vec{f} \cdot dm$。因此 f 与 a 数值相等，单位相同。f 是单位质量流体所受的质量力，a 是加速度。前者是"力"的概念，后者属于"运动"的概念。在流体力学中可将加速度视为单位质量力。

知识四：流体基本力学模型

实际流体的物质结构和物理性质是非常复杂的。如果全面考虑它的所有因素，将很难提出其力学关系式，许多问题无从下手。因此，在分析考虑流体力学问题时，根据抓主要矛盾的办法，先忽略一些次要因素或造成问题难以解决的因素（比如黏性），对流体进行科学的抽象，简化流体的物质结构和物理性质，建立力学模型，以便列出流体运动规律的数学方程式，找出各个基本物理量的变化关系，然后再通过实验分析等方法考虑先前被忽略的因素，对研究结果进行修正，这是工程流体力学进行理论分析最常用的一种研究方法。下面介绍几种主要的流体力学模型。

1. 连续介质模型

首先介绍流场和流体质点的概念。流体所占据的空间称为流场。流场内保持流体所有宏观物理性质的流体微团称为流体质点，简称流点。流体质点是流体的最小力学单元。不论是

液体还是气体，总是由无数的分子所组成，分子之间存在着间隙，也就是说，流体实质上是不连续的。但是，流体力学研究的是宏观的机械运动，是无数分子总体的力学效果，而不是研究微观的分子运动。作为研究单元的质点，也是由无数的分子所组成，并具有一定的质量和体积。因此，可以将流体认为是充满其所占据空间且无任何空隙的质点所组成的连续体。从宏观角度来看，将流体作为连续介质来研究是合理的。通常我们进行工程流体实验或实测，总是要使用各种仪器来测量其流场中的各种物理参数，如速度、压力和温度等，而这些仪器探头的特征尺寸远远大于分子运动的平均自由行程，所以仪器所测得的流场中某点的速度、压力和温度数值，都是该点的大量流体分子物理参数的平均值。流体质点包含有大量的流体分子，而分子间的距离对于仪器测点、流体实验模型和流体机械的零部件尺度来说，完全可以忽略不计。在实际工程问题中，运用连续介质模型进行数学物理分析后所得的结果，与通过实验实测的数据进行比较，结果也证明这种模型是可靠的。

正是借助连续介质的概念，欧拉才建立了流体运动的微分方程，流体力学研究才有了重大突破，除少数特殊问题外，流体连续介质模型是流体力学研究的基础，它包括两个方面的内容：

（1）流体是由连续排列的流体质点所组成的，即流场内的每一点都被确定的流体质点所占据，流场中毫无间隙。于是，流体中的任一物理参数（如速度、压力、密度等）都可以表示成空间坐标和时间（t）相对应的函数形式，例如压力 $p=p(x, y, z, t)$。

（2）在充满连续介质的空间里，所有物理量的函数，如压力 $p(x, y, z, t)$，必然是连续函数，而且是连续可微函数。在某些特殊情况下，允许在流场中的某些点、线、面上存在不连续。

这种"连续介质"的模型，是对流体物质结构的简化，为我们分析问题提供了两大便利：

（1）它使我们不考虑复杂的微观分子运动，只考虑在外力作用下的宏观机械运动。

（2）能运用数学分析的连续函数工具，将理论分析应用于流体力学的研究，因此，本课程分析时均采用"连续介质"这个模型。

2. 理想流体模型

我们知道热力学中有理想气体的概念，流体力学研究中理想流体的含义与之不同，主要是为了便于分析解决问题而忽略黏性作用建立起的力学模型。实际流体都具有黏性，黏性的存在使得流体的流动变得十分复杂。流体容易变形的性质又使得黏性表现出异常复杂且至今难以完全描述的力学特征，这也是流体力学比其他力学研究困难的原因。所以为了研究流体，必须简化理论分析的复杂性，才能得到反映运动规律的方程式，然后再对基本结论进行修正和补充，使实际问题得以解决。提出无黏性流体的概念，是对流体物理性质的简化。因为在某些问题中，黏性不起作用或不起主要作用。这种不考虑黏性作用的流体，称为理想流体。虽然理想流体并不存在，但正是因为用了理想流体的概念，才找到了流体运动的基本规律。理想流体的假设是流体力学中最重要的假设之一。如果在某些问题中，黏性影响比较大，不能忽略时，可采用"两步走"的办法，先当作理想流体分析，得出理论上的结论，然后采用实验的方法考虑黏性的影响，加以补充或修正。

3. 不可压缩流体模型

这是不计压缩性和膨胀性而对流体物理性质的简化。压缩性和膨胀性是流体的基本属性，不同流体的压缩性和膨胀性有所不同。不可压缩流体模型是为了简化问题而提出的理论假设。工程中只要流体体积变化不大，密度可视为常数，并且在允许范围内不影响研究结果，就可以视为不可压缩流体。

一般而言，液体的压缩性和膨胀性都很小，密度可视为常数，通常用不可压缩流体模型。气体在静止或低速流动时（流速低于 60m/s），也可以采用不可压缩流体模型，如锅炉烟风系统中的空气和烟气。若管道中是密度变化较大的蒸汽，为了简便起见，可以采用分段考虑的方法，在不同管段蒸汽取不同的密度，对每一管段仍可用不可压缩流体模型，这样会大大方便问题的处理和运算。但在某些情况下，如水击现象、高速流动的气体，密度变化很大，都必须考虑体积、密度变化带来的影响，必须用可压缩流体模型。本课程主要讨论不可压缩流体，也有一定内容讨论可压缩流体在管中的流动。

4. 牛顿流体模型

流体力学中把切应力与速度梯度成正比，即符合牛顿内摩擦定律的流体称为牛顿流体。其切应力随速度梯度的变化关系，是一条通过坐标原点的直线，如图 1-12 中的 A 线所示。图 1-12 中纵坐标轴代表弹性固体，横坐标轴代表理想流体。一般工程和电力生产过程中常用的水、空气、油等多数流体都是牛顿流体。切应力与速度梯度不成正比。不符合牛顿内摩擦定律的流体称为非牛顿流体，主要有三大类：第一类非牛顿流体的动力黏度（曲线的斜率）随速度梯度的增大而减小，如油漆、橡胶等，如图 1-12 中 B 线所示，这类流体叫作伪塑性流体；第二类非牛顿流体的动力黏度随速度梯度的增大而增大，如糨糊等，如图 1-12 中 C 线所示，这类流体叫作涨塑性流体；第三类非牛顿流体在产生连续变形前存在一个屈服应力 τ_0，在超过屈服应力之后，切应力

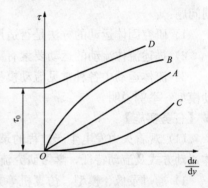

图 1-12　牛顿流体与非牛顿流体
τ_0—屈服应力

仍然与速度梯度成正比，如牙膏、泥浆等，如图 1-12 中 D 线所示，这类流体叫作塑性流体。非牛顿流体在化工、食品、医药、石油、生物工程等领域应用较多，非牛顿流体力学正在快速发展。本书只讨论牛顿流体。

任务三　电力生产过程中流体的运动要素、研究方法和流动模型

🔊【教学目标】

知识目标：

（1）掌握流体常用的运动要素和水力要素的内容和概念。

（2）掌握研究流体运动的基本方法欧拉法。

（3）理解描述流体运动的基本概念，包括迹线、流线、流管、流束、总流、缓变流动、急变流动、系统与控制体等。

（4）了解流体流动的分类及常见流动模型的概念和流动特点。

能力目标：

（1）能进行水力半径、当量直径、流量、平均流速等运动要素和水力要素的定量计算。

（2）能描述研究流体运动的基本方法欧拉法及常用概念。

（3）熟悉常见流动模型，能判别不同的流动模型。

态度目标：

（1）能积极主动学习、独立思考、发现问题、分析问题、解决问题。

（2）以团队协助的方式，与小组成员共同完成本学习任务。

【任务描述】

通过录像、模型、仿真机及流体流动演示图等方式熟悉流体运动的形式、特点、条件及环境等，认识水力要素、流体运动的基本概念与研究方法及流体运动中各种常见流动模型。会描述水力要素的概念，进行基本参数的计算，能区别拉格朗日法和欧拉法的含义，能解释欧拉法中描述流体运动的基本概念，能判别各种常见的流动模型，说出其流动特点。

【任务准备】

（1）了解流体工程及电力生产过程中各种流体运动方式及流动特征。

（2）复习中学物理力学知识，课前预习流体运动基本概念相关内容，独立思考并回答下列问题：

1）研究固体运动的方法是否适用于流体运动的研究？为什么？如何研究流体运动规律？

2）描述流体流动的运动要素有哪些？流体水力要素包含哪些内容？

3）流体运动中各种常见流动模型有哪些？各有何特点？电力生产过程中有哪些常见流动模型？举例说明。

【任务实施】

（1）观看火力发电生产过程的录像，参观模型室、仿真机房，了解火力发电厂中各种流体运动方式及流动特征，学习研究流体运动的基本概念和方法。

1）通过录像、模型、仿真机等方式，分组讨论火力发电厂中各种流体运动方式及流动特征。以学生自荐或教师指定的方式选择1～2组，对本次任务进行总结汇报。

2）在仿真机上了解电厂典型汽水系统及运行状态，通过仿真机的观摩，了解系统循环的运行管理是如何实现的，分析与判断有哪些重要的流体运动参数（运动要素）要实施监控，学习描述流体流动的运动要素和水力要素，并进行总结汇报。

3）结合中学物理中力学知识，对比流体运动的特点，寻找研究流体运动的基本概念与研究方法，并进行总结汇报。

（2）观看流体流动演示图，识别流体运动中各种常见流动模型，以学生自荐或教师指定的方式选择1～2组，对本次任务进行总结汇报。

【相关知识】

无论是在自然界或工程实际中，流体的静止总是相对的，运动才是绝对的。在流体工程和电力生产过程中的各种流体介质也不例外，通过前面的介绍，可以认识到电力生产过程中，正是流体的循环流动完成了热力循环的能量传递和转换过程，实现了电能的生产。由于系统复杂，设备众多，环境条件各不相同，流体在设备和管道系统中的流动状态也有很大的不同，如整个生产过程中有庞大复杂的各种管网系统，水、蒸汽、空气、油等流体介质在管道中进行流动，燃烧气流由管嘴喷向炉膛，生成的烟气在各种受热面外绕流，蒸汽绕流汽轮机叶栅等。此外，还有煤粉气流、汽水混合流动、灰浆水等更复杂的两相流动。要了解和管理好流体设备和系统，保证其安全经济地运行，就必须充分认识流体流动的特征。

流体最基本的特性就是流动性。表征流体运动的物理量，如流体质点的位移、速度、加速度、压力等称为流体的流动参数或运动要素。通过拉格朗日法和欧拉法对流体运动的描述，表达这些流动参数在各个不同空间位置上随时间连续变化的规律。流体动力学研究的主要问题是流速和压力在空间的分布。通过本部分内容的学习，了解电力生产过程中主要采用圆管来输送流体的原因，识别火力发电厂流体运动中各种常见流动模型，以及如何根据流动特征，将复杂的流场简化为简单的流场以便于研究。

知识一：流体水力要素与运动要素

一、水力要素

水力要素是指流体流动时横断面上的几何特征。水力要素主要包括过流断面、湿周、水力半径及当量直径。

1. 过流断面

流体流动时与所有流线相垂直的横断面称为过流断面（或有效截面）。如果流体是水，称为过水断面。当流线是平行的直线时，过流断面是平面，如图1-13中的断面1-1、断面3-3。如果流线不平行，过流断面是曲面，如图1-13中的断面2-2。过流断面的面积用 A 表示。

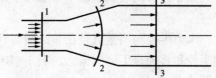

图1-13 过流断面

2. 湿周

过流断面上与流体相接触的固体壁面周长称为湿周。湿周用希腊字母 χ 表示。湿周不包括液体自由表面的长度。

根据湿周的定义，圆管中若充满水流［见图1-14（a）］，湿周 $\chi = \pi d$，这种情况在工程中最为常见。一些特殊流动如排水管，若圆管中只有半管水流［见图1-14（b）］，则其湿周为 $\chi = 1/2\pi d$。

3. 水力半径

水力半径是过流断面面积与湿周的比值，用 R 表示，即

$$R = \frac{A}{\chi} \tag{1-25}$$

下面举例说明水力半径的计算方法。

（1）圆管中充满水流，如图1-14（a）所示，水力半径为

$$R = \frac{A}{\chi} = \frac{\frac{\pi d^2}{4}}{\pi d} = \frac{d}{4} = \frac{r}{2} \tag{1-26}$$

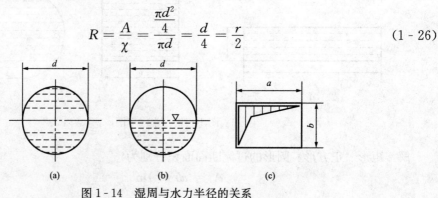

图1-14 湿周与水力半径的关系

（a）圆管充满水流；（b）圆管半管水流；（c）矩形烟风道

d—圆管直径；a—矩形烟风道的长度；b—矩形烟风道的宽度

即 $d=4R$。由此可见，水力半径不同于几何半径。

（2）圆管中有半管水流，如图 1-14（b）所示，水力半径为

$$R = \frac{A}{\chi} = \frac{\frac{\pi d^2}{8}}{\frac{\pi d}{2}} = \frac{d}{4} = \frac{r}{2} \tag{1-27}$$

（3）矩形烟风道，如图 1-14（c）所示，水力半径为

$$R = \frac{A}{\chi} = \frac{ab}{2(a+b)} \tag{1-28}$$

4. 当量直径

在非圆形的过流断面中，水力半径的四倍在工程上称为当量直径，用 d_e 表示，即

$$d_e = 4R \tag{1-29}$$

水力半径与当量直径在非圆断面管道的水力计算中起着十分重要的作用，它们与圆断面的半径和直径是不同的概念。表 1-10 列出了常见过流断面的湿周、水力半径与当量直径的计算式。

表 1-10　　　　　　　　常见过流断面的湿周、水力半径与当量直径的计算式

过流断面	⊘	⊘	梯形	□
湿周 χ	$2\pi r$	πr	$a+b+c$	$2(a+b)$
水力半径 R	$\dfrac{r}{2}$	$\dfrac{r}{2}$	$\dfrac{(a+b)h}{2(d+b+c)}$	$\dfrac{ab}{2(a+b)}$
当量直径 d_e	$2r$	$2r$	$\dfrac{2(a+b)h}{(d+b+c)}$	$\dfrac{2ab}{a+b}$

【例 1-6】　图 1-15（a）中，矩形 $a=4\mathrm{m}$，$b=0.25\mathrm{m}$；图 1-15（b）中，正方形边长 $a=1\mathrm{m}$；图 1-15（c）中，圆形直径 $d=1.13\mathrm{m}$，计算它们的过流断面面积、湿周、水力半径和当量直径。

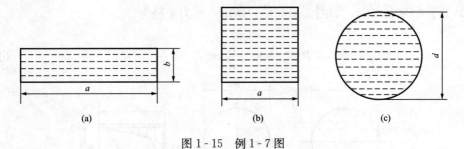

图 1-15　例 1-7 图

解　矩形、正方形、圆形的过流断面面积分别为

$$A_a = ab = 1\mathrm{m}^2$$

$$A_b = a^2 = 1\mathrm{m}^2$$

$$A_c = \frac{1}{4}\pi d^2 = 1\mathrm{m}^2$$

湿周

$$\chi_a = 2(a + b) = 8.5\text{m}$$

$$\chi_b = 4a = 4\text{m}$$

$$\chi_c = \pi d = 3.55\text{m}$$

水力半径

$$R_a = \frac{A_a}{\chi_a} = 0.12\text{m}$$

$$R_b = \frac{A_b}{\chi_b} = 0.25\text{m}$$

$$R_c = \frac{A_c}{\chi_c} = 0.2825\text{m}$$

当量直径

$$d_{ea} = 4R_a = 0.48\text{m}$$

$$d_{eb} = 4R_b = 1\text{m}$$

$$d_{ec} = 4R_c = 1.13\text{m}$$

由计算结果可以看出，三个不同形状图形的过流断面面积是相等的，湿周不相等，其中圆形断面的湿周最小，矩形断面的湿周最大。由于流体受到的沿程阻力主要集中在靠近固体壁面处速度梯度较大的流层内（参见项目三任务三），在过流断面面积相等的条件下，湿周越小，流体与管壁的接触线长度越小，所引起的流动阻力损失也越小，因此工程上大多采用圆管来输送流体。

二、运动要素

运动要素是表示流体运动特征的基本物理量，包括动压力和流速，通过测量或计算动压力和流速的大小，掌握它们的变化规律，就可以了解各种流体的运动规律，进而在工程中加以应用。

1. 动压力

作用在运动流体内部单位面积上的压力称为流体的动压力，用 p 来表示，简称为压力。一般情况下，流体流动的横断面上动压力的分布规律与流体静压力是不同的，只有在特殊情况下两者才相同。

2. 流速、流量和平均速度

流体某一质点的流速是指该质点单位时间内在流场中移动的距离，用 u 表示。

单位时间内通过某一过流断面的流体量称为流量，流体量可以用体积、质量来表示，其相应的流量分别称为体积流量 q_V（m^3/s）和质量流量 q_m（kg/s）。不加说明时，"流量"一词概指体积流量。两个流量之间可以按照下面的公式进行换算：

$$q_m = \rho q_V \qquad (1-30)$$

由于实际流体的黏性作用，在流体流动中，过流断面上各点的流动速度是不相等的。但在工程实际中，往往并不需要了解每一流体质点的实际流速，只需知道过流断面上流速的平均值就行了，因此引入断面平均流速的概念（见图1-16）。断面

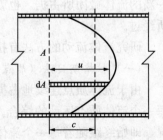

图1-16 断面平均速度

平均流速是一种假想的流速，即过流断面上各点的速度都相等，其大小等于过流断面的流量除以过流断面的面积，即

$$c = \frac{q}{A} \tag{1-31}$$

一般情况下，提到"速度"通常指的是"平均速度"，若遇到研究流体质点流速时，会特别加以说明，因此，平均速度一般用 c 表示。如表 1-11 所示是 600MW 超临界压力锅炉各受热面的烟气平均流速。

表 1-11   600MW 超临界压力锅炉各受热面的烟气平均流速

受热面	烟气平均流速（m/s）	受热面	烟气平均流速（m/s）
屏式过热器	9.1	低温过热器	10.8
末级高温过热器	10.2	省煤器	9.0

在各种流体工程中（包括电力生产过程），压力和流量是非常重要的运行参数，如表 1-12所示是某国产 660MW 超超临界压力锅炉部分蒸汽参数，它们可以反映生产过程的状态，是监控运行的安全性和经济性的指标，通过对这些参数的实时监测和调控实现对生产过程的自动化管理。也可以根据流体流动中运动要素遵循的基本运动规律，设计和优化流体设备结构，得到最佳的流动效率和生产效益。

表 1-12   某国产 660MW 超超临界压力锅炉部分蒸汽参数

过 热 蒸 汽	参数	过 热 蒸 汽	参数
最大连续蒸发量（t/h）	2030	额定蒸汽压力（过热器出口）（表）（MPa）	26.15
额定蒸发量（t/h）	1969	额定蒸汽压力（汽轮机入口）（表）（MPa）	25.0

知识二：流体运动的研究方法与基本概念

一、研究流体流动的两种方法

首先区别两个基本概念。

流体质点——前已述及，流体质点是流体的最小力学单元，它保持了流体所有宏观物理性质。流体质点是体积很小的流体微团，流体就是由这种流体微团组成的。流体微团在运动的过程中，在不同的瞬时占据不同的空间位置。

空间点——空间点是表示空间位置的几何点，并非实际的流体微团。空间点是不动的，而流体微团是移动的。同一空间点，在某一瞬时为某一流体微团所占据，在另一瞬时又为另一新的流体微团所占据。也就是说，在连续流动过程中，同一空间点先后为不同的流体微团所经过。

研究流体流动的方法有拉格朗日法和欧拉法两种。

（一）拉格朗日法（质点法，也称跟踪法）

由于流体质点连续地占据整个流动空间，因此，整个流体的运动情况可以认为是流体中每一个流体质点运动的综合。拉格朗日法的出发点是研究流体中每一个流体质点的运动情况，即始终跟随着每一个流体质点，研究这些流体质点在运动过程中的位置及有关的流动物理量（速度、压力、密度等）的变化情况。如果能对每一质点的运动进行描述，那么整个流

动就被完全确定了。

在这种思路的指导下，我们把流体质点在某一时间 t_0 时的坐标 (a, b, c)（见图 1-17）作为标识该流体质点的参量，则不同的 (a, b, c) 就表示流动空间的不同质点。这样，流场中的全部质点都包含在 (a, b, c) 变数中。

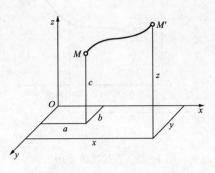

图 1-17　拉格朗日法推导用图

随着时间的推移，每一个流体质点将运动到完全确定的新位置。当然，不同的流体质点所对应的新位置也不同。若这个新位置在空间中的坐标是 (x, y, z)，则以 (a, b, c) 标识的流体质点在 t 时刻所对应的位置 (x, y, z) 应该是 (a, b, c) 和时间 t 的函数，即

$$x = x(a,b,c,t)$$
$$y = y(a,b,c,t)$$
$$z = z(a,b,c,t) \tag{1-32}$$

对于某一特定的流体质点，当它在时刻 t 运动到 (x, y, z) 点时，其速度与加速度可以通过直接对上式进行求导得到，将其对时间求一阶导数就能够得到速度，对时间求二阶导数就可以确定加速度，从而掌握整个流体的运动规律。

同样流体质点密度 ρ、压力 p 和温度 T 等流动参数也可表示为 a、b、c 和 t 的函数

$$\rho = \rho(a,b,c,t)$$
$$p = p(a,b,c,t)$$
$$T = T(a,b,c,t) \tag{1-33}$$

当 (a, b, c) 恒定 t 变化时，将表示某一特定质点在不同时刻所对应的运动情况；当 t 恒定 (a, b, c) 变化时，将表示不同的流体质点在某一特定的时刻所对应的分布情况及运动情况。

拉格朗日法的基本特点是追踪流体质点的运动，优点是可以直接应用理论力学中早已建立的质点或质点系力学来进行分析。但是由于流体很容易变形，要想追踪流体质点的运动是一件相当困难的事情，实际上难以实现，因此采用拉格朗日法来研究流体的运动规律，流体力学中很少采用。而绝大多数的工程问题并不要求追踪质点的来龙去脉，只是着眼于流场的各固定点、固定断面或固定空间的流动。例如，扭开龙头，水从管中流出；打开窗门，风从窗门流入；开动风机，风从工作区间抽出。我们并不追踪水的各个质点的前前后后，也不探求空气的各个质点的来龙去脉，而是要知道：水从管中以怎样的速度流出；风经过窗门以什么流速流入；风机抽风工作区间风速如何分布。也就是只要知道一定地点（水龙头处）、一定断面（门窗洞口断面）或一定区间（工作区间）的流动状况，而不需要了解某一质点、某一流体微团的全部流动过程。这时，我们可以采用另一个方法——欧拉法。

（二）欧拉法（空间点法，也称站岗法）

欧拉法不是着眼于选定的流体质点，而是着眼于选定的空间点，这个空间点在不同的时刻为不同的流体质点所占据。也就是说，欧拉法是将整个流场用三维的网格分成无数的小区域（空间点），在每个点上测量并记录一个流体质点通过每一个空间点时的速度、加速度及压力、密度等。汇集同一时刻所有空间点的记录值，即可描绘出这一时刻流场的动态，再把

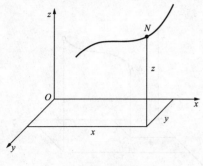

图 1-18 欧拉法推导用图

各时刻的动态连续地综合起来，就可描绘出整个流场的全部运动状态。如果我们知道了各个时刻各空间点上与流体有关的物理量的值，也就掌握了整个流场。在欧拉法中，流体质点从什么地方开始运动，又会经过哪里，到达什么位置，都没有给予直接的解答，它只确定流体质点的运动参数随时间及空间位置的变化关系。

在欧拉法中，物理量被表示为空间坐标 (x, y, z)（见图 1-18）以及时间 t 的函数。例如空间一点的速度场可表示为

$$u = u(x, y, z, t)$$
$$v = v(x, y, z, t)$$
$$w = w(x, y, z, t) \tag{1-34}$$

同样，该空间点的其他流动参数组成的压力场、密度场和温度场可表示为

$$p = p(x, y, z, t)$$
$$\rho = \rho(x, y, z, t)$$
$$T = T(x, y, z, t) \tag{1-35}$$

如果 (x, y, z) 恒定 t 变化，表示在一个固定空间点观察各个物理量随时间的变化；如果 t 恒定 (x, y, z) 变化，表示要研究一个固定时刻许多不同空间点的流动情况。

对比拉格朗日法和欧拉法的不同变量，就可以看出两者的区别：前者以 (a, b, c) 为变量，是以一定质点为对象；后者以 (x, y, z) 为变量，是以固定空间为对象。只要对流动的描述是以固定空间、固定断面或固定点为对象，应采用欧拉法，而不是拉格朗日法。本书以下的流动描述均采用欧拉法。

二、基本概念介绍

（一）迹线

如图 1-19 所示，初始时刻在流场中任意取一个流体质点 M_0，标记坐标位置 (a, b, c)，经过微小时间 t_1 后，该质点运动到 M_1，经过微小时间 t_2 后，该质点运动到 M_2，以此类推。把质点 M 在一段时间内所经过的位置用一条光滑的曲线连接起来，这条曲线就是迹线。在整个流场中，每一个流体质点都可以画出各自的运动轨迹线。拉格朗日法通过对迹线的研究，得出流体的运动规律。

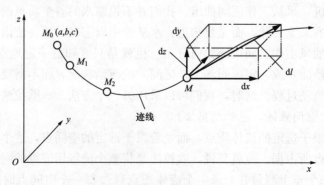

图 1-19 迹线

迹线是流体质点的运动轨迹，它给出了同一质点在不同时刻的速度方向。由迹线的形状可以清楚地看出质点的流动情况，从而得到流场的参数分布和变化情况，迹线是拉格朗日法分析流体运动的概念。迹线是流体质点在运动过程中的路径，它的着眼点是个别流体质点，迹线上各点的切线方向表示的是同一流体质点在不同时刻的速度方向。在液流中加入颜色不同且不易扩散的液滴，就可以观察到染色的流体质点的迹线形状。

（二）流线

如图 1-20 所示，在流场中取任意一空间点 1，某一时刻 t，某流体质点经过点 1 的流速为 $\vec{c_1}$，在向量 $\vec{c_1}$ 上离 1 点 Δl_1 处取点 2，同一时刻 2 点处流体质点的流速为 $\vec{c_2}$，依此方法取 3 点、4 点……，最终得到折线 1—2—3……当距离 Δl 趋近于零时，折线变为一条光滑的曲线。这条曲线就是流线。

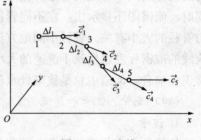

图 1-20　流线

流线是指某一瞬时流场中的一条假想曲线，曲线上每一点的切线都与通过该空间点的流体质点的流速方向重合。因此，流线是连续质点的瞬时流动方向线。绘出流场中同一时刻的许多流线，可以清晰地描绘出整个流场瞬时流动情况，通过流线可以看到某时刻流场中各点的速度方向。流线是欧拉法分析流体运动的概念。在流场中许多流线形成流线簇，这样的流线簇构成流谱图。

一般情况下，除驻点和奇点，流线具有如下性质：

（1）流线不能相交，不能突然转折，只能是一条光滑曲线，否则在交点或转折处将有两个速度矢量，这意味着在同一时刻、同一流体质点具有两个运动方向，这是不可能的。

（2）定常流场（见本任务知识三）中，流线的形状不随时间而变化，且流线和迹线完全重合。

（3）非定常流场中，不同时刻经同一空间点的流线是不同的空间曲线，流线和迹线并不重合。

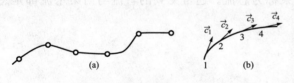

图 1-21　流线与迹线图
(a) 迹线；(b) 流线

流线和迹线是具有不同内容和意义的曲线，应该把它们区别开来，图 1-21 为流线与迹线图。流线与迹线的比较：

（1）迹线是同一个流体质点在一段时间内的运动轨迹，而流线是同一时刻不同流体质点的运动趋势。

（2）虽然迹线和流线的切线方向都表示速度方向，但两者却不相同。迹线的切线方向表示的是同一流体质点在不同时刻的速度方向，而流线上各点的切线方向所表示的是在同一时刻流场中这些点的速度方向。

（3）在定常流场中，过同一点不同时刻的流线是重合的。

（4）在非定常流场中的流线是变化的，流线和迹线不重合。

（5）流线是由欧拉法引出来的，迹线是由拉格朗日法引出来的。

（三）流谱图

流场中许多流线组成流谱图，流谱图的特征能呈现出整个流场的运动情况。从图 1-22

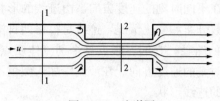

图 1-22　流谱图

所示的流谱图中可以清晰地观察到变径管道内流体的流动特征。从图中看出：在等直径管道内各流线是直线，说明各流体质点沿管道方向平行流动，在管道变径前后，流线发生弯曲改变原来的流动方向，并伴有旋涡出现，这说明流线的形状和固体边界的形状有关。离边界越近，边界对流体质点的影响越大，流线形状越接近于边界的形状。在边界形状急剧变化的地方，由于惯性的作用，边界附近的流体质点不可能沿着边界流动，流线将与边界脱离，并在主流和边界之间形成旋涡区。同时，流谱图还显示出：在不同管径的管道内，流线分布有疏密变化，而且流线的疏密程度与管径的大小有关。管径小的地方流线密，流速大；管径大的地方流线疏，流速小。因此，流线的疏密程度也反映了流速的大小：流线密，流速大；流线疏，流速小。这一点与我们的常识相吻合，河道中总是狭窄处水流湍急，宽阔处水流平缓。

（四）流管、流束和总流

1. 流管

流管是一个假想的概念，并非真实管道。在流场中任取一微小封闭曲线（非流线），通过封闭曲线上的每一个点作流线，这些流线围成一个管状曲面，称为流管（因断面面积非常小，又称微元流管），如图 1-23 所示。因为流管表面的流体质点只能沿流线的切线方向流动，这些流体质点只能在流管表面流动，而不能穿越流管进出，管内的流体质点也是如此。所以，假想的流管如同真实的管壁，将其内部的流体限制在其管内流动，这是由流线的性质所决定的。

2. 流束和微元流束

流管内的流体称为流束。充满于微小流管中的流体称为微元流束。当微元流束的断面面积趋近于零时，微元流束称为流线。

3. 总流

由无限多的微元流束所组成的总的流束称为总流。通常见到的管流与河渠水流都是总流，如图 1-24 所示。

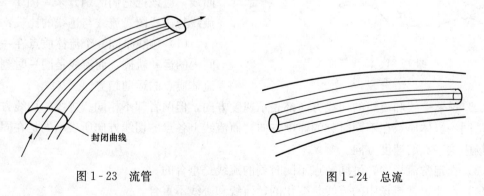

封闭曲线

图 1-23　流管　　　　　　　　　　　图 1-24　总流

（五）系统

包含确定不变的物质的集合称为系统。一个流体的系统意味着系统内有确定的流体质点，流体质量是不变的。系统在运动时，其位置、形状都可能发生变化，但系统内所含有的流体质量不会增加，也不会减少，这就是系统的质量守恒。系统以外的物质叫环境，系统与环境之间可以有力的相互作用和能量的交换，但没有流体质量通过。研究系统内确定流体质点的力学问题属于拉格朗日法研究的内容。

（六）控制体

欧拉法不研究流体系统的运动规律，它只研究流场中固定空间点或固定体积内的流动参数变化的规律。在欧拉法中，一个空间固定体称为控制体。控制体可以根据研究问题的需要，比如根据流动情况和壁面边界条件人为确定，且一经确定，固定不变，也就是说，形状和位置都不改变。控制体是个纯几何概念，流体经控制体表面流入或流出，当流体穿过控制体的表面进出时，控制体内外有质量和能量的变换，即在控制面上与周围物体既有力的相互作用和能量的交换，又有质量的交换，控制体内的质量和能量也会发生变化。

综上所述，系统是指流场中的一团流体物质，有固定的质量，随着时间的变化其形状和体积都可能变化；控制体是指流场中的一个特定的空间区域，本身并没有质量，一经确定之后，其形状就不再随时间的推移而变化了。

系统是运动流体的集合，控制体是系统流经的空间，二者发生如下关系，如图 1-25 所示：在 t 时刻，系统全部移入控制体内，两者的边界重合，经过时间 dt，在 $t+dt$ 时刻，系统位置发生变化，部分移出控制体所在的空间，控制体仍处于原来的位置。欧拉法只关注系统如何进出控制体，控制体内外如何发生质量与能量的交换，而不追究是系统中哪些流体质点进出控制体，它们从哪来，到哪去。

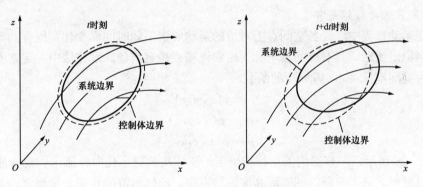

图 1-25　流场中的系统和控制体

知识三：流体运动中各种常见流动模型

各种流体介质在不同环境条件下会发生各种复杂多变的运动，一方面，流体本身的物理性质决定着流动的形态和特征，另一方面，流场的空间环境，固体的边界条件等影响流动的发展和变化。水、蒸汽、空气、油等流体介质在热力系统的管道和设备中流动，流体的压力、速度分布、流动阻力都有不同的特点，流动特征多种多样，运动规律也不尽相同。要了解和管理好流体设备和系统，保证其安全经济地运行，就必须充分认识流体在各种条件下流动的基本特征和运动规律。遵循研究流体问题的一般方法，我们分析影响流体流动的众多因素，根据所研究问题不同，抓住求解问题的主要因素，在允许范围内忽略次要因素，建立了简化的流动模型。这些流动模型往往反映了流体运动中某一方面的流动特征，我们有针对性地加以研究分析，建立数学方程，找出流动模型的基本运动规律，并通过实验进行验证补充。很多流体问题就是通过这样的研究方法得到解决的，实际流体流动中往往包含多个流动模型的流动特征，只要综合各流动模型的特征加以全面分析，就能得到实际流体的流动规律，并应用于工程问题。

一、流体流动的特征

（1）从流体的不同力学模型来看，流动特征分别是：

1）理想流体的流动。没有黏性作用，流动不产生阻力损失。

2）实际流体（黏性流体）的流动。有黏性作用，流动有阻力损失。

3）不可压缩流体的流动。不考虑流体的体积变化，流体密度是常数。

4）可压缩流体的流动。必须考虑体积变化，密度是流体流动中的变量。

（2）从流动的空间维度来看，流动特征分别是：

1）一元流动。流体流动变化在一个坐标方向展开。

2）二元流动。流体流动变化在两个坐标方向展开。

3）三元流动。流体流动变化在三个坐标方向展开。

（3）从流体运动呈现的状态来看，流动特征更加复杂多变。常见的典型流动特征有：均匀流动和非均匀流动，渐变流动和急变流动，定常流动和非定常流动，有旋流动和无旋流动，层流流动和紊流流动，亚声速流动和超声速流动等。后面会陆续介绍。

可以看出同一流体流动从不同角度出发，可以得到不同的流体特征描述，各种流动模型就是这样建立起来的。

二、流体运动中各种常见流动模型

（一）定常流动与非定常流动

流体在运动过程中，若各空间点上对应的运动要素不随时间而变化，则称此流动为定常流动，又叫稳定流动，其对应的流场称为定常流场或稳定流场。欧拉法中，定常流动的物理量被表示为空间坐标 (x, y, z) 的函数

$$c = c(x, y, z)$$
$$p = p(x, y, z)$$
$$\rho = \rho(x, y, z) \tag{1-36}$$

如图 1-26 所示，一容器内液面保持恒定，流体从侧壁小孔向外流出。观察流体出流的状态，可以发现，只要容器内的液面高度保持不变，流体出流的状态非常稳定，不但流体出流的轨迹不变，出流的速度和出流的流体量（同样时间内）也保持不变，不管过多长时间（前提是液面始终保持恒定），观察到的状态都是如此。这说明流体出流的各运动参数不随时间而变，同时也能看到，流体出流的不同位置上流体质点的流速大小和方向都是不同的，流体各点的流速仍是空间坐标的函数。

如果把图 1-27 中的水龙头关上，可以看到，随着流体从小孔处出流，容器内的液面缓慢下降。出流的流体状态在不断变化，从开始的 t_1 时刻对应的流线，逐步变化到 t_2，再到 t_3，流体出流慢慢减弱，很明显流体出流的各运动参数不仅随空间位置而变，还随时间发生变化。这时流体质点的运动要素，既是空间坐标的函数又是时间的函数，这种流动称为非定常流动或非稳定流动，其对应的流场称为非定常流场或非稳定流场

$$c = c(x, y, z, t)$$
$$p = p(x, y, z, t)$$
$$\rho = \rho(x, y, z, t) \tag{1-37}$$

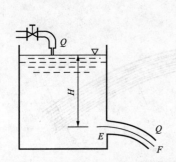

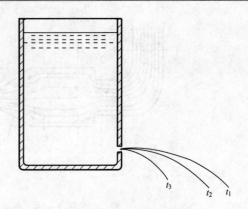

图 1-26　储液容器内液面不变时

不同时刻的流线

Q—流体出流量；H—容器液面高度与

小孔的高度差；EF—流线

图 1-27　储液容器内液面

下降时不同时刻的流线

在定常流动中，因为不包含时间变量 t，因而流动的分析较非定常流动要简单得多。在实际工程问题中，如果流动参数随时间变化比较缓慢，在满足一定的前提条件下，如较短的时间内的流动问题或计算精度许可范围内，可以将非定常流动作为定常流动来处理。这将大大简化问题，方便研究。另外，还可以通过坐标系的选取，将非定常流动处理为定常流动，例如，船在平静的湖中匀速直线行驶，船两侧的水流流动相对于以河岸为坐标系来说是非定常流动，但将坐标系建立在船上，则可视为是定常流动。

在电力生产过程中，各热力系统的流动绝大多数时间近似于定常流动，可以按上述方法作为定常流动处理。个别时间如设备启、停或负荷变化时流动会发生显著变化，属于非定常流动。由于非定常流动较复杂，比定常流动分析困难得多，因此，常将非定常流动参数用时间平均方法（在计算精度许可范围内）或选用相对坐标系方法，将它作为定常流动来处理。

（二）均匀流动与非均匀流动

按各点运动要素（主要是速度）是否随位置而变化，可将流动分为均匀流动和非均匀流动。流场中，在给定的某一时刻，各点速度都不随位置而变化的流动称为均匀流动。反之，称为非均匀流动。均匀流动的所有流线都是平行直线，过流断面是一平面，且大小和形状都沿程不变。例如，流体在等径长直管道内的流动，或在断面不变的长直渠道中的流动，都是均匀流动。均匀流动中流动参数具有对空间的不变性。非均匀流动的所有流线不是一组平行直线，过流断面不是一平面，且其大小和形状都沿程改变。

（三）渐变流动与急变流动

按流线沿程变化的缓急程度，又将非均匀流动分为渐变流动与急变流动。各流线接近于平行直线的流动，称为渐变流（动）或缓变流。此时，各流线之间的夹角很小，且流线的曲率半径很大；反之，称为急变流（动）。由于渐变流动所有的流线是一组几乎平行的直线，其过流断面可认为是一平面。同时，定常流动渐变流动过流断面上动压力的分布近似地符合静压力的分布规律。直径沿程变化不大的圆锥管内的流动可认为是渐变流动。管径突然扩大或缩小处的流动，可认为是急变流动。如图 1-28 所示，流段 1-2、2-3、4-5 内的流动是急变流动，流段 3-4、5-6 内的流动是渐变流动。

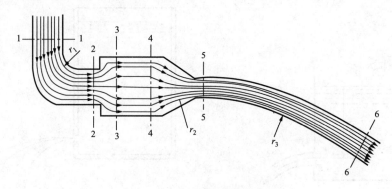

图 1-28 渐变流动与急变流动

r_1、r_2、r_3—弯管弯曲半径

（四）一元流动、二元流动与三元流动

根据决定流体运动参数所需的空间坐标的个数，可把流体流动分为一元流动、二元流动和三元流动。严格讲，实际流体都是在三维流场空间流动，流动参数为空间三个坐标的函数，因此都是三元流动。随着计算机技术的发展，对一些三元流动复杂问题的求解已经成为可能，但对于大多数三元流动问题，研究分析通常十分复杂。所以，在流体力学的研究和实际工程技术中，人们往往根据具体问题的性质把它简化为二元甚至一元流动来处理。流动参数可表示为两个坐标的函数，称为二元流动（又称平面流动）。流动参数只是一个空间坐标的函数，称为一元流动。下面举例说明流动的简化问题。

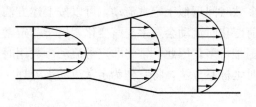

图 1-29 圆管内流动

例如，图 1-29 所示圆管内的水流，由于水的黏性，靠近管壁的流速小于管道中心的流速，即管道中的流速随管道的半径和流动方向的位移而变化，所以是二元流场。

工程中为简化问题，常常引入过流断面平均速度来表示管内流体流动状态。如图 1-30 表示一带锥度的圆管内的黏性流体的流动，流体质点的速度既是半径 r 的函数，又是沿轴线距离 x 的函数，即

$$u = f(r,x) \tag{1-38}$$

显然这是二元流动问题，在工程上常常将其简化为一元流动问题来处理。其方法就是在管道横截面上取速度的平均值，来代替管内的实际流速，图 1-30 中的 $\bar{u}$ 便是 u 的平均值，而管道中的平均流速只在流动方向上发生变化，这时管道流动成为一元流场。就此将二元流动简化为一元流动求解问题

$$\bar{u} = f(x) \tag{1-39}$$

所以，在工程中，普遍把管道内各种流体的流动看作一元流动问题来处理，非常实用方便。

在汽轮机内，蒸汽绕流机翼型叶片，如图 1-31 所示，如果将叶片看作是无限长叶片，蒸汽绕流机翼的流动参数只与翼型（横断面）所在平面上的坐标 x、y 有关，属于二元流动其流速可表示为

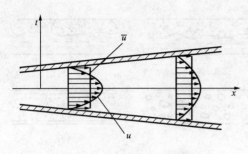

图 1-30 管内流动速度分布

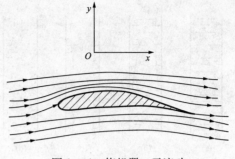

图 1-31 绕机翼二元流动

$$\vec{c} = u(x,y)\vec{i} + v(x,y)\vec{j} \tag{1-40}$$

如果是短叶片，必须考虑翼端影响，如图 1-32 所示，则流动参数应由（x，y，z）三个坐标来决定，属于三元流动即

$$\vec{c} = u(x,y,z)\vec{i} + v(x,y,z)\vec{j} + w(x,y,z)\vec{k} \tag{1-41}$$

传统的汽轮机叶片设计，都是按照蒸汽绕流叶片的二元流动进行设计计算的。在计算机技术的帮助下，现代汽轮机叶片都采用三元流动理论进行设计，进一步提高了汽轮机工作效率。叶轮机械三元流动理论是我国著名物理学家吴仲华在 20 世纪 50 年代初建立的，这项基于计算机技术和计算流体力学的流动理论，在航空发动机、汽轮机等叶轮机械研制中正在取得快速的发展。

（五）单相流动、两相流动和三相流场动

"相"就是通常所说的物质的态。物质有三态，即固态、液态和气态。若同一流场中的物质是单相的，则这种流场就称为单相流动。工程中绝大多数流动属于单相流动。若同一流场中的物质不只是单相，如气液共存，或气固共存及固液共存，则这种流场就称为两相流动，如图 1-33 所示。若同一流场中有三种不同相的物质，则这种流场就称为三相流动。

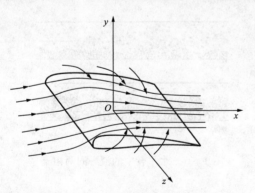

图 1-32 有限翼展的机翼绕流

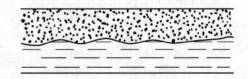

图 1-33 两相流动

两相流动、三相流动与单相流动有很大的不同，首先表现为，流动的内部结构很复杂，不同相在流动中的相间分布、各相的体积浓度、颗粒大小等有诸多差异，形成各种复杂变化的流型，如图 1-34～图 1-37 所示。而且，每相物质与管壁之间发生相互作用，不同相间也有相互作用，包括能量的交换和力的作用。这些都使两相、三相流动的研究变得非常复杂。

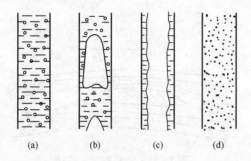 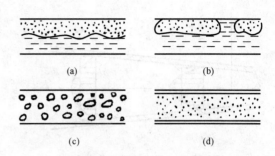

图 1 - 34　在垂直上升管中汽液两相流动的流型　　　图 1 - 35　在水平管中汽液两相流动的流型
(a) 泡状流；(b) 弹状流；(c) 柱状流；(d) 雾状流　　　　(a) 分离流；(b) 间隔流；(c) 汽泡流；(d) 雾状流

　　根据相的不同，管道内的两相流动可能是气相与液相，如图 1 - 34、图 1 - 35 所示，称为气—液两相流动，也可能是气相与固相，如图 1 - 36 所示，称为气—固两相流动，或液相与固相的流动，如图 1 - 37 所示，称为固—液两相流动。电力生产过程中两相流动的情况很多，如锅炉水冷壁内的汽水两相流动、输送煤粉管道内的气粉两相流动以及水力除灰系统灰渣管道内的灰浆两相流动等。两相流动的研究大都通过建立两相流动模型，取得各个流动参数的关系式，然后由模型实验的数据进行校核。随着热力发电厂机组参数的提高，许多两相流动、三相流动的课题已引起各国的重视，两相、三相流体力学已成为流体力学的一个分支，正在迅速发展起来。

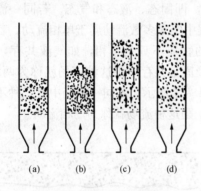 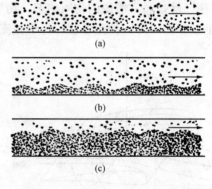

图 1 - 36　气—固两相流动　　　　　　　　　图 1 - 37　水平管中的液—固两相流
(a) 临界流化床；(b) 鼓泡流化床；
(c) 沸腾床流动；(d) 悬浮状流动

【拓展知识】

流动显示技术

　　人类早期对流体的认识和利用是建立在观察自然界的基础之上，流动观察是古老而又简单的实验技术，很多流体的流动现象、流动特征都是通过现场观察、流体测量并结合其他方法发现的。可以说，流体力学发展中的任何一次重大突破，几乎都是从对流动现象的观察开始的，例如激波、边界层、卡门涡街等现象的提出。直到现在，这种方法仍然在流体力学研究中发挥着重要的作用。

　　大家知道水和空气作为最常见的流体介质，要想观察和准确描述流动现象及流动特征，并不是一件很容易的事，尤其是空气，无色、透明，很难看到它的流动，即使是河流中的一滴水，由于流体极易变形，也捕捉不到它的轨迹，因此拉格朗日法研究固体非常方便，但应用于流体却困难重重。流动显示技术某种程度上弥补了这种不足，使得对流体的观察更加容易、可行。

　　流动显示技术（流动可视化技术）就是使流体流动可见的技术，是流体力学实验最常用的方法之一，是研究基本流动现象，了解流体流动特征最直观、最有效的手段。实验中通过流动显示技术，可以观察复杂的流动现象，得到流动图谱，探索其物理机制，建立流动的物理模型，进而做出流动的定量测定。很多新的流动现象、新的力学规律通过这种方法被发现。流动显示技术也往往用来解决实际工程问题。

　　1883 年的雷诺实验首次使用了流动显示技术，到现在流动显示技术已有上百年的历史。在研究流体的过程中，人们积累了很多简单而实用的流动显示方法，这些方法主要有壁面显迹法、丝线法、示踪法和光学法等。

　　壁面显迹法是将油等物质薄薄地涂在物体表面上，当流体流过时，作用于油膜从而在物体表面上形成油谱图，显示出流体的流动轨迹。这种方法可以定性地，在某些情况下甚至可以定量地推断物面的流动特性，如湍流、分离点和分离区等。

　　丝线法将丝线或布条一端固定，另一端则随气流摆动，以丝线的运动来显示流场的流态。这种方法可以显示层流、紊流、涡核等的位置。

　　示踪法是把示踪物质引入流场，跟随流体一起运动，使流动变为可视。示踪物质选用烟雾的称为烟迹法（见图 1 - 38）；选用墨水、颜料等的称为染色法；也可以用空气泡、氢气泡等作为示踪物质，显示流体的定常流动。

　　在火力发电厂中，为了研究锅炉的炉内空气动力结构，经常进行冷态动力场实验（又称冷态模拟实验），为了观察炉内气流的流动状态，通常会通过采用飘带法、烟花示踪、录像等手段来显示气流的流动轨迹。在燃烧器喷口系上长飘带可以显示气流的流动方向，用短飘带能判断出回流区、涡流区的存在，或在风管接近出口处，安放烟花示踪剂，用电点火烟花模拟示踪炉内煤粉气流轨迹，如图 1 - 39 所示。

图 1 - 38　烟迹法

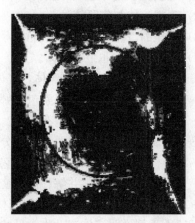

图 1 - 39　一次风烟花示踪图

　　光学流动显示方法是利用光的折射效应或利用不同光线的相对相位移,形成图像来显示流动现象,如激波、旋涡等,常用于高速流场的观测。

　　随着当代计算机技术、电子技术、信息处理技术等的快速发展,流动显示技术进入了全新阶段。以计算机辅助技术为标志,计算机控制的彩色图像流动显示技术、粒子成像测速(PIV)技术、红外热像技术、激光—超声流动显示技术等相继出现,并得到迅速的应用。这些技术一般兼有定性显示和定量测量两种能力,有的已实现对非定常复杂流动的瞬态显示与测量。

　　流动显示技术正在飞速发展,新的流动显示技术与计算机、计算流体力学、高速摄影相结合,致力于描述流动的瞬时三维空间及定量分析,为流体研究提供更精确的物理模型,其作为一门实验技术科学,已广泛应用于流体力学、爆炸力学、燃烧学、空间技术等领域,并取得了很多成果。

思 考 题

　1-1　何谓流体?其基本特性是什么?试述固体、液体和气体特征的异同。

　1-2　什么是流体的密度、比体积?二者有何联系?影响密度的因素有哪些?

　1-3　何谓流体的黏性?影响因素有哪些?温度升高时气体和液体的黏性为何变化不同?

　1-4　汽轮机组的轴承润滑油温应保持在什么范围?油温过高或过低有什么危害?

　1-5　流体的黏性与宏观运动是否有关?静止流体是否有黏性?静止流体是否有黏性切应力?

　1-6　试述流体的内摩擦力遵循的规律,并与固体摩擦力进行比较。

　1-7　何谓内聚力与附着力?表面张力怎样影响测量仪表的读值误差?如何修正?

　1-8　举例说明作用在流体上的力可分为哪几类?

　1-9　为什么要建立流体力学模型?试述以下流体力学模型的区别:

　(1) 连续介质与非连续介质。

　(2) 理想流体与实际流体。

　(3) 可压缩流体与不可压缩流体。

　(4) 牛顿流体与非牛顿流体。

　1-10　"液体是不可压缩流体,气体是可压缩流体"这句话是否正确?

　1-11　液流断面的水力要素包括哪几个物理量?各表示什么意义?相互的关系如何?

　1-12　工程中常用的流量有哪些?它们之间如何进行换算?

　1-13　研究流体流动的两种方法分别是什么?实际应用中采用哪种方法?为什么?

　1-14　什么是流线?有何性质?它与迹线有什么区别?什么时候二者重合?

　1-15　画出流谱图,并解释流线变化与固体边界的关系。

　1-16　什么是系统?什么是控制体?二者有什么区别?

　1-17　举例说明流体流动中常见的流动模型。

习　题

1-1　已知烟气在温度为 0℃、压力为 760mmHg 时密度为 $1.34kg/m^3$，若压力不变，求锅炉内 800℃时烟气的密度。

1-2　已知海水在 15℃时密度为 $1040kg/m^3$，求 1t 海水的体积是多少？

1-3　海水因温室气体的影响温度会上升，如果海水平均深度 $h=3800m$，平均体积膨胀系数 $\alpha=1.6\times10^{-4}K^{-1}$，试计算海水温度每升高 1℃时，海平面上升的高度。

1-4　对一根长度 $L=50m$，直径 $d=300mm$ 的输水管道进行水压实验，在压力 $p_1=9.8\times10^4N/m^2$ 下灌满了水。问使压力升高到 $p_2=490\times10^4N/m^2$ 时，需向管道内补充多少水？水的压缩系数 $\beta=0.5\times10^{-9}m^2/N$。

1-5　在常温下，要使水的体积压缩 1/100，试问需要施加多大的压力？

1-6　某种油的密度为 $\rho=678kg/m^3$，运动黏度 $\nu=4.28\times10^{-7}m^2/s$，计算该种油的动力黏度。

1-7　如果水的密度为 $\rho=999.4kg/m^3$，动力黏度 $\eta=1.3\times10^{-3}Pa\cdot s$，计算它的运动黏度。

1-8　如图 1-40 所示，一直径 $d=11.96cm$，长度 $L=14cm$ 的活塞，在内径 $D=12cm$ 的缸套内运动，活塞与缸套间充以润滑油。若润滑油的动力黏度 $\eta=0.172Pa\cdot s$，问要使活塞以 1m/s 的速度移动，需要对活塞施加多大的力 F？

1-9　如图 1-41 所示，在一固体壁面上有液体水平流动，速度按二次抛物线分布，液面上的流速为 8m/s，液面距壁面的距离为 4m。问距离液面 2m 深处的切应力为多少？该液体的动力黏度为 $\eta=0.001Pa\cdot s$。

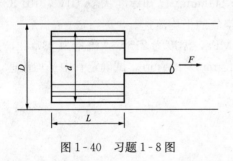

图 1-40　习题 1-8 图

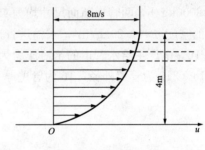

图 1-41　习题 1-9 图

1-10　如图 1-42 所示，一块平板浮在油面上以 $u=1m/s$ 的速度水平向左运动。若油的动力黏度为 $\eta=0.098\,07Pa\cdot s$，油层厚度 $\delta=10mm$。求此平板单位面积上所受的阻力。

1-11　如图 1-43 所示，转轴直径 $d=0.25m$，滑动轴承轴瓦长度 $L=0.5m$，轴与轴承间隙 $\delta=0.2mm$，其中充满动力黏性系数 $\eta=0.82Pa\cdot s$ 的油，若轴的转速 $n=200r/min$，求克服油的黏性阻力所需要的功率。

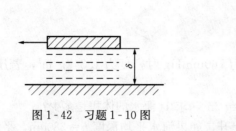

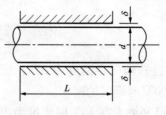

图 1-42　习题 1-10 图　　　　　　　　图 1-43　习题 1-11 图

1-12　如图 1-44 (a) 所示，直径为 D 的大圆管中有直径为 d 的 n 个小管，求小管外流动流体的当量直径；图 1-44 (b) 中，矩形管道 ($a\times b$) 中有直径为 d 的 n 个小管，求小管外流动流体的当量直径。

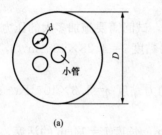

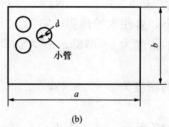

(a)　　　　　　　　　　　　(b)

图 1-44　习题 1-12 图

1-13　直径为 100mm 的输水管，管内流量为 5L/s，试求其质量流量和断面平均流速。

1-14　某矩形风道内风量为 2700m³/h，进口断面尺寸为 300mm×400mm，出口断面尺寸为 200mm×250mm，求两断面的平均风速是多少？

1-15　空气预热器经两条管道向锅炉燃烧器输送温度为 400℃的热空气，空气的质量流量 q_m=8000kg/h，两管道断面尺寸均为 400mm×600mm。已知标准状态 (0℃，101 325Pa) 下空气的密度 ρ_0=1.29kg/m³，求输送管道中热空气的平均流速。

1-16　电厂主给水管道的绝对压力为 14.71MPa，温度为 215℃，流量为 237t/h，采用 ϕ219×16 (219 为管道外径，16 为管壁厚度，单位 mm) 的管道。试确定管中平均流速。

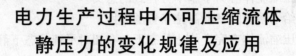

项目二

电力生产过程中不可压缩流体
静压力的变化规律及应用

【项目描述】

本项目学习不可压缩流体静压力的基本概念、变化规律及工程应用。通过分析电力生产过程中低压给水系统备用状态，通过有关流体静压力的实验、压力计的测量等实践活动，认识不可压缩流体静压力的基本概念、变化规律及工程应用，学会使用水位计、液柱式压力计等测量仪表，理解低压加热器水封疏水器设备的工作原理，了解利用流体静力学基本原理设计的锅炉烟囱和自然水循环等工作过程，计算作用在固体壁面上的不可压缩流体总静压力并应用于工程实际。

【教学目标】

能表述不可压缩流体静压力的基本概念、基本规律，能解释不可压缩流体静力学基本方程的物理意义与几何意义。能应用不可压缩流体静力学基本方程计算并分析各种工程中常见静压力的问题，会使用水位计、液柱式压力计等测量仪表，能解释低压加热器水封疏水器设备的工作原理，能解释锅炉烟囱和自然水循环等工作过程，会计算作用在固体壁面上的不可压缩流体总静压力，并应用于工程实际。

【教学环境】

多媒体教室、流体实验室、仿真机房、模型室或利用理实一体化教室实施课程教学，需要火电厂生产设备模型、热力系统图、设备技术参数。

任务一　分析低压给水系统备用状态，阐明不可压缩
流体静压力的变化规律

【教学目标】

知识目标：

(1) 掌握流体总压力 F、平均静压力 $\bar{p}$、静压力 p 的基本概念。

(2) 理解不可压缩流体静压力大小、方向的特性。

(3) 掌握静压力（压强）的大小和单位的表示方法。

(4) 理解等压面的确定方法。

(5) 掌握不可压缩流体静力学基本方程式及应用。

(6) 了解不可压缩流体在相对平衡状态下等压面的形状和静压力的分布规律。

能力目标：

(1) 能说明不可压缩流体静压力大小、方向的特性。

(2) 能说出静压力（压强）的大小之间的关系。

(3) 能正确判断和选择等压面。

(4) 能解释不可压缩流体静力学基本方程式的意义。

(5) 能分析低压给水系统除氧器高位布置的作用。

(6) 能区别不可压缩流体在完全静止状态下和在相对平衡状态下静压力的分布规律。

态度目标：

(1) 能积极主动学习、独立思考、发现问题、分析问题、解决问题。

(2) 以团队协助的方式，与小组成员共同完成本学习任务。

☺【任务描述】

现场、仿真机实训室或模型室参观低压给水系统、测压计等，认识其构成、工作原理，了解不可压缩流体静压力的特性，学习静压力（压强）的大小和单位的表示方法，学习不可压缩静力学基本方程式的三种表达形式。学习不可压缩流体在相对平衡状态下等压面的形状和静压力的分布规律。

⚓【任务准备】

(1) 了解低压给水管道系统的构成与布置情况。

(2) 了解流体总压力、平均静压力、静压力之间的区别。

(3) 了解火力发电厂仿真运行的内容。

(4) 观察生活和工程中的流体静止状态，学习有关不可压缩流体静压力的变化规律的知识，独立思考并回答下列问题：

1) 静止流体对物体产生压力吗？

2) 流体静压力处处相等吗？

(5) 观察生活和工程中的流体相对平衡状态，学习有关不可压缩流体在相对平衡状态下静压力的变化规律的知识，独立思考并回答下列问题：

1) 不可压缩流体在相对平衡状态下的等压面是水平面吗？为什么？

2) 不可压缩流体在相对平衡状态下的静压力在垂直方向和水平方向的分布规律如何？

〰【任务实施】

(1) 分析不可压缩流体静压力特性和静压力的表达式。

1) 通过两个实验来说明不可压缩流体静压力的大小和方向的特性。通过画图练习静压力的特性。

2) 学习不同静压力大小和单位的表示方法。分组讨论，举出日常生活中常见静压力的实例，并分析静压力的表示方法与单位。

(2) 通过液体静力学实验，学习不可压缩流体静力学基本方程式。

1) 分组进行液体静力学实验，学习不可压缩流体静力学基本方程的三种表达形式。

2) 分组讨论，举出实例来分析流体静力学基本方程式在电力生产过程中的应用情况。

(3) 通过相对平衡实验，简要介绍液体在相对平衡状态下等压面的形状和静压力的分布规律。

1) 简要分析液体在匀加速直线运动容器中的相对平衡状态下等压面的形状，以及静压力在垂直方向上和水平方向上的分布规律。

2）分组进行相对平衡实验，简要分析液体在以等角速度绕垂直轴旋转容器中液体的相对平衡状态下等压面的形状，以及静压力在垂直方向上和水平方向上的分布规律。

📖【相关知识】

知识一：不可压缩流体静压力特性

不可压缩流体静压力研究的中心问题是静压力的分布规律及应用。首先探讨流体完全静止时的静压力的计算，再扩展到相对静止即相对平衡状态下的情况，最后计算静止不可压缩流体作用在固体壁面上的总压力。这些内容都属于流体静力学研究的范畴，电力生产过程中广泛应用的液柱式压力计、液位计以及承压容器的计算，都需要确定平衡流体的静压力或总压力。另外，泵与风机、锅炉烟囱的自生通风和自然水循环系统等内容的讨论，都与流体静力学的基本原理密切相关。因为在静止状态下流体内部没有相对运动，所以黏性不起作用，流体静力学不需要考虑黏性的问题。

一、低压给水系统备用状态

电力生产过程中给水系统负责向锅炉供水，主要设备有除氧器、给水泵、高压加热器等。在正常运行时给水泵担负着将除氧器给水箱中的水提高能量并送往锅炉的作用。通常，除氧器布置在给水泵上方一定的高度上，我们把除氧器液面至给水泵入口处的垂直高度 H 称为布置高度，如图 2-1 所示。除氧器这样的布置方式称为高位布置，其目的是为了防止给水泵入口水压过低而发生汽蚀（参见本任务拓展知识）。

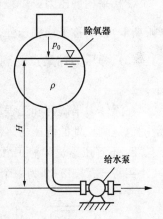

图 2-1　低压给水系统图

因为给水泵前后的给水压力相差很大，所以常以给水泵为界限，把锅炉的给水系统分为低压给水系统和高压给水系统。低压给水系统是由除氧器给水箱经下水管至给水泵入口的管道、阀门和附件等组成，高压给水系统是由给水泵出口经高压加热器到锅炉省煤器前的管道、阀门和附件等组成。

当低压给水系统处于备用状态时，给水泵（包括它的前置泵）不工作，当然给水泵可以根据机组运行需要随时投入运行，这时从除氧器给水箱至给水泵入口的水都处于静止状态，如图 2-2 所示。这时除氧器给水箱液面上的压力为除氧器的工作压力 p_0，p_0 与给水箱液面

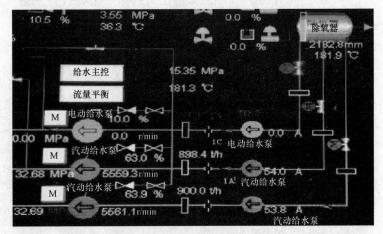

图 2-2　低压给水系统备用状态

下直至给水泵入口，各点的水压大小是否一样，除氧器的高位布置与给水泵入口压力有何关系，水压大小的分布遵循什么规律，水对除氧器内壁的作用力如何计算，这些问题都必须由流体静力学来回答，也是流体静力学讨论的重点问题，即静压力问题。

在日常生活中，人们会发现液体内部存在压力，如游泳时水淹过胸部会感受到胸部受压；用手堵住水龙头，打开水龙头后手感到有压力；盛水容器如果有孔，水就会从孔处出流。这些现象说明，液体处于静止状态时，在其内部存在压力，同时液体对固体容器的内壁也有压力作用。

二、静压力(压强)及其特性

1. 静压力

（1）总压力 F：流体作用在某一面积上的垂直指向作用面的力，单位为 N。

（2）平均静压力：单位面积上受到的静止流体作用的总压力，$\bar{p} = \dfrac{F}{A}$，单位为 N/m²（帕斯卡），又称平均静压强。

（3）静压力：某点受到的静止流体作用的总压力，$p = \lim\limits_{dA \to 0} \dfrac{dF}{dA}$，单位为 N/m²（帕斯卡）。

在流体力学研究和工程应用中，分析和计算用到的往往是流体某点的静压力，压力计测量的也是测点处的静压力（流动中测量的是动压力）。

2. 不可压缩流体静压力的特性

实验一：图 2-3 为一个 U 形水银玻璃管压力计，左端连接出口装有薄膜的圆盒，右端直通大气。当薄膜盒置于液体中时，水银压力计左边水银柱液面低于右边水银柱液面，高度差为 h。薄膜位置一定，旋转薄膜方向，发现高度差 h 一定。当薄膜盒入水越深，则高度差 h 越大。

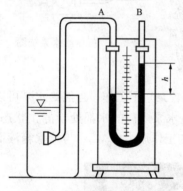

图 2-3　流体静压力大小特性
实验示意图

实验说明，静止不可压缩流体中，任意一点都有静压力作用，并且任意一点的流体静压力的大小各方向相等，与作用面的方位无关，大小随水深的增大而增大。这就是**不可压缩流体静压力的第一个特性**：任意一点的流体静压力的大小各向相等，与作用面的方位无关。

因此，工程上测量某点静压力大小时，不必选择方向，只需确定该点的位置即可。

实验二：如图 2-4 所示，一个内部充满高压水的小球，四周开有小孔。在水的静压力的作用下，水从四周的小孔流出，而且出流的水束以半径的方向离开壁面，即水束的流动方向垂直壁面。这就是不可压缩**流体静压力的第二个特性**：流体静压力的方向垂直并指向作用面，即内法线方向。

根据流体静压力的第二个特性，可以方便地确定某作用面上流体静压力的方向。

三、静压力的表示方法

从图 2-3 流体静压力大小特性实验中得知，流体中不同点的静压力大小是不一样的，那么不同大小的静压力该如何表示呢？

1. 静压力大小的表示方法

按其度量的基准不同，流体压力有三种表示方法，如图 2-5 所示。

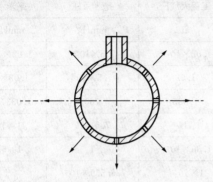

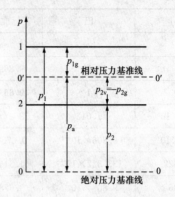

图 2-4　流体静压力方向特性实验示意图　　　图 2-5　流体静压力大小关系示意图

（1）以绝对真空（完全真空）为度量基准的压力，即绝对压力，用 p 表示，$p \geqslant 0$。

（2）以当地大气压力为度量基准的压力，即相对压力，又称"表压力"、"计示压力"，用 p_g 表示，可正可负，也可为"0"

$$p_g = p - p_a \qquad (2-1)$$

工程上，因流体所受的大气压力是互相平衡的，所以通过压力表读数测量的压力，都是相对压力，即压力表读数指示的是流体的压力与外界大气压力的差值，若读数为 0，则指示流体的压力就是大气压力。

电力生产过程中，主蒸汽管道系统、高压给水管道系统、高压加热器汽侧等处于正压状态。煤粉炉的炉膛、尾部烟道、凝汽器汽侧、凝结水泵与各种风机的入口处、射水（汽）抽气器的缩颈处等处于负压状态。习惯上，又将负压状态的压力用真空压力表示。

（3）真空压力（真空值）p_v，当流体某点的绝对压力小于大气压力时，相对压力为负值，习惯上用真空值来表示，真空值指大气压力与绝对压力的差值，即绝对压力小于一个大气压力的值，用 p_v 表示，$p_v \geqslant 0$

$$p_v = p_a - p \qquad (2-2)$$

显然，相对压力与真空值间的关系为

$$p_v = -p_g \qquad (2-3)$$

真空度：真空值 p_v 与当地大气压力 p_a 之比的百分数，常用 H_v 表示，即

$$H_v = \frac{p_v}{p_a} \times 100\% = \frac{p_a - p}{p_a} \times 100\% \qquad (2-4)$$

2. 静压力计量单位的表示方法

（1）应力单位。从压力定义出发，以单位面积上的作用力来表示，即 N/m^2（Pa）、kPa 和 MPa。

（2）液柱高度。如毫米水柱 mmH_2O、毫米汞柱 mmHg 等。

（3）标准大气压。又称物理大气压，用符号 atm 表示，是指 0℃ 时在纬度 45° 处海平面上大气的平均绝对压力值。

（4）工程大气压。是指每平方厘米上受到 1kgf 的压力值，用符号 at 表示，1at=1kgf/cm²。

常见压力单位的换算如表 2-1 所示。

表 2-1　　　　　　　　　　　　**压力单位换算表**

帕斯卡	巴	标准大气压	工程大气压	毫米汞柱	毫米水柱
Pa	bar	atm	at	mmHg	mmH$_2$O
1	1×10^{-5}	9.869×10^{-6}	1.02×10^{-5}	7.5×10^{-3}	1.02×10^{-1}
1×10^{-5}	1	9.869×10^{-1}	1.02	7.5×10^{2}	1.02×10^{4}
1.013×10^{5}	1.013	1	1.033	760	1.033×10^{4}
9.806×10^{4}	9.806×10^{-1}	9.6787×10^{-1}	1	735.559	1×10^{4}
133.322	133.322×10^{-5}	1.316×10^{-3}	1.36×10^{-3}	1	13.595
9.806	9.806×10^{-5}	9.678×10^{-5}	1×10^{-4}	735.559×10^{-2}	1

【例 2-1】　已知某机组的几组参数，当地大气压力为 $p_a=101\,325$Pa，分别计算：

(1) 高压新蒸汽的相对压力 $p_g=16.7$MPa，计算其绝对压力，分别用 at、atm 表示。

(2) 凝汽器的绝对压力为 5.4kPa，计算其真空值，分别用 mmH$_2$O、mmHg 表示。

(3) 炉膛负压为 0.05kPa，计算其绝对压力，分别用 MPa、kPa 表示。

解　(1) $p=p_a+p_g==0.1+16.7=16.8$MPa

$\qquad p=16.8$MPa$=16.8\times10^{6}\times1.02\times10^{-5}=171.36$at

$\qquad p=16.8$MPa$=16.8\times10^{6}\times9.869\times10^{-6}=165.80$atm

(2) $p_v=p_a-p=101\,325-5400=95\,925Pa=0.096$MPa

$\qquad p_v=0.096$MPa$=0.096\times10^{6}\times1.02\times10^{-1}=9792mmH_2$O

$\qquad p_v=0.096$MPa$=0.096\times10^{6}\times7.5\times10^{-3}=720$mmHg

(3) $p=p_a-p_v=101\,325-50=101\,275Pa=0.101MPa=101.275$kPa

在电力生产过程中，主要工作介质水及水蒸气的压力都比较高，通常按机组的主蒸汽压力（即汽轮机进口新蒸汽的表压力）对发电厂进行分类：

(1) 低压发电厂。主蒸汽压力为 1.4MPa，机组一般为 3.0MW 及以下汽轮机，10～20t/h 锅炉。

(2) 中压发电厂。主蒸汽压力为 3.9MPa，机组一般为 6～50MW 汽轮机，35～220t/h 锅炉。

(3) 高压发电厂。主蒸汽压力为 9.8MPa，机组一般为 25～100MW 汽轮机，120～410t/h 锅炉。

(4) 超高压发电厂。主蒸汽压力为 13.7MPa，机组一般为 125～200MW 汽轮机，400～670t/h 锅炉。

(5) 亚临界压力发电厂。主蒸汽压力为 16.7MPa（水的临界压力为 22.096MPa），机组一般为 300～600MW 汽轮机，1000～2050t/h 锅炉。

(6) 超临界压力发电厂。现在常规的超临界压力机组采用的主蒸汽压力为 24.1MPa，适用于 600～1000MW 汽轮机。

(7) 超超临界压力发电厂。超超临界压力机组主蒸汽压力为 31.0MPa 或 34.5MPa、适用于 1000MW 及以上汽轮机。

知识二：不可压缩流体静力学基本方程式（重力作用下静水压力的分布规律）

一、不可压缩流体静力学基本方程式的推导与三种表达式

实验三： 如图 2-6 所示，这是一种静水压力实验仪。管 1 为开口测压管，管 2 和管 3、管 4 和管 5、管 6 和管 7 各组成一个 U 形管。

管 1、2、3 均与密封水箱接通，构成一个连通器。其中，管 1 与水箱中部某点接通。管 2、3 与水箱底部某点接通。管 4 和管 6 与水箱上方的气体压力接通。管 4、5 和管 6、7 分别盛有两种液体，其密度为 ρ_1 和 ρ_2。水箱上方有密封阀，水箱液面上的气体与大气不相通，其压力为 p_0。调压筒通过软管与水箱接通。上、下移动调压筒就可以改变水箱中的水位，同时也改变水箱中密封气体的压力 p_0。

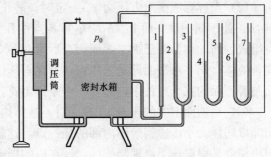

图 2-6　静力学实验仪

如果调压筒水面高于水箱的水面，水将从调压筒流入水箱，此时，水箱中的密封气体的体积将减小，压力增大。密封气体压力高于当地大气压，$p_0 > p_a$，反之，则 $p_0 < p_a$。

实验中发现：虽然管 1、3 与水箱的接点高低不同，但两管内的液面高度相同，这就是不可压缩流体静力学基本原理，即静止液体内任意一点的位置水头 z 与压力水头 $p/\rho g$ 之和（称为测压管水头）是相同的。

（一）静力学基本方程的推导

如图 2-7 所示，设一敞口容器内盛有密度为 ρ 的静止液体，液面上的压力为 p_0，取任意一个垂直流体液柱，上下底面积均为 A，对该液柱进行受力分析。

1. 表面力

（1）作用在液柱上端面上的总压力 $p_1 A$，方向向下。

（2）作用在液柱下端面上的总压力 $p_2 A$，方向向上。

（3）作用在液柱侧面上的总压力均为水平方向力，在垂直方向投影为 0。

2. 质量力

作用于整个液柱的质量力是重力 $G = \rho g A(z_1 - z_2)$，方向向下。

由于液柱处于静止状态，在垂直方向上力的平衡式为

$$p_1 A + \rho g A(z_1 - z_2) - p_2 A = 0 \qquad (2-5)$$

（二）不可压缩流体静力学基本方程式三种表达式

为便于研究流体静力学并应用于不同的问题，常用以下三种表达形式表示。

1. 第一表达式（帕斯卡定律）

在图 2-7 中，若取液柱的上底面在液面上，即 $p_1 = p_0$，取下底面在距离液面 h 处，即 $p_2 = p$，则式（2-5）变为 $p_0 A + \rho g A h - p A = 0$，两边同除 A，得

$$p = p_0 + \rho g h \qquad (2-6)$$

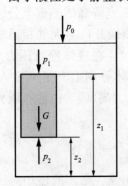

图 2-7　静力学基本方程推导用图

式（2-6）为不可压缩流体静力学基本方程式的第一表达式，表明在重力作用下，静止液体内部压力的变化规律。

方程的讨论：

（1）液体内部压力 p 是随 p_0 和 h 的改变而改变的，即 $p = f(p_0, h)$。当 p_0、ρ 一定，h 越大，则 p 也越大。这也就是人潜入水中越深，感觉水对人的压力越大的缘故。

（2）当容器液面上方压力 p_0 一定时，静止液体内部的压力 p 仅与垂直距离 h 有关，即 $p \propto h$，处于同一水平面上（$h_1 = h_2$）各点的压力相等。由各点液体压力相等（$p_1 = p_2$）的点组成的面，称为**等压面**。等压面今后常用到，判别的方法是：重力作用下的静止、连通、同种液体，同一水平面即是等压面，反之等压面也一定是水平面。需要注意的是：判断水平面是等压面的三个条件中，只要一个条件不符，就不能直接判定，需要经计算确定。

（3）当液面上方的压力 p_0 改变时，液体内部的压力 p 也随之改变，即液面上所受的压力能以同样大小传递到液体内部的任一点，这就是著名的帕斯卡定律，水压机、油压千斤顶等机械就是根据这个原理制成的，现在以帕斯卡定律为工作原理的液压技术正在各个领域蓬勃发展。

（4）从流体静力学的推导可以看出，它们只能用于静止的连通着的同一种流体的内部，对于间断的并非单一流体的内部则不满足这一关系。

（5）$p = p_0 + \rho g h$ 可改写成 $h = (p - p_0)/\rho g$，即压力差的大小可利用一定高度的液体柱来表示，这就是设计液体压力计的根据，当使用液柱高度来表示压力或压力差时，需指明何种液体。

（6）方程是以不可压缩流体推导出来的，对于可压缩的气体，只适用于压力变化不大的情况。

2. 第二表达式

由式（2-5）$p_1 A + \rho g A (z_1 - z_2) - p_2 A = 0$，两边同除 A，得

$$z_1 + \frac{p_1}{\rho g} = z_2 + \frac{p_2}{\rho g} \tag{2-7}$$

式（2-7）即为不可压缩流体静力学基本方程式的第二表达式，也是在实验三中观察到的结果。该式说明：仅受重力作用下，静止、连通、同种液体中，任意点对同一基准面的 $(z + p/\rho g)$ 均相等，为一常数。

为加深对静力学基本方程式的第二表达式和 $p/\rho g$ 的理解，可取如图 2-8 所示，在任意容器（敞开或封闭）的密度为 ρ 静止液体中任取 1、2 两点，它们距离某基准面 0-0（在纸面上投影为基准线，可任意选取）的高度分别为 z_1、z_2。在与 1、2 两点等高的侧壁上分别装上竖直的玻璃管，即测压管，顶端开口与大气相通或封闭都行（图 2-8 中为顶端封闭）。在液体绝对压力 p_1、p_2 的作用下，两支玻璃管中液体分别上升了高度 $h_1 = p_1/\rho g$、$h_2 = p_2/\rho g$（称为绝对压力高度）。由静水压力实验可知，静止不可压缩流体中

$$z_1 + \frac{p_1}{\rho g} = z_2 + \frac{p_2}{\rho g} = 常数$$

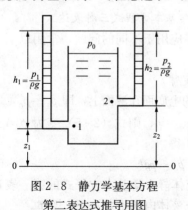

图 2-8　静力学基本方程
第二表达式推导用图

若测压管顶端开口与大气相通，则在液体相对压力 p_{g1}、p_{g2} 的作用下，两支玻璃管中液体分别上升了高度 $h_{g1} = p_{g1}/\rho g$、$h_{g2} = p_{g2}/\rho g$（称为相对压力高度），则

$$z_1 + \frac{p_{g1}}{\rho g} = z_2 + \frac{p_{g2}}{\rho g} = 常数$$

也是成立的。

3. 第三表达式

对式（2-5）$p_1 A + \rho g A(z_1 - z_2) - p_2 A = 0$，令 $\Delta h = z_1 - z_2$，两边同除 A 得

$$p_2 - p_1 = \rho g \Delta h \tag{2-8}$$

式（2-8）即为不可压缩流体静力学基本方程式的第三表达式。可见，只在重力作用下，同种、静止、连通液体中，任意两点的静压力之差（$p_2 - p_1$）与两点间的高度差 Δh 成正比。只要已知其中一个点的压力如 p_1（或 p_2），就可以方便地求出另一点的压力 p_2（或 p_1），且无需知道自由液面上的压力 p_0。同时也进一步说明，当 p_0、ρ 一定，$h_2 > h_1$，则 $p_2 > p_1$，即同种液体，液面压力一定，液体内越深处静压力也越大的道理，如图 2-10 所示。

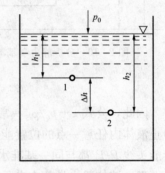

图 2-9　静力学基本方程
第三表达式推导用图

式（2-6）、式（2-7）、式（2-8）均称为不可压缩流体静力学基本方程，虽然有三种不同的表现形式，但它们遵循静止流体内部压力变化的同一规律，针对不同的问题可灵活应用不同的表达式。不可压缩流体静力学基本方程本质上是能量守恒及转换定律在流体静力学中的具体表现。

二、不可压缩流体静力学基本方程式的意义

1. 物理意义

如图 2-10 所示，由物理学可知，质量为 m、相对于任意基准面 0-0 位置高度为 z 的流体所具有的位能是 mgz，所以位置高度 $z = mgz/mg$ 表示该位置上单位重力作用下流体所具有的位能，称为比位能（也称位置势能）。

$p/\rho g$ 为单位重力作用下流体所具有的压力能，如前所述，在容器侧壁上装上封闭测压管（假设管内为绝对真空，如图 2-10 中左侧），质量为 m 的液体在测压管接点 1 处液体压力的作用下，在测压管中上升 $h_1 = p_1/\rho g$，即测压管中的液柱高度，称为比压能（也称压力势能）。这表明在点 1 处接上测压管，则该点压力就能做出 $mg p_1/\rho g$ 的功。可见，压力是一种潜在的势能，在一定条件下，压力能可转换为位能（也可转换为动能，如水从容器侧壁开口处流出，参见项目三）。

比位能和比压能之和（即 $z + p/\rho g$），称为静止液体中某点的总比能（比势能）。

因此，静力学基本方程（$z + p/\rho g = 常数$）的物理意义是：在重力作用下，静止、连通、同种液体中总比能（$z + p/\rho g$）一定，但 z 和 $p/\rho g$ 之间可互相转换，这就是能量守恒及转换定律在流体静力学中的具体表现。

2. 几何意义

如图 2-10 所示，z 和 $p/\rho g$ 的大小都可用与基准面 0-0 垂直的几何线段表示，如 z_1 表示点 1 处的液体距离基准面的高度，称为位置能头，$p_1/\rho g$ 表示点 1 处的液体在假想的顶端封闭的测压管中上升的高度，称为压力能头。z 和 $p/\rho g$ 都具有相同的长度的单位。当测压管顶端封闭时（图中左侧），测得的液体压力 p_1 为绝对压力，相应的高度 $p_1/\rho g$ 为绝对压力

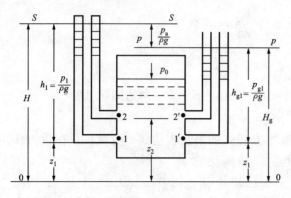

图 2-10　分析静力学基本方程意义用图

高度；当测压管顶端开口时（图中右侧），测得的液体压力 p_g 为相对压力，相应的高度 $p_g/\rho g$ 为相对压力高度。把 $z_1+p_1/\rho g=H$ 称为静力能头（能头也称水头），任意两点如 1、2 顶端的连线 $s\text{-}s$ 称为静力能头线；把 $z_1+p_{g1}/\rho g=H_g$ 称为测压管能头，任意两点如 $1'$、$2'$ 顶端的连线 $p\text{-}p$ 称为测压管能头线。显然，静力能头 H 与测压管能头 H_g 之差为大气压力能头 $p_a/\rho g$，即

$$H-H_g=\frac{p_a}{\rho g} \tag{2-9}$$

因此，公式 $z+p_g/\rho g=$ 常数的几何意义是：在重力作用下，静止、连通、同种液体中静止液体内任意一点的位置能头 z 与压力能头 $p/\rho g$ 之和是相同的。静力能头线 $S\text{-}S$ 和测压管能头线 $P\text{-}P$ 都与同一基准水平面 0-0 平行，两者差值为大气压力能头（高度）$p_a/\rho g$。

三、流体静力学基本方程式应用实例

不可压缩流体静压力的变化规律在电力生产过程中得到了广泛的应用，现应用该规律分析低压给水系统中除氧器高位布置的原因。依前所述，给水泵入口水压过低会发生汽蚀现象，而汽蚀对给水泵结构和运行都有危害，应加以防范，主要措施之一就是除氧器采取高位布置的方法以提高给水泵入口的水压。这个原理可通过不可压缩流体静力学基本方程式来加以解释，根据不可压缩流体静力学基本方程式的第一表达式，在重力作用下，静止不可压缩流体中某一点的静水压力随淹没深度 h 按线性规律增加，通过提高除氧器布置高度，即增加液面以下的深度 h，使给水泵入口水压得到提高，这样给水泵就不容易在汽蚀工况下运行。下面通过一个例子来说明给水泵入口水压的计算方法。

【例 2-2】　某电厂除氧器水箱内液面上的压力为 0.517MPa，除氧器液面至给水泵入口的布置高度为 16m，问给水泵在备用状态下入口压力是多少？

解　给水泵在备用状态下，整个低压给水系统内水处于静止状态，除氧器水箱内液面上的压力为计示压力，由除氧器的工作性质知，除氧器水箱内的水是除氧器工作压力下的饱和水，由饱和水性质表查得，$\rho=909\text{kg/m}^3$。给水泵在备用状态下入口的相对压力为

$p=p_0+\rho g H=p_0+\rho g H=0.517\times10^6+909\times9.807\times16=659\ 633\text{Pa}=0.660\text{MPa}$

由于汽蚀是水的汽化引起的，除氧器中的水又处于沸腾状态，水大量汽化，所以其后的给水泵在运行中很容易发生汽蚀问题。从例题中可以看出，除氧器采取高位布置后，给水泵入口水压得到提高，即给水泵入口水的相对压力 p 比除氧器水箱内液面上的相对压力 p_0 增大了 $\rho g H$，这样给水泵入口的水压大于水的汽化压力（水压高于水的汽化压力时，水不会汽化，等于汽化压力时，开始汽化），水就一定处于过冷状态，于是就可有效地避免因入口水压过低而使给水泵在汽蚀工况下运行。由例题可以看出，除氧器水箱液面上的压力 p_0 与水箱液面至泵入口的布置高度 H 的大小影响着给水泵入口压力，p_0 若因为某种原因突然下降，会引起给水泵入口压力的降低而带来汽蚀，所以要避免发生此类情况，方法之一就是继续提高 H 值，因为 H 值越大，给水泵入口压力越高，水泵越安全。运行中要确保除氧器给

水箱内水位维持正常值，水位过低同样会导致给水泵入口压力降低而引起汽蚀。随着机组容量的增大，除氧器布置高度在不断增加（当然除氧器布置高度过高，会造成除氧间基建投资的增加。因此，防止给水泵在运行中产生汽蚀还有其他的措施，将在专业课程泵与风机中介绍），600MW 机组普遍采用了 28m 的布置高度，以保证给水泵工作的可靠性。类似的例子还有很多，如凝结水泵也是通过凝汽器热水井的水位来保证凝结水泵的安全运行。

知识三：流体的相对平衡

前面讨论了不可压缩流体在重力作用下处于静止状态时静压力的分布规律。现在讨论不可压缩流体除了受到重力作用外，还受到其他质量力作用的相对平衡问题。相对平衡指盛有流体的容器相对于地球来说是运动的，但流体相对于容器是静止的，流体质点之间无相对运动，黏性不起作用。因此，讨论中若将坐标系选在运动的容器上，这样流体相对于此坐标系是没有运动的，流体内部压力仍满足静压力的一般特性。下面简要介绍匀加速直线运动容器中液体的相对平衡，以及以等角速度绕垂直轴旋转容器中液体的相对平衡中等压面和静压力的分布规律。

一、匀加速直线运动容器中液体的相对平衡

在日常生活中我们知道，当我们所乘的车突然加速时，我们会向后仰，而突然刹车时，我们会向前冲，由此可知，物体具有惯性。流体也不例外，在油罐车、油船加速时，储油箱内的油会被挤向后部，而刹车时，油会被挤向前部，使得车辆和船舶载重不均衡，操纵困难，甚至油会冲开上盖而溢出。因此，运输用的罐体内部均装有隔板，以减弱或消除这种影响。

下面以一辆油罐车匀加速（加速度为 a）直线运动为例，待油面稳定后，选取如图 2-11 所示坐标系，坐标原点取在液面上，坐标 x 轴与运动加速度 a 方向一致，z 轴垂直向上。分析等压面的形状和液体静压力的分布规律。

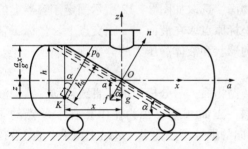

图 2-11　匀加速直线运动容器示意图

1. 等压面

原来静止时油面是水平面，而现在油面是倾斜面。这是因为作用在油质点上的质量力，除了向下的重力 $G=mg$ 外，还受到直线惯性力 $F=ma$ 的作用（根据达朗贝尔原理，虚加在油质点上的直线惯性力 $F=ma$ 的方向与加速度 a 的方向相反），单位质量力 f 为单位质量的 g 和单位质量的 a 的合力，如图 2-11 所示；又因为等压面（包括自由表面）与质量力合力的方向垂直（否则液体无法保持平衡），所以由图中可看出，现在油面不是水平面，而是倾斜面，各等压面皆垂直于质量力合力 f，即为一簇与水平方向成夹角为 α 的平行于自由液面的平面。由图 2-11 可知

$$\alpha = \arctan \frac{a}{g} \tag{2-10}$$

2. 静压力的分布规律

（1）垂直方向。相对平衡时，在垂直方向上，因为液体也只受到向下重力的作用，所以静压力分布规律与流体完全静止时一样，也是 $p=p_0+\rho gh$。

（2）水平方向。前已论及，液体完全静止时，在同一水平方向各点静压力相等。而相对平衡时，液体在同一水平方向静压力不相等（即同一个水平面不是等压面）。

若要求液体中某点的静压力，可通过垂直方向 $p=p_0+\rho gh$（当 h 已知时）求解比较简便。或通过水平方向（当 x 已知时）求解，如图 2-11 中，要求距原点水平距离 x 的 K 点的静压力，只要通过几何的方法，求出 K 点至自由液面的垂直高度 h（也可能是自由液面延长线与 K 点垂线的交点的垂直高度），即

$$h=-x\tan\alpha-z$$

或
$$h=-\frac{a}{g}x-z \tag{2-11}$$

把上式的 h 代入 $p=p_0+\rho gh$ 中，求得

$$p=p_0+\rho g\left(-\frac{a}{g}x-z\right) \tag{2-12}$$

该式表明，压力 p 不仅随 z 的变化而变化，而且还随 x 的变化而变化。若令 $p=p_0$，则可得自由液面所在等压面的方程为

$$z_s=-\frac{a}{g}x \tag{2-13}$$

式中 z_s——液体表面上各点超出坐标原点的高度。

注意，以上各式中的 z 和 x 为给定点在坐标系中的坐标值。若给定点的 z 和 x 为正数，则用正值带入；若给定点的 z 和 x 为负数，则"一"应变为"+"。

二、以等角速度绕垂直轴旋转容器中液体的相对平衡

如图 2-12 所示，一个半径为 R 的开口圆柱形桶状容器内盛有均质液体，容器绕其圆柱形的中心轴以等角速度 ω 旋转。容器内的液体在离心力作用下被甩向四周，造成中心部分液面下降，桶壁四周的液面上升，最终稳定后液体随容器一起旋转，液体内部、液体与容器间都没有相对运动，液体自由表面形成一个旋转抛物面。选取如图 2-12 所示固定于容器上的坐标系，坐标 z 轴取圆桶的中心轴且垂直向上，坐标原点取在液面与 z 轴交点上，坐标 x 轴与半径方向一致，且指向桶壁。下面分析等压面的形状和液体静压力的分布规律。

1. 等压面

原来静止时液面是水平面，而现在液面是旋转抛物面。与分析匀加速直线运动容器中液体相对平衡时的等压面方法相似，在液体内部选取一点如 K 点，因为作用在液体 K 点的质量力，除了向下的重力 $G=mg$ 外，还受到水平径向的惯性离心力 $F=ma$ 的作用（方向沿径向向外），单位质量力 f 为单位质量的 g 和单位质量的 a（$a=r\omega^2$）的合力；又因为等压面（包括自由表面）与质量力合力的方向垂直，所以由图中可以看出，现在液面不是水平面，而是旋转抛物面，即为一簇平行于自由液面的旋转抛物面。

2. 静压力的分布规律

（1）垂直方向。相对平衡时，在垂直方向上，因为液体也只受到向下重力的作用，所以静压力分布规律也与流体完全静止时一样，也是 $p=p_0+\rho gh$。

（2）水平方向。与匀加速直线运动容器中液体水平方向的静压力分布规律相似，液体在同一水平方向上各点的静压力也是不相等的（即同一个水平面不是等压面）。

若要求液体中某点的静压力，可借鉴求解匀加速直线运动容器中液体静压力的方法，即通过垂直方向 $p=p_0+\rho gh$（当 r、ω 已知时）来求解。如要求图 2-12 中 x 轴上 K 点的静压

力，可由 $p=p_0+\rho g h$ 求得，其中，$h=z_s=r^2\omega^2/2g$，代入得

$$p = p_0 + \rho g \frac{r^2\omega^2}{2g} \tag{2-14}$$

如要求图中 M 点（坐标为 $-z$）的静压力，也可由 $p=p_0+\rho g h$ 求得，其中，$h=z_s-z$，代入得

$$p = p_0 + \rho g(z_s - z) = p_0 + \rho g\left(\frac{r^2\omega^2}{2g} - z\right) \tag{2-15}$$

同匀加速直线运动容器中液体相对平衡时求解液体静压力一样，也要注意，以上各式中的 z 为给定点在坐标系中的坐标值。若给定点的 z 为正数，则用正值带入；若给定点的 z 为负数，则"$-$"应变为"$+$"。

由式（2-15）知，在同一水平面上，轴心处（$r=0$、$z=0$）静压力最小为 p_0，边缘处（z 一定，r 最大）静压力 p 最大。图 2-13 为旋转液体压力分布示意图。许多设备依据这一特点进行工作，电厂中的离心式泵或风机，叶轮在原动机带动下旋转时，由叶片对液体或气体做功，流体压力分布规律与绕垂直轴旋转时相同。显然，叶轮外缘半径 r 最大，流体被叶轮上的叶片提高的能量也最多。

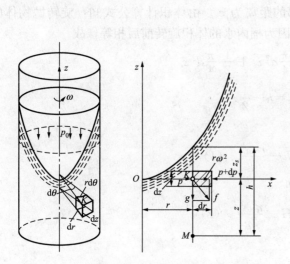

图 2-12 以等角速度绕垂直轴旋转容器示意图

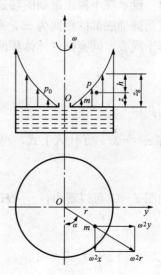

图 2-13 旋转液体压力分布示意图

【例 2-3】 如图 2-14 所示，为了测量物体运动的加速度，利用装有液体的 U 形管和物体一起运动。已知：$l=30cm$，$h=5cm$，求物体运动的加速度是多少？

解 因通过 U 形管两侧液面的平面为等压面。由等压面方程

$$z_s = -\frac{a}{g}x \quad 得 \quad a = -\frac{g}{x}z_s$$

由已知条件知：在 $x=-\dfrac{l}{2}$ 处，$z_s=\dfrac{h}{2}$

故

$$a = \frac{g}{l}h$$

代入各数值后求得

$$a = \frac{9.81}{0.3} \times 0.05 = 1.64 m/s^2$$

【例 2-4】　如图 2-15 所示，一个直立的圆桶直径 $d=200cm$，高 $H=350cm$，桶内装有深度为 $h=250cm$ 的水，圆桶绕垂直中心轴等角速度旋转。为了保证水不溢出桶外，圆桶每分钟的转速应限制在多少以下？

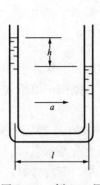

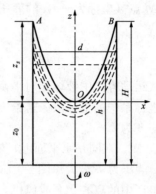

图 2-14　例 2-3 图　　　　　　　　图 2-15　例 2-4 图

解　设水在不溢出圆桶的转速下，水的自由表面为图中所示的旋转抛物面 AOB。抛物面顶点到圆桶底部的距离为 z_0，距桶顶部的距离为 z_s。由体积计算公式知：旋转抛物体的体积等于同底、同高圆柱体体积的一半。因为桶内水的体积旋转前后相等，故

$$\frac{\pi}{4}d^2h = \frac{\pi}{4}d^2z_0 + \frac{1}{2}\frac{\pi}{4}d^2z_s$$

由此得

$$z_0 = h - \frac{1}{2}z_s$$

将 $z_s = r^2\omega^2/2g$ 代入上式，得

$$z_0 = h - \frac{r^2\omega^2}{4g} \quad (1)$$

由图 2-15 可以看出，$z_0 = H - z_s$，即

$$z_0 = H - \frac{r^2\omega^2}{2g} \quad (2)$$

比较（1）、（2）式得

$$h - \frac{r^2\omega^2}{4g} = H - \frac{r^2\omega^2}{2g}$$

解此方程得

$$\omega = \sqrt{\frac{4g(H-h)}{r^2}} = \sqrt{\frac{4 \times 9.81 \times (0.35 - 0.25)}{\left(\frac{0.2}{2}\right)^2}} = 19.81 s^{-1}$$

为了保证水不溢出圆桶应限制的最高转速为

$$n = \frac{30\omega}{\pi} = \frac{30 \times 19.81}{3.14} = 189.26 r/min$$

【拓展知识】

知识一：汽蚀

汽蚀是流体机械中经常发生的一种流动现象，主要是由液体的汽化引起的，这种现象最终会导致对机械结构的破坏，所以应尽量避免。由于汽蚀过程中涉及流动动力学条件、机械

冲击、过流部件材料种类与成分，以及材料表面与液体的电化学交互作用等诸多方面的影响，其损伤机理相当复杂，有关汽蚀的发生机理目前有几种不同的结论。因此，汽蚀问题还有待于进一步的研究。

一、汽蚀形成前期——气穴

常压下，水升温到 100℃时开始沸腾，这就是汽化，不同压力下，液体开始沸腾汽化的温度不同，液体在某一温度时发生汽化的绝对压力，称为饱和蒸汽压力，用 p_s 表示。

在各种流体机械中，当液体进入局部低压区，形成一定的真空，该处的绝对压力低于大气压力，如果压力降低到空气分离压为 p_0 时，原先以气核形式（肉眼看不见）溶解在液体中的空气便开始游离出来，形成小气泡；当压力继续降低到液体在其温度下的饱和压力 p_s（即汽化压力）时，液体开始汽化，不断产生大量的小气泡，这些小气泡汇聚成较大的气泡，气泡内是蒸汽和游离空气的混合物。这种由于压力降低而产生气泡的现象称为气穴（空泡）现象。

二、汽蚀的形成机理

如果气泡随液流流到下游高压区，气泡在高压作用下突然溃灭，气泡内的蒸汽迅速凝结，四周的液体以极大的速度冲击气泡溃灭留下的空间，气泡溃灭的时间非常短，只有几百分之一秒，而产生的冲击力却很大，气泡溃灭处的局部压力可高达几个甚至几十兆帕，局部温度也急剧上升。大量气泡的连续溃灭将产生强烈的噪声和振动，严重影响液体的正常流动和流体机械的正常工作；气泡连续溃灭处的固体壁面也将在这种局部压力和局部温度的反复作用下发生机械剥蚀和化学侵蚀，这种现象就称为汽蚀（或气蚀）。剥蚀严重的流体机械将无法继续工作。

汽蚀机理的主要结论有两种：

（1）认为气泡突然溃灭时，周围的流体快速冲向气泡空间，它们的动量在极短的时间内变为零，因而产生很大的冲击力，该冲击力反复作用在壁面上，形成剥蚀。

（2）认为气泡在高压区突然溃灭时，将产生压力冲击波，此冲击波反复作用在壁面上，形成剥蚀。

其他结论认为汽蚀过程中有高温对材料表面的热作用、化学氧化腐蚀、金属的电化学腐蚀等因素存在。汽蚀发生初期，金属表面会出现麻点，继而表面呈现海绵状、沟槽状、蜂窝状等痕迹；长期汽蚀或严重时可造成流体机械局部穿孔，甚至破裂，酿成严重事故。船舶螺旋桨、水泵和水轮机、阀门等流体机械中经常会看到汽蚀造成的破坏，所以，在各种流体工程中都要注意避免出现局部压力过低的流动状态，常采取的措施如利用静力学原理将除氧器高位布置；增加给水泵入口压力以及降低流动阻力等。

知识二：液压技术

液压传动与控制技术（简称液压技术）是利用液体（主要是油和水作为工作介质）的压力能来传递能量和进行控制的一门工程技术。帕斯卡原理是液压传动的基本原理。根据帕斯卡原理和静压力的特性，液压传动不仅可以进行力的传递，而且还能将力放大和改变力的方向。液压传动的基本过程是通过液压泵等动力元件将原动机的机械能转换为油等工作介质的压力能，然后通过管道、液压控制及调节装置，利用液压缸等执行机构将油的压力能转换为活塞的机械能，来带动各种工作装置进行工作，如启闭阀门、操作数控机床、起吊重物等。与传统的机械传动相比，液压传动具有输出力大、质量小、体积小、反应速度快等诸多优点，很容易实现自动化，电液联合的液压控制还可以实现遥控。

从 1795 年第一台水压机问世以来，液压技术逐步得到应用，近代液压技术是由 19 世纪崛起并蓬勃发展的石油工业推动起来的，特别是 20 世纪 50 年代开始，随着世界经济的发展，生产过程自动化的进步，液压技术很快在机械制造、起重运输机械及各类施工机械、船舶、航空等领域得到了广泛的发展和应用。20 世纪 60 年代后，原子能、航空航天技术、微电子等技术的发展使得液压技术发展成为包括传动、控制、检测在内的一门完整的自动化技术，从民用的一般传动到控制系统精确度很高的国防等各个方面都得到了应用。例如，在工程机械中，普遍采用了液压传动。在机床工业中，目前机床传动系统有 85％采用液压传动与控制。坦克、舰艇、雷达、火炮、导弹和火箭等国防工业中的武器装备都采用了液压传动与控制。近年来，又在太阳跟踪系统、海浪模拟装置、船舶驾驶模拟器、地震再现、宇航环境模拟和高层建筑防震系统及紧急刹车装置等设备中，也采用了液压技术。现今，采用液压传动的程度已成为衡量一个国家工业水平的重要标志之一。如发达国家生产的 95％的工程机械、90％的数控加工中心、95％以上的自动线都采用了液压传动技术。

近年来，随着计算机技术、信息技术、自动控制技术、摩擦磨损技术的发展以及新工艺、新材料的应用，液压技术又取得了新的发展，正向高压、高速、高精度、高效率、高度集成化、智能化、机电一体化的方向发展。

电力生产过程中典型的技术应用是汽轮机的数字电液调节系统中的液压设备——油动机，它以计算机系统和液压控制系统为基础，实现对汽轮机运行状态的自动调节、控制和保护。其中计算机输出的电信号要转换为液压信号——工作油的压力，再由液压执行机构完成计算机的指令。液压执行机构的主要设备是油动机，工作介质是高压抗燃油，在工作油压力作用下，推动油动机中的活塞移动，来执行启闭阀门等动作。工作油的压力可高达 14.49MPa。

任务二 连通器水位计、液柱式压力计、低压加热器水封疏水器等仪器、设备原理的分析与使用

📢【教学目标】

知识目标：

(1) 掌握连通器工作原理。

(2) 掌握水位计测量原理、测量方法。

(3) 掌握液柱式压力计的测量原理、测量方法。

(4) 理解低压加热器水封疏水器工作原理。

(5) 了解流体静力学的工程应用，包括锅炉烟囱和锅炉自然水循环的工作过程等。

能力目标：

(1) 能分析连通器的工作原理，应用连通器原理解释常见流体静力学现象。

(2) 能解释水位计工作原理，能使用水位计测量水位。

(3) 能解释液柱式压力计的工作原理，能使用液柱式压力计测量流体静压力。

(4) 能分析低压加热器水封疏水器在设备管道中的作用。

(5) 能说出流体静力学原理在工程中的应用实例。

态度目标：

（1）能积极主动学习、独立思考、发现问题、分析问题、解决问题。

（2）以团队协助的方式，与小组成员共同完成本学习任务。

【任务描述】

通过流体静力学实验中液柱式压力计的实际测量等认识连通器的工作原理，掌握水位计、液柱式压力计的测量原理和测量方法，会利用流体静力学基本方程计算并分析工程中常见流体静压力问题，认识低压加热器水封疏水器工作原理和作用，了解工程中利用流体静力学原理设计的锅炉烟囱自通风和锅炉自然水循环工作过程。

【任务准备】

（1）了解连通器工作原理。

（2）复习静止流体内部等压面的判断条件，独立思考并回答下列问题：

1）流体静力学基本方程的应用条件是什么？

2）连通器的等压面的判断条件是什么？

（3）了解水位计、液柱式压力计的结构和测量方法，独立思考并回答下列问题：

1）水位计的读值误差是怎样产生的？如何修正？

2）液柱式压力计有几种类型？各适用于哪些压力测量？

（4）了解低压加热器水封疏水器的工作原理和作用。

（5）了解锅炉烟囱自通风和锅炉自然水循环的工作原理，独立思考并回答下列问题：

1）水封有什么作用？低压加热器水封疏水器是自动排水装置，它是怎样工作的？

2）锅炉烟囱自通风和锅炉自然水循环工作原理的相似之处是什么？

【任务实施】

（1）通过流体静力学实验认识连通器及其应用。

1）分组实验，学习液柱式压力计的测量原理及测量方法，认识连通器、水位计的工作原理。了解低压加热器水封疏水器的工作原理和作用。

2）撰写实验报告，分组讨论、总结流体静力学基本方程的计算方法和应用。

（2）观看锅炉模型，了解锅炉烟囱和锅炉自然水循环的工作原理，并分组讨论、学习流体静力学的工程应用实例，以学生自荐或教师指定的方式选择1～2组，对本次任务进行总结汇报。

【相关知识】

知识一：连通器原理

连通器由液面以下几个互相连通的容器构成。连通器是根据流体静力学基本原理设计而成的，在工程和生活中有广泛的应用，例如，各种液位计（水位计、油位计等）、液柱式压力计等。

利用不可压缩流体静力学基本方程式可以解决连通器中液体的平衡问题。连通器中液体的平衡通常有以下几种情况。

（1）连通器内盛装同一种液体，并且自由液面上的压力也相等 $p_{01} = p_{02}$，如图 2-16（a）所示，两个敞口容器内盛装的都是水。基准面 0-0 是等压面，如果 0-0 面两侧压力不相等的话，液体会由压力较高的一侧流向压力较低的另一侧，直至压力相等，所以静止时基准面 0-0 一定是等压面，此时水静止下来，可以观察到两容器中液面平齐，容器中任一水平面都是等压面。

$$p_{01} + \rho g h_1 = p_{02} + \rho g h_2$$

式中

$$p_{01} = p_{02}$$

有

$$h_1 = h_2 \tag{2-16}$$

所以，盛有相同液体且液面上压力相等的连通器（无论是敞口容器或密封容器），其液面高度必然相等。工程中利用连通器的基本性质，设计了简便实用的液位计，如各种水箱水位计、油箱油位计等，如图 2-16（b）所示，液位计显示的液位就是容器内液面的位置。

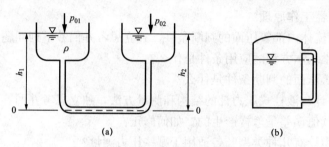

图 2-16　连通器的第一种情况

(a) 连通器原理；(b) 液位计

（2）连通器内盛装同一种液体，但自由液面上的压力不相等，即 $p_{01} \neq p_{02}$，如图 2-17（a）所示。两个敞口容器内盛装的仍是水，基准面 0-0 是等压面，则有

$$p_{01} + \rho g h_1 = p_{02} + \rho g h_2$$
$$p_{01} = p_{02} + \rho g (h_2 - h_1)$$

即

$$p_{01} - p_{02} = \rho g (h_2 - h_1) \tag{2-17}$$

可见，盛有相同液体的连通器，当两液面上的压力不相等时，两液面上的压力差等于两液面高度差所产生的压力值。工程中利用连通器的这种性质，制成各种测量压力或压差的液柱式压力计，如图 2-17（b）所示，还有各种差压平衡装置，如 U 形水封管等。

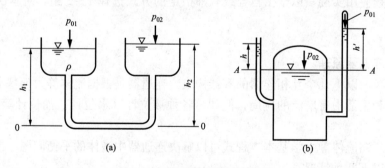

图 2-17　连通器的第二种情况

(a) 连通器原理；(b) 液柱式压力计

（3）连通器内盛装两种互不相混的液体，但自由液面上的压力相等 $p_{01} = p_{02}$，如图 2-18（a）所示。可以判断两种液体的分界面 0-0 为等压面，则有

$$p_{01} + \rho_1 g h_1 = p_{02} + \rho_2 g h_2$$

式中

$$p_{01} = p_{02}$$

可知

$$\rho_1 g h_1 = \rho_2 g h_2 \ \text{或} \frac{\rho_1 g}{\rho_2 g} = \frac{h_2}{h_1} \qquad (2\text{-}18)$$

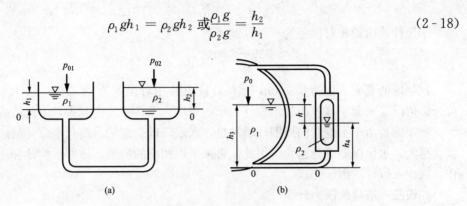

图 2-18　连通器的第三种情况

(a) 连通器原理；(b) 锅炉汽包就地水位计

　　式（2-18）表明，当连通器内盛有两种互不相混的液体，且液面上压力相等时，两种液体分界面 0-0 以上，液柱高度与流体密度成反比。工程中利用连通器的这种性质来测定液体的密度（或密度），或进行液柱高度换算等。

　　知识二：水位计

　　液位计是监测容器或设备内液面位置的仪表，最常用的就是水位计。如锅炉汽包、除氧器水箱、凝汽器水井及各种水箱、油箱等都有水位计实时监测水位的变化。水位的正确监测直接关系着设备的安全运行。

　　电厂锅炉汽包水位是保证锅炉安全运行的重要参数。通常情况下，为确保水位能及时准确地进行监控，要求至少配置两只互相独立的就地水位计和两只远传式水位计（可以将测量结果远传到集控室内）。锅炉汽包的就地水位计就是根据连通器原理设计的，如图 2-16（b）所示，就地水位计用连通管分别与汽包容器的水空间和汽空间连接，一般而言，水位计与容器内是同种液体——水，水位计与容器内两侧的水面压力也相等。根据连通器原理的第一种情况，水位计读值应直接反映汽包内水位的高度。大部分的水位计都是如此，如凝汽器水井水位计。在锅炉点火前的冷态时，汽包水位计也是如此。但当锅炉点火运行后，汽包内水温升高，处于热态，这时由于水位计的保温问题，水位计内的水温往往低于汽包内水温，水位计内水的密度就大于汽包内水的密度，出现了连通器原理的第三种情况，从而造成锅炉汽包就地水位计的读值误差（水位计显示水位比真实水位低），不能正确反映汽包真实水位。这种情况是很危险的，如果汽包水位偏离正常值范围，可能会酿成事故，甚至危及锅炉的安全。下面通过例题分析由于水位计和连通管的散热造成的测量误差。

　　【例 2-5】　如图 2-18（b）所示为某锅炉汽包的就地水位计，汽包中水面上的绝对压力 $p_0 = 10.89 \times 10^6 \text{Pa}$，水位计内的水温 $t = 260℃$，水位计的读值 $h_4 = 300\text{mm}$，试求汽包内的真实水位 h_3 和水位计的读值误差分别是多少？

　　解　锅炉汽包内是汽液共存的饱和状态，汽空间压力为 $p_0 = 10.89 \times 10^6 \text{Pa}$，由饱和水性质表中查得饱和水密度为 $\rho_1 = 673 \text{kg/m}^3$；水位计内水温低于汽包内水温，为过冷水，根据 $p_0 = 10.89 \times 10^6 \text{Pa}$ 和 $t = 260℃$ 查出水位计内过冷水的密度 $\rho_2 = 785 \text{kg/m}^3$。按照连通器原理的第三种情况，水位计与汽包底部的连通管所在平面 0-0 为等压面，由公式（2-18）得

$$h_3 = h_4 \frac{\rho_2 g}{\rho_1 g} = h_4 \frac{\rho_2}{\rho_1} = 300 \times \frac{785}{673} = 350 \text{mm}$$

水位计读值的相对误差为

$$\frac{350 - 300}{350} \times 100\% = 14.3\%$$

汽包内的真实水位为 350mm，水位计读值的相对误差为 14.3%。从计算过程可知，水位计读值误差来源于汽包内与水位计内水的密度之差，密度差越大，由此造成的读值误差越大。密度差是由于水位计向周围环境散热，水温降低引起的。而且水位计散热越强，密度差就会越大，水位误差也就越大，因此，必须采取相应的措施，做好水位计和连通管的保温工作，减少水位计读值误差。

知识三：液柱式压力计

在进行流体力学研究和流体工程的实际应用中，压力的测量是重要的内容。在电力生产过程中，热力循环的各个设备和管道上有众多的压力测点，压力范围很大，从凝汽器的高真空直到 30MPa 左右的蒸汽压力，压力反映了系统中水、汽、油等各种流体介质的工作状态。

常用的测量流体压力的仪表按测量原理可以分为液柱式、金属式和电测式三种。其中，液柱式压力计是利用流体静力学的连通器原理测量流体压力的。液柱式压力计结构简单、使用方便，一般用于测量低压、真空和压力差。由于电力生产的性质，多数测点压力较高，压力测量主要使用金属式和电测式压力计，液柱式压力计在电厂中只用于实验和低压测量，例如，烟风系统的压力测量和凝汽器的真空测量等。

液柱式压力计有多种形式，下面分别加以介绍。

（一）单管压力计

单管压力计是最简单的液柱式压力计，只需将一根玻璃管的一端与容器壁测点处连接，另一端开口与大气相通，如图 2-19 所示。

容器内的液体在压力作用下进入玻璃管，上升一定高度 h 后稳定下来，这时，可以计算 A 点的静压力如下

$$p = p_a + \rho g h \qquad (2-19)$$

A 点的计示压力为

$$p_g = p - p_a = \rho g h \qquad (2-20)$$

也可以直接用液柱高度来表示 A 点的静压力

$$p = h \text{ 米液柱} \qquad (2-21)$$

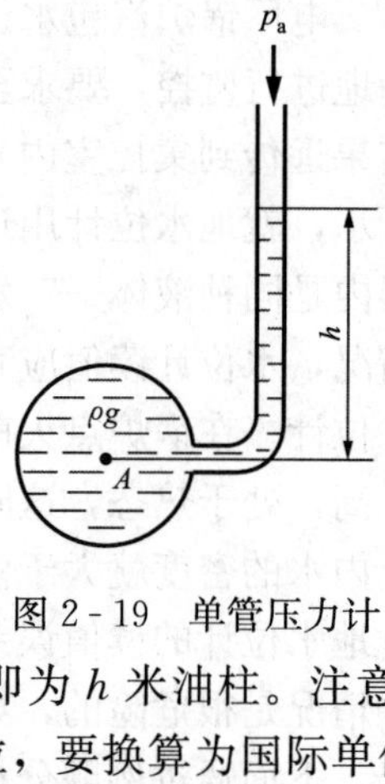

图 2-19　单管压力计

如果容器内为水，A 点的静压力为 $h \text{mH}_2\text{O}$，如果容器内是油，即为 h 米油柱。注意：$h \text{mH}_2\text{O}$ 与 h 米油柱代表的压力大小是不一样的，所以一定要注明单位，要换算为国际单位 Pa，可利用式 2-20 计算。因为一个标准大气压约为 $10.33 \text{mH}_2\text{O}$，所以单管压力计使用起来极不方便，通常用于测量 10kPa 以下的低压。

单管压力计即可以测量正压，也可以测量负压，下面就是电厂凝汽器真空值的测量实例。

【例 2 - 6】　如图 2 - 20 所示是用于测量凝汽器真空的单管压力计，压力计内的工作介质是水银，测得压力计读值 $h=700\text{mmHg}$，当地大气压力 $p_a=101\,325\text{Pa}$，求凝汽器内蒸汽的绝对压力、相对压力和真空值。

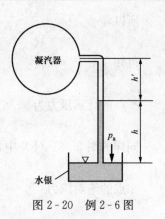

图 2 - 20　例 2 - 6 图

解　凝汽器内蒸汽为真空压力，水银在大气压力作用下沿测压管上升一定高度 h，假设测压管内蒸汽柱高为 h'，选取水银自由液面为等压面，则

$$p_a = p + \rho_{ZQ}gh' + \rho_{Hg}gh$$

一般情况下，气体密度较小，气体柱产生的压力很小，可以忽略不计，所以式中 $\rho_{ZQ}gh'$ 略去不计。

绝对压力为

$$p = p_a - \rho_{Hg}gh = 101\,325 - 13\,600 \times 9.807 \times 0.7 = 7.96\text{kPa}$$

相对压力为

$$p_g = p - p_a = -\rho_{Hg}gh = -13\,600 \times 9.807 \times 0.7 = -93.4\text{kPa}$$

真空值为

$$p_v = -p_g = 93.4\text{kPa}$$

（二）U 形管压力计

U 形管压力计是用一根 U 形玻璃管代替直玻璃管来测量流体压力的，如图 2 - 21 所示。由于 U 形玻璃管内可充入水银、酒精或四氯化碳等工作介质，可以根据被测流体的性质、被测压力的大小以及测量精度的要求等来选择合适的工作介质。例如，要提高测量精度，可选择密度小的酒精作为工作介质，这样 h 读值较大，可以减少由于读值误差带来的测量误差。要测量较大压力，可选择密度较大的水银作为工作介质，这样 h 读值较小，可以有效扩大测量量程。可见，选用的工作介质不同，测量的压力范围不同，水

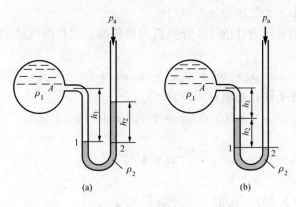

图 2 - 21　U 形管压力计

银压力计测压范围较大，一般在 300kPa 以下。所以，最常用的 U 形管压力计就是水银压力计。

U 形管压力计可以测量液体或气体的压力，即可以测量正压，也可以测量负压（测量负压的压力计可以称为真空计）。以图 2 - 21 为例说明压力的计算过程。

根据连通器中等压面的判断方法，图 2 - 21（a）中被测液体与水银的分界面 1-2 为等压面，即

$$p_1 = p_2$$

又

$$p_1 = p_A + \rho_1 g h_1$$
$$p_2 = p_a + \rho_2 g h_2$$

所以
$$p_A + \rho_1 g h_1 = p_a + \rho_2 g h_2$$

可知
$$p_A = p_a + \rho_2 g h_2 - \rho_1 g h_1 \qquad (2-22)$$

A 点的计示压力为
$$p_{Ag} = p_A - p_a = \rho_2 h g_2 - \rho_1 g h_1 \qquad (2-23)$$

同样的图 2-21 (b) 中，列出 1-2 分界面的等压面方程式，即
$$p_A + \rho_1 g h_1 + \rho_2 g h_2 = p_a$$

A 点的绝对压力
$$p_A = p_a - \rho_1 g h_1 - \rho_2 g h_2 \qquad (2-24)$$

真空值为
$$p_{Av} = p_a - p_A = \rho_1 g h_1 + \rho_2 g h_2 \qquad (2-25)$$

若图 2-21 (b) 中被测流体为气体，因气体的密度很小，气柱可以忽略不计。式 (2-25) 可以写为
$$p_{Av} = \rho_2 g h_2 \qquad (2-26)$$

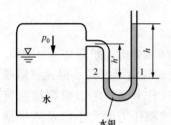

图 2-22 例 2-7 图

【例 2-7】 如图 2-22 所示封闭水箱中，用 U 形管压力计测量水面上的压力 p_0，测得 $h = 0.55$m，$h' = 0.38$m，计算水箱内气体的绝对压力、相对压力，并分别用 Pa 和 mH$_2$O 等单位表示其大小，大气压力 $p_a = 10^5$Pa。

解 U 形管压力计的 1-2 分界面为等压面，水箱内气体的绝对压力为
$$p_0 = p_a + \rho_{Hg} g h - \rho_{气} g h'$$
忽略气柱不计，则绝对压力为
$$p_0 = p_a + \rho_{Hg} g h = 10^5 + 13\,600 \times 9.807 \times 0.55 = 1.734 \times 10^5 \text{Pa}$$

相对压力为
$$p_{0g} = p_0 - p_a = 1.734 \times 10^5 - 10^5 = 0.734 \times 10^5 \text{Pa}$$
或者更简单地计算如下
$$p_{0g} = \rho_{Hg} g h = 13\,600 \times 9.807 \times 0.55 = 0.734 \times 10^5 \text{Pa}$$
分别用 mH$_2$O 表示如下
$$p_0 = \frac{p_a + \rho_{Hg} g h}{\rho_{水} g} = \frac{1.734 \times 10^5}{1000 \times 9.807} = 17.68 \text{mH}_2\text{O}$$

$$p_{0g} = \frac{\rho_{Hg} g h}{\rho_{水} g} = \frac{0.734 \times 10^5}{1000 \times 9.807} = 7.48 \text{mH}_2\text{O}$$

从计算结果可以看出，如果 U 形管压力计内充的是水等密度较小的工作介质，将给测量带来很大的麻烦，实际上是无法操作的，改用水银后，h 读值可以有效地减少，从而扩大了 U 形管压力计的测压范围。

流体在管道中流动的动压力也可以用液柱式压力计测量，为减少测量误差，通常要求：

(1) 测压管内径要大于 10mm，以减少毛细现象引起的读值误差。

(2) 测压管必须与管道内壁垂直。

（3）测压管管端与管道内壁平齐，不能伸出影响流体的流动。

（4）测压管管端的边缘一定要光滑，不能有尖缘和毛刺等。

为提高测量的准确性，通常在管壁测点处同一断面上均匀开出若干小孔，外面安装环形通道与测压管连接，测出该断面动压力的平均值。

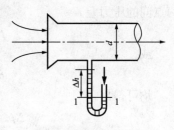

【例2-8】　如图2-23所示，锅炉送风机的吸入管直径$d=1600\text{m}$，用U形管压力计测量管内的风压，已知U形管内水柱高度差$\Delta h=0.234\text{mH}_2\text{O}$，空气温度$t=20℃$，求风管测点处的空气绝对压力是多少？真空值是多少？

图2-23　例2-8图

解　选取1-1水平面为等压面，则测点处空气的绝对压力为（略去空气柱）

$$p = p_a - \rho g \Delta h = 1.013 \times 10^5 - 1000 \times 9.807 \times 0.234 = 99\,005\text{Pa}$$

真空值为

$$p_v = \rho g \Delta h = 1000 \times 9.807 \times 0.234 = 2295\text{Pa}$$

如果被测流体压力较大，U形管过长而不便于测量，可以采用串联的多个U形管组成双U形管或三U形管等多U形管压力计。如图2-24所示。

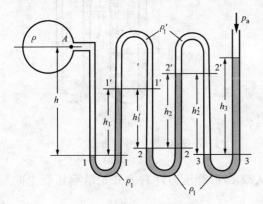

图2-24　多U形管压力计

A点的压力计算还可以采用更方便的方法，按照静止连通的同种流体等压面的判断方法，1-1、$1'$-$1'$、2-2、$2'$-$2'$、3-3为不同压力的等压面。我们从U形管连接大气的一端开始计算，根据不可压缩流体静力学基本方程式可知，两点之间液面越深的地方压力越大，反之压力越小，由p_a开始沿管子走向进行各液柱压力的叠加，凡是走向向上（液面变浅）进行叠加的均取"－"号，走向向下（液面变深）进行叠加的均取"＋"号。如图2-24中，从自由液面开始先向下走，h_3一段液柱

取"＋"号，即$p_a + \rho_1 g h_3$，此为3-3等压面的压力，跳过3-3等压面以下部分，继续沿管子向上走，h_2'一段液柱取"－"号，即$p_a + \rho_1 g h_3 - \rho_1' g h_2'$，此为$2'$-$2'$等压面的压力……如此算下去，可得

$$p_A = p_a + \rho_1 g h_3 - \rho_1' g h_2' + \rho_1 g h_2 - \rho_1' g h_1' + \rho_1 g h_1 - \rho g h \tag{2-27}$$

也可直接略去p_a，计算A点的计示压力

$$p_A = \rho_1 g h_3 - \rho_1' g h_2' + \rho_1 g h_2 - \rho_1' g h_1' + \rho_1 g h_1 - \rho g h \tag{2-28}$$

这种计算方法可以非常灵活地应用于各种液柱式压力计的计算当中。在本例中，也可以从A点开始沿管子走向反向计算，上式各液柱前符号正好相反，但计算结果完全相同，可以根据需要方便地选用其中任一种方式来计算。而且，这种算法可以在管子的任意两点之间进行压力的计算。

如果管子内有气柱，可以忽略不计。本例中，若ρ、ρ'均为气体的密度，则A点计示压力为

$$p_A = \rho_1 g (h_1 + h_2 + h_3) \tag{2-29}$$

如果将 U 形管与大气相通的开口端连接另一容器或管子的测点，U 形管就变为差压计，可以方便地测出两个测点之间的压力差。如图 2 - 25 所示，我们用刚介绍的方法计算 1、2 两点间的压力差。

$$p_2 = p_1 + \rho_1 g h_1 - \rho_2 g h_3 - \rho_1 g h_2$$

或

$$p_1 = p_2 + \rho_1 g h_2 + \rho_2 g h_3 - \rho_1 g h_1$$

均可得出

$$\Delta p = p_1 - p_2 = \rho_1 g h_2 + \rho_2 g h_3 - \rho_1 g h_1 \tag{2-30}$$

【例 2 - 9】　如图 2 - 26 所示用双 U 形管压力计测量 A 点的压力，已知 $h_1 = 600\text{mm}$，$h_2 = 250\text{mm}$，$h_3 = 200\text{mm}$，$h_4 = 300\text{mm}$，$\rho = 1000\text{kg/m}^3$，$\rho_1 = 136\,000\text{kg/m}^3$，$\rho_1' = 800\text{kg/m}^3$，计算 A 点的压力值。

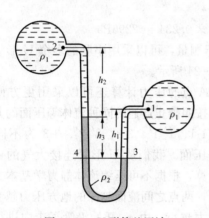

图 2-25　U 形管差压计

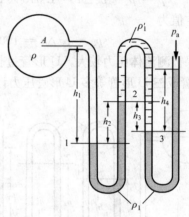

图 2-26　例 2-9 图

解　图中 1、2、3 所在水平面为等压面，从双 U 形管压力计右侧开始沿测压管走向写出 A 点的压力如下

$$p_A = p_a + \rho_1 g h_4 - \rho_1' g h_3 + \rho_1 g h_2 - \rho g h_1$$

将已知参数代入公式

$$p_A = 1.01 \times 10^5 + 13\,600 \times 9.807 \times 0.3 - 800 \times 9.807 \times 0.2 + 13\,600 \times 9.807 \times 0.25$$
$$- 1000 \times 9.807 \times 0.6$$
$$= 1.66 \times 10^5 \text{Pa}$$

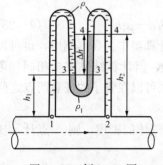

图 2-27　例 2-10 图

【例 2 - 10】　如图 2-27 所示用 U 形水银差压计测量输水管道上 1、2 两点之间的压力差。在某流量下读得 $\Delta h = 200\text{mmHg}$，求 1、2 两点之间的压力差，用水柱高度表示。

解　因为管道内水是流动的，所以，同在一个水平面的 1、2 两点虽然是同种连通的液体，但是不能判断 1、2 两点在一个等压面上。水银差压计内的流体是静止的，可以按照静止流体等压面的性质判断出：通过水银上、下两个液面的 3-3 与 4-4 平面才是等压面。从 1 点开始沿测压管走向写出 2 点的压力如下

$$p_2 = p_1 - \rho g h_1 - \rho_1 g \Delta h + \rho g h_2$$

$$\Delta p = p_1 - p_2 = \rho_1 g \Delta h - \rho g(h_2 - h_1) = \rho_1 g \Delta h - \rho g \Delta h$$

$$\Delta p = (\rho_1 g - \rho g)\Delta h = (13\ 600 \times 9.807 - 1000 \times 9.807) \times 0.2 = 2.47 \times 10^4 \mathrm{Pa}$$

压力差用水柱高度表示为

$$\frac{\Delta p}{\rho g} = \frac{2.47 \times 10^4}{1000 \times 9.807} = 2.52 \mathrm{mH_2O}$$

从计算结果可以看出，与静止连通的同种液体中水平面是等压面的性质不同，流体在流动时，同一水平面上沿流动方向流体的压力是下降的，压力的下降与流体黏性形成的流动阻力有关，这一点将在项目三中学习。

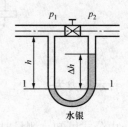

图 2 - 28　例 2 - 11 图

【例 2 - 11】　如图 2 - 28 所示，输水管道上有一个调节阀，阀门前后安装一 U 形管水银差压计，测得阀门某开度时的 U 形管中水银液面差为 $\Delta h = 150 \mathrm{mmHg}$，试求阀门前后压差是多少？若管道内为气体，压差又是多少？

解　首先判定水银液面 1-1 为等压面，假设管道两测点距离 1-1 水平面 h，从图中可知，阀门前压力 p_1 高于阀门后压力 p_2，阀门前后压差为

$$p_1 = p_2 + \rho g(h - \Delta h) + \rho_{\mathrm{Hg}} g \Delta h - \rho g h$$

整理得

$$\Delta p = p_1 - p_2 = (\rho_{\mathrm{Hg}} g - \rho g)\Delta h \qquad (2-31)$$

代入数据得

$$\Delta p = (133\ 400 - 9807) \times 0.15 = 18\ 535 \mathrm{Pa} = 18.535 \mathrm{kPa}$$

若管道内为气体，可忽略空气柱

$$\Delta p = 133\ 400 \times 0.15 = 20\ 006 \mathrm{Pa} = 20.006 \mathrm{kPa}$$

从计算结果可以看出，U 形管两侧同种液体相同高度液柱产生的压力［本题中 $\rho g(h - \Delta h)$］互相抵消，以后计算类似问题时可以省去，直接用式（2 - 31）计算。

此外，工程中经常通过这种方法测量某管段或某管件、设备的流动阻力损失，差压计测得的压差即是流体流经两测点间产生的流动阻力损失（参见项目三任务三），非常方便实用。本题中计算结果 18.535kPa 即是水流经阀门的流动阻力损失，例题 2 - 10 中也是如此。电力生产过程中经常用这种方法测定空气预热器、滤网等的进出口压差，通过压差判断流体流经它们的流动阻力，通过流动阻力的变化可以反映出它们的工作状态，如果压差（即流动阻力）异常增大，往往意味着流动通道被堵，可能原因有积灰或杂质堵塞，就需要及时吹灰或清洗。

差压计还有许多用途，例如，在节流式流量计、测速仪中常用压差值来间接测定管道内流体的流量与流速（参见项目三任务二），在压差式水位计中通过测量压差得到水位值。

（三）微压计

在测量微小压力时，由于测压管内液柱 h 值很小，不易精确测量，在 U 形管内充入密度较小的工作介质可以提高测量精度，除此之外我们还可以使用微压计来测量。方法很简单，将单管压力计中的玻璃管以一定角度倾斜，做成倾斜式微压计。倾斜角度可以根据需要进行调节。

对图 2-29 中压力 p 计算如下

$$p = p_a + \rho g \Delta h = p_a + \rho g \Delta L \sin\alpha \qquad (2-32)$$

式中　ΔL——压力计读值；

　　α——压力计倾斜角度；

　　Δh——压力计中液柱的垂直高度。

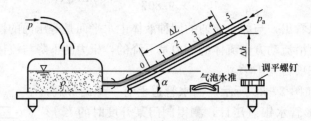

图 2-29　倾斜式微压计

计示压力为

$$p = \rho g \Delta L \sin\alpha \qquad (2-33)$$

由公式可知，测量时，为提高测量精度，可以减小倾斜角度（以 α 不小于 5°为限），或用酒精等比水密度更小的工作介质。

知识四：低压加热器水封疏水器

低压加热器是将在汽轮机内做过部分功的蒸汽，抽至加热器内加热由凝汽器冷凝的凝结水，提高水的温度，再送至除氧器，由于加热器内水的压力比较低，因此称为低压加热器。蒸汽加热凝结水后冷却成疏水（图 2-30 中虚线所示），疏水一般经疏水装置自动排出，引入凝汽器热水井。小机组的疏水可以由简单的 U 形水封管作为低压加热器水封疏水器，这种差压平衡装置是利用连通器原理制造的。

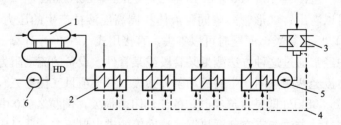

图 2-30　低压加热器疏水

1—除氧器；2—低压加热器；3—凝汽器；4—疏水；5—凝结水泵；6—给水泵

下面来解释 U 形水封管的工作原理，如图 2-31 所示容器 1、2 内自由液面的压力 $p_1 > p_2$，U 形管内液体为蒸汽加热凝结水后冷却形成的疏水。在平衡状态下

$$p_1 = p_2 + \rho g h$$

如果容器 1 内的蒸汽不断凝结，疏水会持续增加，导致 U 形管内左侧的水柱上升 h'，上述平衡被打破，p_1 与 p_2 的压差不足以维持多余的液体，疏水自然会从左向右流向压力较低的一侧，直到重新恢复平衡。U 形管右侧管内始终有一段水柱存在，起到水封的作用，即防止蒸汽通过。

U 形水封管可以直接由疏水管弯曲而成，能自动排出多余的疏水，结构简单，安全可靠，但由于结构和内部介质的原因，仅适用于两容器间压差小于 100kPa 的情况下，主要应用于低压加热器的疏水以及轴封加热器疏水通往凝汽器的管道上。

当压差较大时，U 形管太长，难以布置，可以改用多级水封管或水封筒结构。如图 2-32 所示，每级水封管高度可用下式计算。

$$p_1 = p_2 + n\rho g H \qquad (2-34)$$

式中　n——多级水封的级数；

　　　H——每级水封管的高度。

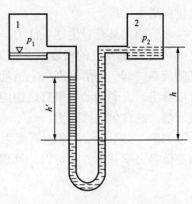

图 2-31　U 形水封管的工作原理

【例 2-12】　如图 2-33 所示，两台低压加热器之间采用一个两级 U 形水封管作为低压水封疏水器，已知 2 号低压加热器中绝对压力 $p_2 = 176.5$kPa，1 号低压加热器中绝对压力 $p_1 = 123.6$kPa，两级水封管高度相同 $h_1 = h_2$，求每级水封管高度 h 应为多少？（凝结水的平均密度为 924kg/m³）

解　两级水封管高度相同 $h_1 = h_2$，根据多级水封管高度计算公式（2-34），得

$$p_2 = p_1 + n\rho g h$$

可得

$$h = \frac{p_2 - p_1}{n\rho g} = \frac{(176.5 - 123.6) \times 10^3}{2 \times 924 \times 9.807} = 2.92\text{m}$$

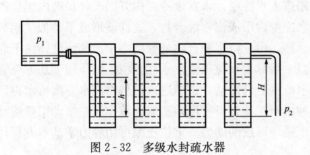

图 2-32　多级水封疏水器

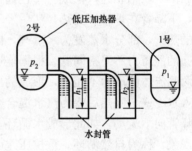

图 2-33　例 2-12 图

知识五：流体静力学原理的工程应用

下面介绍两个流体静力学原理的工程应用实例。

我们知道在连通器原理的第三种情况时，如图 2-18（a）所示，由于连通器内两容器中流体密度不相等，根据流体静力学基本方程，相同高度的液柱密度大的流体产生的静压力大，密度小的流体产生的静压力小，连通器底部静压力不平衡，密度大的流体会向密度小的流体一侧流动，上升一定高度后，连通器内达到静压力平衡，自由液面上压力相等，两种液体分界面 0-0 以上，液柱高度与流体密度成反比。如果这种情况比较严重，即密度差别比较大时，连通器底部可能始终无法保持压力平衡状态，流动就会持续下去，出现由连通器内流体密度差而产生的流动现象。锅炉烟囱和汽包锅炉的自然水循环就是两个典型的例子。由于没有借助机械外力来推动流体流动，可以节约动力能源，所以被广泛应用于电力生产过程和其他工程当中。

一、锅炉烟囱的自生通风力

烟囱在锅炉烟道的尾部，通过烟囱将锅炉内已经完成传热过程并经除尘脱硫净化后的烟气排向周围环境。

锅炉烟囱具有自生通风能力，因为烟囱内烟气温度高于周围空气的温度，使得烟气的密度 ρ_2 小于周围空气的密度 ρ_1。根据连通器原理，烟囱底部密度较大的空气会向密度小的烟气侧流动，烟气则沿烟囱向上流动，排出烟囱。这就是烟气在烟囱中自动上升流动的原因，可以看出，流动的动力来自烟囱内外气体的密度差，可以用烟囱底部空气与烟气的压力差来表示烟囱的自生通风能力。

如图 2-34 所示，烟囱高度为 H，烟囱顶部是大气压力 p_a。烟囱底部与周围空气相通，由流体静力学基本方程可以计算烟囱底部 A 点和 B 点的静压力及两点的压力差 Δp

$$p_A = p_a + \rho_2 g H$$
$$p_B = p_a + \rho_1 g H$$
$$\Delta p = p_B - p_A$$

即
$$\Delta p = (\rho_1 - \rho_2) g H \tag{2-35}$$

烟囱底部内外的压力差就是烟囱的自生通风力，在压力差作用下，烟气从烟囱中流出。可以看出烟囱内外温度差越大，压力差就越大，烟气流动动力也越大，烟气流动会越快。

二、汽包锅炉的自然水循环

汽包锅炉自然水循环主要是由汽包、下降管、下联箱、水冷壁（或称上升管）、汽水分离器等组成的一个封闭循环回路，如图 2-35 所示，下降管与水冷壁在上部连接于汽包，在下面由下联箱相连，构成一个连通器。汽包液面上是饱和蒸汽，汽包内的水经下降管流出汽包，下降管在炉外不受热，然后经下联箱进入水冷壁，水在水冷壁内开始吸收炉膛内燃烧产生的热量，部分水蒸发为水蒸气，因此水冷壁内形成汽水混合物，这样就形成了类似于锅炉烟囱的静压力不平衡问题。根据连通器原理，由于汽水混合物的密度小于水的密度，使下联箱两侧流体静压力不相等，形成的压力差一般称为重位压差，水在重位压差作用下从下降管流入水冷壁，吸热后变为汽水混合物沿水冷壁上升流动，重新进入汽包，汽水分离后水再沿下降管向下流动，如此形成水循环。这种由于工质自身密度差造成的重位压差推动工质流动的现象，称为自然循环。重位压差就是水循环形成的动力。重位压差可用静力学基本方程计算如下：

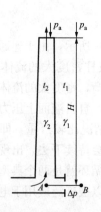

图 2-34　烟囱自通风
t_1—周围空气温度；t_2—烟囱内烟气温度

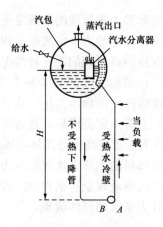

图 2-35　锅炉自然水循环

在联箱处左侧下降管底部 B 点静压力为

$$p_B = p_0 + \bar{\rho}_1 gH$$

式中 p_0——汽包内自由液面上的压力；

$\bar{\rho}_1$——下降管内水的平均密度；

H——汽包液面至下联箱中心的高度。

在联箱处右侧水冷壁底部 A 点静压力为

$$p_A = p_0 + \bar{\rho}_2 gH$$

式中 $\bar{\rho}_2$——水冷壁内汽水混合物的平均密度。

汽水混合物的密度 $\bar{\rho}_2$ 小于水的密度 $\bar{\rho}_1$，故有

$$\Delta p = p_B - p_A$$

$$\Delta p = (\bar{\rho}_1 - \bar{\rho}_2)gH \tag{2-36}$$

锅炉自然水循环就是在压力差 Δp 作用下形成的。而且，循环回路的高度 H 越高，两侧的工质密度差 $(\bar{\rho}_1 - \bar{\rho}_2)$ 越大，流动的动力就越大。流动速度越快。所以，汽包锅炉随着机组容量的增大，汽包安放位置越来越高，这样水循环回路的高度随之增加，加大了循环动力，使自然水循环更加可靠。

任务三 作用在固体壁面上的不可压缩流体总静压力

◁》【教学目标】

知识目标：

（1）掌握静止不可压缩流体作用在固体平面上总静压力的计算方法。

（2）了解压力体的含义。

（3）掌握判断实、虚压力体、垂直分力方向的方法。

（4）掌握静止不可压缩流体作用在固体曲面上总压力的计算方法。

（5）理解浮力的分析方法。

能力目标：

（1）能分析计算静止不可压缩流体作用在固体平面上的总静压力。

（2）能描述压力体的含义。

（3）能判别实、虚压力体和垂直分力的方向。

（4）能分析计算静止不可压缩流体作用在固体曲面上的总静压力。

（5）能分析物体受到液体浮力的大小和方向。

态度目标：

（1）能积极主动学习、独立思考、发现问题、分析问题、解决问题。

（2）以团队协助的方式，与小组成员共同完成本学习任务。

◉【任务描述】

现场或模型室参观电力生产过程中不可压缩静止流体作用的固体平面和曲面壁面，了解设备结构和工作原理。在学习相关的流体中任意一点的静压力及其分布规律的基础上，分小组讨论设备内部静压力分布规律，进而掌握静止不可压缩流体作用在固体平面、曲面上总静压力的计算方法。学习物体受到液体浮力的分析方法。

【任务准备】

(1) 了解电力生产过程中不可压缩静止流体作用的固体平面和曲面壁面的实例。

(2) 了解固体平面和曲面壁面上静压力的分布特点。

(3) 复习中学物理中力的合成方法，课前预习相关知识部分，独立思考并回答下列问题：

1) 不可压缩静止流体作用在不同深处的固体平面壁面上的各点静压力是否相同？

2) 平面、曲面壁面上的静压力分布各有什么特点？

3) 受压面积的形心在水面下的深度 h_c 如何确定？

4) 不可压缩静止流体作用在固体曲面壁面上的总静压力的计算，为何要先进行分解，然后再合成？

5) 压力体的含义是什么？如何判断实、虚压力体和垂直分力方向？

6) 举出电力生产过程中不可压缩静止流体对固体平面、曲面壁面产生作用力的实例。

7) 液体对其中的任何物体都具有浮力吗？为什么？

【任务实施】

(1) 静止不可压缩流体对固体平面壁面总静压力的计算。以一任意平面闸阀为例，分析不可压缩静止流体对固体平面壁面总静压力的计算方法，并应用于工程问题。

(2) 静止不可压缩流体对固体曲面壁面总静压力的计算。以一任意圆柱曲面为例，分析不可压缩静止流体对固体曲面壁面总静压力的计算方法，并应用于工程问题。

(3) 学习压力体的含义，实、虚压力体和垂直分力方向的判断方法。分组讨论、总结压力体的画法。

(4) 学习分析液体对物体浮力大小和方向的方法。

【相关知识】

电力生产过程中，在设计时常需要确定静止不可压缩流体作用在固体壁面上的总静压力的大小，例如各类水箱、闸阀、除氧器水箱、油罐，尤其是锅炉汽包等压力容器，在正常工作时要承受很高的水压，必须进行以总静压力计算为基础的强度设计，才能保证汽包的安全运行。由于静止液体中不存在切向应力，所以全部力都垂直于淹没物体的表面。下面分别分析计算不可压缩流体作用在固体平面和曲面上的总静压力的大小，以及液体对其中物体的浮力。

一、静止不可压缩流体对固体平面壁面总静压力的计算

固体平面壁面受到静止不可压缩流体静压力的作用可以用静压力分布图来表示，根据不可压缩流体静压力的特性和静力学基本方程式中静压力的规律，将平面所受静压力按一定比例画在图中，如图 2-36（a）所示，即为铅垂面 B 上所受静压力（相对压力）的分布图。可以看出，液面上静压力为 0，铅垂面 B 的底边在液面下深度为 h，所受静压力为 $\rho g h$，方向水平向右。因为静压力与淹没深度 h 成正比，所以，连接上下两点表示静压力的线段就可以得到如图 2-36（a）所示的静压力分布图，图中各点静压力均与该点淹没深度 h 成正比，方向均垂直指向作用面。固体平面壁面上的静压力是一系列平行力，静止不可压缩流体对固体平面壁面的总静压力就是这些平行力的总和。

下面讨论固体平面壁面上所受流体总静压力的计算方法。

如图 2-36（b）所示，静止液体中，设有一任意平面闸阀 BC，求作用在其上的总静压力。由于闸阀右面和左侧的液体自由液面均有大气压力，故可抵消，因此，只计算相对压力对平面闸阀所产生的总静压力。

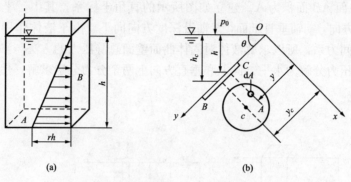

图 2-36 静止液体平面上的总压力示意图
(a) 平面侧壁上的静压力分布；(b) 静止液体平面上的总静压力

在平面闸阀 BC 上建立平面坐标 xoy，并将平面坐标旋转 $90°$ 与纸面重合。先在平面闸阀 BC 上取一微元面积 dA，其深度为 h，则作用在该微元面积的总静压力为

$$dF = pdA = \rho g h dA = \rho g y \sin\theta dA$$

对受压面积 BC 进行积分，总静压力为

$$F = \int_A dF = \rho g \sin\theta \int_A y dA$$

其中

$$\int_A y dA = A y_c$$

式中 y_c——平面闸阀 BC 的形心点到 Ox 轴的距离，m；

A——平面闸阀 BC 的面积。

则总静压力

$$F = \rho g \sin\theta y_c A = \rho g h_c A \qquad (2-37)$$

式中 h_c——受压面积 BC 的形心在水面下的深度。

结论：

（1）不可压缩静止流体中作用于任意形状平面壁上的总静压力 F，大小等于受压面面积 A 与其形心处的静水压力之积，方向为垂直指向作用面。

（2）当平面面积与形心深度不变时，平面上的总静压力大小与平面倾角 θ 无关。

【例 2-13】 如图 2-37 所示，一铅直矩形闸门，已知 $h_1 = 1m$，$h_2 = 2m$，宽 $b = 1.5m$，求闸门所受到的总静压力的大小。

解
$$F = \rho g h_c A$$
$$h_c = h_1 + 0.5 h_2 = 2m$$
$$A = b h_2 = 1.5 \times 2 = 3m^2$$
$$F = \rho g h_c A = 9807 \times 2 \times 3 = 58\,000N$$

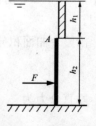

图 2-37 例 2-13 图

二、静止不可压缩流体对固体曲面壁面总静压力的计算

工程中常见的曲面有球形曲面、圆柱形曲面，如球阀、油罐、锅炉汽包和除氧器水箱等。现以圆柱二维曲面为例分析不可压缩流体作用在固体曲面壁面上的总静压力，如图 2-38 所示，圆柱面 AB 面积为 A。建立如图所示的直角坐标系，其中，坐标原点选在液面上，x 轴为水平方向，y 轴垂直纸面，z 轴沿深度方向向下。由于液体作用在曲面上的静压力分布是一个空间力系，所以求解液体对固体曲面壁面总静压力的方法与平面不同。处理的办法是：把总静压力分解为水平方向上和垂直方向上两个分力分别求解，然后将其合成，即可求得总静压力。

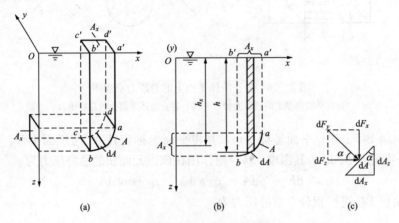

图 2-38 静止液体作用在曲面上的总静压力示意图

(a) 空间图；(b) 平面图；(c) dA 放大图

由于圆柱曲面右面和左侧的液体自由液面均有大气压力，故可抵消，因此，只计算相对压力对圆柱二维曲面所产生的总静压力。

在曲面 AB 上任取一微元面积 dA，作用在它上面的微小总静压力为

$$\mathrm{d}F = \rho g h \, \mathrm{d}A$$

其中，水平分力

$$\mathrm{d}F_x = \mathrm{d}F\cos\alpha = \rho g h \mathrm{d}A\cos\alpha = \rho g h \mathrm{d}A_z$$

垂直分力

$$\mathrm{d}F_z = \mathrm{d}F\sin\alpha = \rho g h \mathrm{d}A\sin\alpha = \rho g h \mathrm{d}A_x$$

式中，dA_x、dA_z 分别为圆柱二维曲面中微元面积 dA 在垂直于 z、x 轴的坐标平面上的投影面积。

沿整个曲面积分，水平分力为

$$F_x = \int \mathrm{d}F_x = \rho g \int_A h \mathrm{d}A_z = \rho g h_c A_z \tag{2-38}$$

垂直分力为

$$F_z = \int \mathrm{d}F_z = \rho g \int_A h \mathrm{d}A_x = \rho g V_p \tag{2-39}$$

式中 V_p——曲面 AB 上的压力体体积。

总静压力为

$$F = \sqrt{F_x^2 + F_z^2} \tag{2-40}$$

总静压力与水平方向的夹角为

$$\alpha = \arctan \frac{F_z}{F_x} \tag{2-41}$$

压力体：某一曲面之上的液体体积。从公式（2-39）可以看出，圆柱二维曲面所受到的总静压力的垂直分力等于压力体 V_p 内液体的重量。所以，在计算过程中，压力体的体积是求解问题中必须考虑的。

压力体体积的组成：

（1）受压曲面本身。

（2）通过曲面周围边缘向上所作的铅垂面。

（3）自由液面或自由液面的延长线。

压力体的种类：

（1）实压力体（正压力体），液体和压力体在曲面的同侧。

（2）虚压力体（负压力体），液体和压力体在曲面的异侧。

实压力体内充满液体，垂直分力 F_z 方向向下；虚压力体不为液体充满，垂直分力 F_z 方向向上，如图 2-39 所示。

【例 2-14】　如 2-40 图所示为敞开圆筒形盛水容器，水深 $h=d/2$。圆筒直径 $d=3\text{m}$，宽度（垂直于纸面）$b=1\text{m}$。求作用在曲面 AB 上的总静压力。

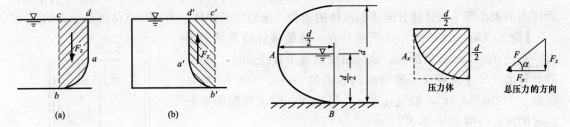

图 2-39　压力体示意图　　　　　　　　　　　图 2-40　例 2-14 图
（a）实压力体；（b）虚压力体

解　不计大气压力。

水平分力　$F_x = \rho g h_c A_z = \rho g \dfrac{d}{4} \dfrac{d}{2} b = 1000 \times 9.807 \times \dfrac{3^2}{8} \times 1 = 11\,033\text{N}$

垂直分力　$F_z = \rho g V_p = \rho g \dfrac{1}{4} \pi \left(\dfrac{d}{2}\right)^2 b = 1000 \times 9.807 \times \dfrac{1}{4} \times 3.14 \times \left(\dfrac{3}{2}\right)^2 \times 1$

$\qquad\qquad = 17\,322\text{N}$

压力体 V_p 为实压力体，F_z 垂直向下。

总静压力　$F = \sqrt{F_x^2 + F_z^2} = \sqrt{11\,033^2 + 17\,322^2} = 20\,537\text{N}$

总静压力与水平方向的夹角

$$\alpha = \arctan \frac{F_z}{F_x} = \arctan \frac{17\,322}{11\,033} = 57.5°$$

三、浮力

在工程上，有时需要计算高位水箱控制水位的浮子和汽油发动机汽化器浮子的受力等，这就涉及液体作用在浮体、潜体和沉体的作用力的问题。所谓浮体就是部分沉浸在液体中的物体，潜体就是全部沉浸在液体中的物体，沉体就是沉入液体底部固体表面上的物体。

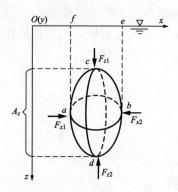

图 2-41　液体作用在潜体上的
总静压力

沉浸在液体中的物体，不仅受到重力的作用，而且还受到液体对其向上托浮的力的作用，这个力称为浮力。如图 2-41 所示，静止液体中有一潜体，该潜体就受到液体对其浮力的作用。分析潜体受到液体的作用力，可应用前述静止不可压缩流体对固体曲面壁面总静压力的分析方法。

先分析液体对潜体的水平分力，可把潜体的表面分为左右两个曲面，左曲面为 cad、右曲面为 cbd。由于两个曲面在垂直坐标面 xOz 上的投影面积都为 A_x 相等，形心淹没深度也都是 h_c 相等，因此，液体对潜体的水平分力 F_{x1} 与 F_{x2} 大小相等，但方向相反，合力为零。

再分析液体对潜体的垂直分力，可把潜体的表面分为上下两个曲面，上曲面为 acb、下曲面为 adb。上曲面的压力体为 V_{acbef}，受到液体的垂直分力 F_{z1} 方向向下；下曲面的压力体为 V_{adbef}，受到液体的垂直分力 F_{z1} 方向向上，两者合成的压力体为 $V_p = V_{adbc}$。因此，总静压力的垂直分力，即液体对潜体的浮力为 $F_z = \rho g V_p$，方向向上。这就是阿基米德浮力定理，即浮力的大小等于物体排开同体积液体的重量。该定理对浮体、潜体和沉体都是正确的。

【例 2-15】　如图 2-42 所示，在一盛装液体容器的底上有一直径 $d_2 = 20\text{mm}$ 的圆阀，该阀用细绳系于直径 $d_1 = 100\text{mm}$ 的圆柱形浮子上。设浮子和圆阀的总重量 $G = 0.9806\text{N}$，液体密度 $\rho = 749.5\text{kg/m}^3$，细绳长度 $z = 150\text{mm}$，试求圆阀刚要开启时的液面高度 H 是多少？

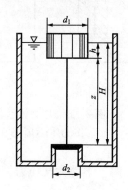

图 2-42　例 2-15 图

解　圆阀刚要开启时，圆阀上受到液体向下的总静压力 F' 和向下的重力 G 之和应等于浮子受到液体向上的浮力 F，即

$$F = F' + G$$

因为 $F = \rho g h \pi d_1^2 / 4 = \rho g (H - z) \pi d_1^2 / 4$，$F' = \rho g H \pi d_2^2 / 4$，代入上式有

$$\rho g (H - z) \frac{\pi d_1^2}{4} = \rho g H \frac{\pi d_2^2}{4} + G$$

$$H = \frac{4 \times \left(\rho g z \dfrac{\pi d_1^2}{4} + G \right)}{\rho g \pi (d_1^2 - d_2^2)} = \frac{d_1^2 z}{d_1^2 - d_2^2} + \frac{4G}{\rho g \pi (d_1^2 - d_2^2)}$$

$$= \frac{0.1^2 \times 0.15}{0.1^2 - 0.02^2} + \frac{4 \times 0.9806}{749.5 \times 9.807 \times 3.14 \times (0.1^2 - 0.02^2)}$$

$$= 0.174\text{m}$$

2-1　什么是静压力？画出如图 2-43 所示的容器壁上 A、B、C、D 四点的静压力方向，并说明静压力有什么特点。

2-2　什么是绝对压力、相对压力和真空值？它们之间有什么关系？

2-3　何谓等压面？判断水平面是等压面的条件是什么？如图 2-44 所示，一封闭盛水容器在自由水面以上和容器底部各安装一 U 形管水银测压计，试分析 1-2、2-3、3-4 和 4-5 是否为等压面？比较在同一水平面上的 1、2、3、4、5 各点的压力大小。

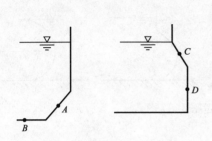

图 2-43　思考题 2-1 图

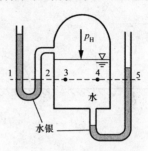

图 2-44　思考题 2-3 图

2-4　写出流体静力学基本方程的三种表达式，并说明其物理意义和几何意义。

2-5　压力表安装的位置高于或低于管路中心线时，表计指示的压力数值与管路真实压力有何不同？如何修正？

2-6　试判断如图 2-45 所示的 1、2、3 点的位置能头、压力能头、测压管能头是否相同？为什么？

2-7　如图 2-46 所示，敞口容器中有 $\rho_2 > \rho_1$ 两种液体，试判断 1、2 两测压管中的液面哪个高些？哪个和容器的液面同高？

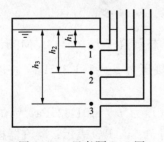

图 2-45　思考题 2-6 图

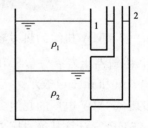

图 2-46　思考题 2-7 图

2-8　相对平衡中流体静压力分布规律如何？等压面有何特点？

2-9　除氧器高位布置的目的是什么？解释其中的静力学原理。

2-10　工程中哪些场合需用液柱式压力计测量流体压力？

2-11　差压计能测量流体的静压力吗？它都有什么作用？

2-12　U 形管低压加热器水封疏水器的工作原理是什么？

2-13　解释锅炉烟囱的自生通风力。

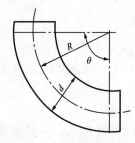

图 2-47　思考题 2-15 图

2-14　解释锅炉自然水循环是如何形成的。

2-15　试画出图 2-47 中容器侧壁面上的静压力分布图。

2-16　不同形状的贮液容器，若深度相同，容器底面积相同，试问：液体作用在底面上的压强和总压力是否相同？为什么？

2-17　画出如图 2-48 所示的四种压力体图形，并判断是实压力体还是虚压力体。

2-18　如图 2-49 所示，试分析水面下四个半径为 r 的半球面所受的总静压力的水平分力和垂直分力的大小和方向。

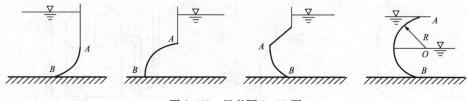

图 2-48　思考题 2-17 图

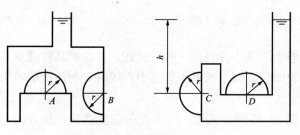

图 2-49　思考题 2-18 图

习　　题

2-1　已知一 200MW 机组的热力参数如下：新蒸汽压力 $p_1=13.5$MPa，凝汽器真空为 $p_v=720$mmHg，除氧器压力 $p_2=0.5$MPa，若大气压力 $p_a=101\,325$Pa，将以上三个压力分别用不同的单位 atm 和 mH_2O 表示。

2-2　已知某 350MW 电厂的几组参数，大气压力 $p_a=101\,325$Pa，锅炉过热器出口的蒸汽压力为 17.26MPa，计算其绝对压力，分别用 at、mH_2O 表示；凝汽器排汽的绝对压力为 4.9kPa，计算其真空值，分别用 mmH_2O、mmHg 表示；锅炉炉膛负压为 100Pa，计算其绝对压力，分别用 kPa、atm 表示。

2-3　试求图 2-50（a）、（b）、（c）中 A、B、C 各点的相对压力。图中 p_0 是绝对压力，大气压力 $p_a=1$at。

2-4　锅炉房的供水箱中盛有温度为 100℃（$\rho=960$kg/m³）的水，为了避免沸腾，在水箱液面上利用蒸汽维持绝对压力 $p_0=117.68×10^3$Pa。试求位于液面下深度为 1m 处的绝对压力及相对压力。当地大气压力 $p_a=9.807×10^4$Pa。

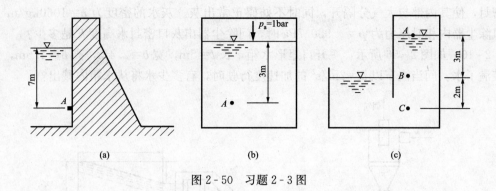

图 2-50　习题 2-3 图

2-5　如图 2-51 所示，一直径 $d=12cm$、质量 $m=5kg$ 的圆柱体，在力 $F=100N$ 的作用下静止于水中，此时，底面淹深 $h=0.5m$，试求测压管中水柱的高度 H。

2-6　如图 2-52 所示，在封闭水箱水深 $h=1.5m$ 的 A 点处安装一压力表，压力表中心距 A 点高 $Z=0.5m$，压力表读数为 4.9kPa，求水面的相对压力及真空值。

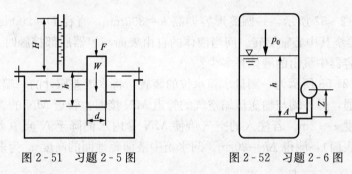

图 2-51　习题 2-5 图　　　　　图 2-52　习题 2-6 图

2-7　如图 2-53 所示，除氧器水箱液面到给水泵入口的布置高度为 $H=24m$，除氧器内液面的表压力为 $p_0=0.739MPa$，求给水泵在备用状态时入口处的工作压力。

2-8　如图 2-54 所示，发电厂汽轮机排汽到凝汽器，在其中被循环水冷却为凝结水，再由凝结水泵送往低压加热器，凝汽器热水井水面到凝结水泵入口的高度 $H=1.6m$，真空压力表测出凝汽器的真空值 $p_v=93.9kPa$，当地大气压力 $p_a=101.1kPa$，已知凝结水密度 $\rho=964kg/m^3$。求凝结水泵入口处的绝对压力和真空值。

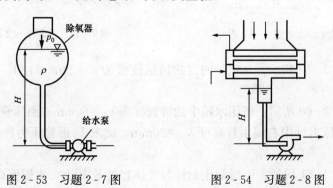

图 2-53　习题 2-7 图　　　　　图 2-54　习题 2-8 图

2-9　如图 2-55 所示为电厂旋风除尘器，为了防止空气进入，将下端的出灰口插入水中密封，使其内部与大气分隔开，同时不妨碍正常出灰。灰水的密度为$\rho=1060\text{kg/m}^3$。在旋风除尘器内相对压力为$p=-980.7\text{Pa}$时，问除尘器出灰口密封水高度h是多少？

2-10　如图2-56所示，一开口矩形水箱，长$l=5\text{m}$，宽$b=2.4\text{m}$，高$h=1.5\text{m}$，水箱中装满了水。问当汽车以$a=2\text{m/s}^2$的加速度行驶时，有多少水将从水箱内溅出？

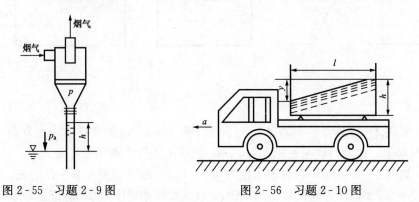

图2-55　习题2-9图　　　　　　　　　图2-56　习题2-10图

2-11　如图2-57所示，一圆筒形容器高$h=300\text{mm}$，直径$D=200\text{mm}$，容器中盛有3/4的液体。容器绕其中心轴旋转。问当液体的自由表面与容器底部接触时，每分钟的转数是多少？此时从容器中溅出的液体是多少？

2-12　如图2-58所示为一测量水箱水位的装置，将水银差压计的一端与水箱中自由液面以上的空气接通，另一端与输送压缩空气的管道MN接通。管道MN的N端浸入液面下的位置距地面高度$z=2\text{m}$。若注入的空气恰使MN管内水面降至N点（此时没有气体从MN管逸至自由表面），测得$\Delta h=20\text{cm}$。问水箱中液面距地面的高度z_0为多少？

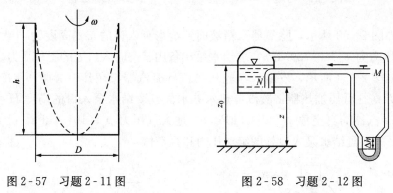

图2-57　习题2-11图　　　　　　　　　图2-58　习题2-12图

2-13　如图2-59所示，某锅炉的二次风压读数为$h=80\text{mmH}_2\text{O}$。试求二次风绝对压力为多少？

2-14　如图2-60所示，密闭水箱中的液面标高$h_4=60\text{mm}$，测压管中的液面高度$h_1=100\text{mm}$，U形管压力计中右端汞柱高度$h_2=20\text{mm}$，试求U形管压力计中左端汞柱高度h_3为多少？

2-15　如图2-61所示，U形管压力计与气体容器K相连，水银面高度差$h_1=200\text{mm}$，上水银面至压力计中水面高度差$h=500\text{mm}$。试计算与容器K相连的玻璃管中水面H将上升多少？

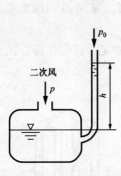

图 2-59　习题 2-13 图

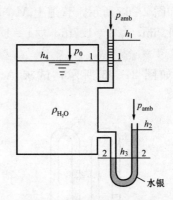

图 2-60　习题 2-14 图

2-16　如图 2-62 所示，求容器中 K 点的相对压力。油的密度 $\rho_0 = 820\text{kg/m}^3$。图中三段 h 的高度均为 200mm。

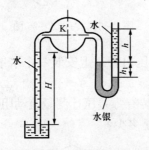

图 2-61　习题 2-15 图

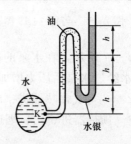

图 2-62　习题 2-16 图

2-17　如图 2-63 所示，多 U 形管压力计的一端与气体容器 K 相连，另一端通大气。已知当地大气压力为 750mmHg，油的密度 $\rho_0 = 910\text{kg/m}^3$。若 $h_1 = h_2 = h_3 = 500\text{mm}$，试计算容器 K 内的绝对压力及相对压力。

2-18　如图 2-64 所示为测量油密度的装置，若 $h = 74\text{mm}$，$h_1 = 152\text{mm}$，$h_2 = 8\text{mm}$，求油的密度。

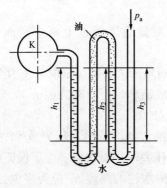

图 2-63　习题 2-17 图

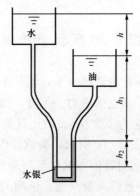

图 2-64　习题 2-18 图

2-19 如图 2-65 所示，管道上 M、N 两点连接一个双 U 形管差压计，若读数▽1＝1.8m，▽2＝1.5m，▽3＝1.7m，▽4＝1.6m。试求 M、N 两点的压力差。已知油的密度 $\rho_0 = 860 \text{kg/m}^3$。

2-20 如图 2-66 所示，试求 A、B 两容器中心的压力差。已知：$h_1 = 0.3\text{m}$，$h_2 = 0.5\text{m}$。

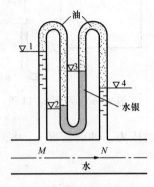

图 2-65 习题 2-19 图

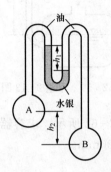

图 2-66 习题 2-20 图

2-21 如图 2-67 所示，在水泵的吸入管 1 和压出管 2 上安装一个水银差压计，测得 $h = 120\text{mm}$，试问水经过水泵后压力增加多少？

2-22 如图 2-68 空气预热器进、出口烟道上装有一差压计测量流动阻力，测得 $\Delta h = 120 \text{mmH}_2\text{O}$，求空气预热器进、出口烟道的压力差是多少？

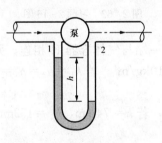

图 2-67 习题 2-21 图

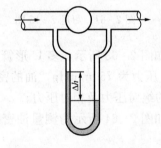

图 2-68 习题 2-22 图

2-23 如图 2-69 所示，用倾斜微压计来测量通风管道上两个断面 M、N 的压力差。问：

（1）若微压计内液体为水，倾斜角 $\alpha = 45°$，问当读值 $l = 20\text{cm}$ 时，压力差是多少？

（2）M、N 两点的压力差不变，微压计内换成酒精（$\rho_0 = 800 \text{kg/m}^3$），倾斜角调为 $\alpha = 30°$ 时，读值 l 应为多少？（设微压计的 $A_2/A_1 = 1/100$）。

2-24 如图 2-70 所示，凝汽器内由射汽式抽汽器维持绝对压力 $p_0 = 2000\text{Pa}$。抽汽器的疏水由 U 形水封管依靠抽汽器与凝汽器之间的压差输往凝汽器。为了保证绝对压力为 $p = 30\text{kPa}$ 的蒸汽不致进入凝汽器，试问 U 形水封管内水柱的高度 h_1 应为多少？若采用两只相同的 U 形管串联起来密封，其高度 h_1 又应为多少？

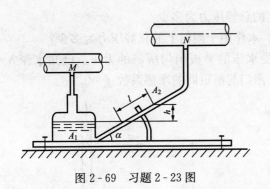

图 2-69　习题 2-23 图

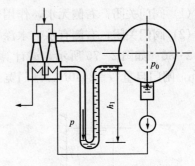

图 2-70　习题 2-24 图

2-25　如图 2-71 所示，烟囱高 $H=120\text{m}$，烟气温度 $t=300℃$，试确定烟囱中烟气自流通的压力差。烟气的密度 $\rho_s=0.44\text{kg/m}^3$，空气的密度 $\rho_a=1.29\text{kg/m}^3$。

2-26　如图 2-72 所示，密封方形柱体容器中盛水，底部侧面开 $0.5\text{m}\times0.6\text{m}$ 的矩形孔，已知水面绝对压力 $p_0=117.7\text{kN/m}^2$，当地大气压力 $p_a=98.1\text{kN/m}^2$，求水作用于闸门上的总静压力。

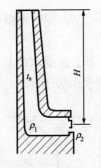

图 2-71　习题 2-25 图

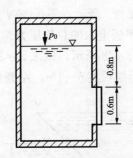

图 2-72　习题 2-26 图

2-27　如图 2-73 所示，已知 $h=3\text{m}$，$d=2\text{m}$，$\alpha=60°$，求水作用于圆形平板闸门上的总静压力。

2-28　如图 2-74 所示，AB 为一矩形闸门，A 为闸门的转轴，闸门宽 $b=2\text{m}$，闸门自重 $G=19.62\text{kN}$，$h_1=1\text{m}$，$h_2=2\text{m}$。试计算 B 端要施以多大的铅垂力 T，才能将闸门打开？

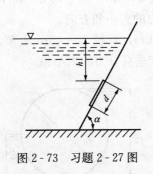

图 2-73　习题 2-27 图

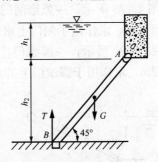

图 2-74　习题 2-28 图

2-29　如图 2-75 所示，循环水入口管路上安装一矩形闸门 AB，水库深 $H=13\text{m}$，闸门高 $h=3\text{m}$，宽 $b=2\text{m}$，问：

(1) 阀门关闭，右侧无水，作用于闸门上的总静压力为多少？

(2) 阀门关闭，右侧有水，水深 $h'=3$m，水作用于闸门上的总静压力为多少？

2-30　如图 2-76 所示，试计算升起承受水压的平板闸门所需的力 F。已知水深 $h=$ 1.5m，闸门自重 $G=2440$N，闸门宽 $b=3$m，闸门与滑道间的摩擦系数 $f=0.3$。

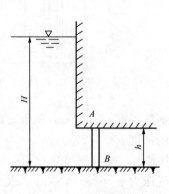
图 2-75　习题 2-29 图

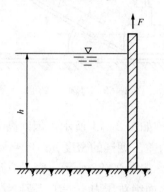
图 2-76　习题 2-30 图

2-31　如图 2-77 所示，平板 MN 宽 1m，倾斜角 $\alpha=45°$，左侧水深 $h_1=3$m，右侧水深 $h_2=2$m。试求此平板上水的总静压力。

2-32　如图 2-78 所示，试求 $d=3$m 的半圆柱形曲面上所受水的总静压力的大小及方向。已知圆柱体母线长度 $b=1$m，左侧水深等于 d，右侧水深等于 $d/2$。

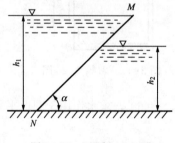
图 2-77　习题 2-31 图

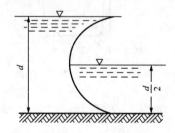
图 2-78　习题 2-32 图

2-33　如图 2-79 所示，一弧形闸门 AB，宽度 $b=4$m，圆心角 $\alpha=45°$，半径 $R=2$m，闸门转轴与水面平齐，求作用于闸门上水的总静压力的大小和方向。

2-34　如图 2-80 所示，一圆滚门，长度 $l=10$m，直径 $D=4$m，上游水深 $H_1=4$m，下游水深 $H_2=2$m，求作用于圆滚门上的水平分力和垂直分力的大小。

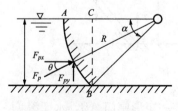
图 2-79　习题 2-33 图

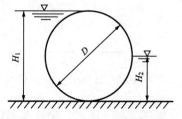
图 2-80　习题 2-34 图

2-35　如图 2-81 所示，一容器中盛有密度 $\rho=900\text{kg/m}^3$ 的液体，深度 $h=1.2\text{m}$。AB 为 1/4 的圆柱曲面，半径 $R=0.4\text{m}$，宽度 $b=1\text{m}$，求 AB 所受的水平分力和垂直分力。

2-36　如图 2-82 所示为浮子式自动进水器，水在压力 p_1 的作用下，从直径 $d=15\text{mm}$ 的管子中流入水箱，杠杆在 A 端用铰链连接。已知：$a=100\text{mm}$，$b=50\text{mm}$，$p_1=24.5\text{kPa}$。杠杆、闸门及浮子本身的重量不计，球的体积计算公式为 $V=\pi D^3/6=0.5233D^3$，试求在水箱灌满水时，利用浮力能将闸 K 自动关闭的球形浮子的最小直径 D 为多少？

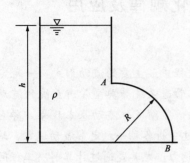

图 2-81　习题 2-35 图

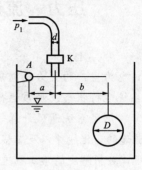

图 2-82　习题 2-36 图

项目三

电力生产过程中流体一元定常流动
压力、流速的变化规律及应用

【项目描述】

本项目探讨电力生产的火力发电热力循环过程中最主要的流动形式：一元定常流动。通过分析凝结水系统运行状态、水泵运行时的吸水管道系统等典型管道系统的流动规律，认识锅炉水动力计算、烟风系统通风计算等基本方法，了解气体流动基本现象，学习流体一元定常流动压力、流速的变化规律以及工程应用。通过分析各种一元定常流现象，培养应用一元定常流动基本规律分析解决简单工程流动问题的能力，尤其是通过计算解决工程问题的能力。

【教学目标】

能应用流体一元定常流动基础规律，解释电力生产过程中热力循环的流动现象，分析并解决管道系统流动问题，能进行简单的管道水力计算，能看懂各种热力设备相关技术参数，能通过流体实验获取流动参数、处理流动问题，能指出提高流体流动效率的原则方法，能综合上述能力解决工程中常见的流动问题。

【教学环境】

多媒体教室、流体实验室、仿真机房、模型室或利用理实一体化教室实施课程教学，需要火电厂生产设备模型、热力系统图、设备技术参数。

任务一　分析负荷不变时凝结水系统运行状态，阐明不可压缩
流体一元定常流动流速、压力的变化规律

【教学目标】

知识目标：

(1) 理解不可压缩流体一元定常流动中连续性方程、伯努利方程的意义。

(2) 理解连续性方程、伯努利方程的使用条件、解题时应注意的问题及步骤。

(3) 掌握连续性方程、伯努利方程的应用。

能力目标：

(1) 能说明不可压缩流体一元定常流动中连续性方程、伯努利方程的意义。

(2) 能应用连续性方程、伯努利方程进行定性分析和定量计算。

态度目标：

(1) 能积极主动学习、独立思考、发现问题、分析问题、解决问题。

(2) 以团队协助的方式，与小组成员共同完成本学习任务。

💬【任务描述】

现场、模型室、实验室或仿真实训室参观凝结水管道系统、伯努利方程实验等，了解系统的组成，认识其工作特点，在学习不可压缩流体一元定常流动的连续性方程、伯努利方程相关内容的基础上，分组讨论连续性方程、伯努利方程的含义、使用条件、解题时应注意的问题，以及定性分析和定量计算的步骤和方法。

⚓【任务准备】

（1）观察电力生产过程中凝结水管道系统的组成及仿真运行状况，了解该系统的工作流程和运行内容。

（2）了解伯努利方程实验，分析实验管中的内径、流速、压力、位置高度之间的变化规律。独立思考并回答下列问题：

1）不可压缩流体一元定常流动中连续性方程的含义是什么？用数学表达式如何表示？有什么作用？

2）不可压缩流体一元定常流动中伯努利方程的含义是什么？用数学表达式如何表示？有什么作用？

3）连续性方程、伯努利方程的使用条件有哪些？

4）应用伯努利方程进行定性分析和定量计算时应注意哪些问题？

5）应用伯努利方程进行定量计算的步骤一般有哪些？

〰️【任务实施】

（1）参观电力生产现场、模型室或仿真实训室，学习不可压缩流体一元定常流动流速、压力的变化规律。

1）通过参观电力生产现场、模型室或仿真实训室，了解凝结水管道系统的组成，认识不可压缩流体一元定常流动的特点。

2）通过分析凝结水管道系统负荷不变时的运行状态，学习不可压缩流体一元定常流动的连续性方程及伯努利方程的相应内容。

（2）通过伯努利方程实验，学习不可压缩流体一元定常流动连续性方程和伯努利方程的含义及应用。

1）分组进行伯努利方程实验，学习实验管中的内径、流速、压力、位置高度等参数的测量方法，分析它们之间的变化规律，学习流体流动的连续性方程和伯努利方程的含义、数学表达式、意义及应用等。

2）分组讨论总结不可压缩流体一元定常流动的连续性方程和伯努利方程的使用条件及解题步骤，并进行练习。

3）分组讨论举出日常生活和电厂生产中连续性方程和伯努利方程的应用实例，并加以分析。

📖【相关知识】

知识一：凝结水管道系统的组成和运动状态的定性分析

如图 3-1 所示，为某 600MW 机组的凝结水管道系统，该系统由凝结水泵、凝结水除盐装置、凝结水升压泵、轴封加热器 SG、低压加热器 H8、H7、H6、H5 等主要设备及其连接管道组成。其中，凝结水泵担负着将凝汽器热井中的凝结水抽出并提高能量后送到除氧器去的重任。亚临界压力及以上参数的机组，由于锅炉对给水品质要求很高，因此，必须在凝

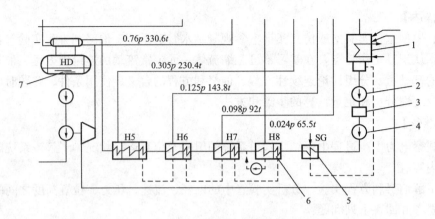

0.76p 330.6t

0.305p 230.4t

0.125p 143.8t

0.098p 92t

0.024p 65.5t

HD

H5　　H6　　H7　　H8　　SG

7　　　　　　　　　　　　　　　　　　　　　　　　6　5

1
2
3
4

图 3-1　凝结水系统图

1—凝汽器；2—凝结水泵；3—凝结水除盐装置；4—凝结水升压泵；

5—轴封加热器 SG；6—低压加热器；7—除氧器

结水泵后设置除盐装置。由于除盐装置受到耐压条件的限制，凝结水泵采用二级升压，因此在除盐装置后设有凝结水升压泵。轴封加热器 SG 用于回收汽轮机轴封漏出气汽混合气体的热量（因为汽轮机轴封漏出气汽混合气体的温度一般高于被加热凝结水的温度，把此气汽混合气体引到轴封加热器中，用于加热该加热器管中的凝结水，则此气汽混合气体的热量就可得到回收）和工作介质（在轴封加热器，气汽混合气体在管外放出热量，加热管内流动的凝结水，气汽混合气体中的水蒸气变为水称为疏水，通过疏水管道自流回收到凝汽器的热水井中，这样汽轮机轴封漏出气汽混合气体中的水蒸气这部分工作介质就得到回收）。四台低压加热器用于加热凝结水，实现回热循环，以提高热力循环的热效率。

如图 3-2 所示，凝结水管道系统是机组全面性热力系统的一部分，其主要作用是对凝结水进行除盐净化、加热，以及把凝结水送到除氧器和对凝结水进行必要的控制调节。该系统是否正常连续运行，与机组的安全经济运行直接相关。如该系统设计了两台凝结水泵，一台正常运行，另一台备用。当正常运行的一台凝结水泵因故停运，而另一台备用的凝结水泵不能自动投入，则凝结水系统也不能连续正常地工作，这时可能使热井水位过高从而影响到凝汽器的真空，同时使除氧器给水箱水位下降，影响到给水泵正常运行，进而影响到锅炉供水的连续性，可能威胁到锅炉的安全。从项目一任务三中知道，工程中常将输水管道系统负荷不变运行状态下的流动看作不可压缩流体一元定常流动。因此，必须研究不可压缩流体一元定常流动的连续性流动规律的问题，即我们将要研究的流体流动的连续性方程。

机组在额定负荷下运行时，凝结水系统处于稳定的运行状态，这时系统中各处凝结水的运动要素如流速、压力等不随时

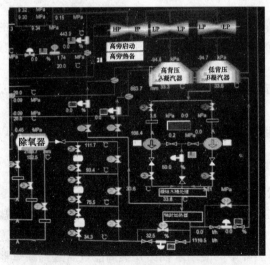

图 3-2　负荷不变时凝结水系统运行图

间变化。当然，凝结水系统运行时需监控的重要参数，如热水井水位、水面压力、凝结水流量、凝结水泵入口前后压力及除氧器压力等也不随时间变化。但是当机组负荷发生变化，如机组负荷减少时，汽轮机排汽量也减少，在凝结水泵出水量还未减少的情况下，凝汽器热井水位将降低。凝结水泵由于倒灌高度 H_g 不够，如图 3-3 所示，由项目二任务一可知，凝结水泵入口压力降低，当降低到该处凝结水温所对应的饱和压力时，凝结水泵就会在汽蚀（水汽化为蒸汽，引起水泵侵蚀和破坏等）工况下运行，汽蚀发生严重时会影响到凝结水泵的安全运行。

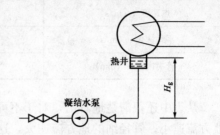

图 3-3　凝结水泵装置示意图

如图 3-3 所示，在 H_g 发生变化时，凝结水管内流动的流速、压力和凝结水的黏性阻力等也将发生相应的变化，这些参数之间的变化规律如何，就是流体动力学必须要研究的核心问题，即自然界的普遍规律即为能量守恒与转换定律，也就是流体力学中著名的伯努利方程，它研究不可压缩流体一元定常流动时的流速、压力、阻力等的变化规律。这些参数之间的变化规律具有普遍性，同样适用于其他流动问题，如前所述低压给水系统给水泵（见图 2-1）装置，当除氧器给水箱液面与给水泵几何中心高度差 H 的水位降低到一定程度时，会影响给水泵安全经济运行的问题，可以通过伯努利方程加以定性分析与定量计算，并从中找到解决问题的办法。

知识二：不可压缩流体一元定常流动的连续性方程（质量守恒定律）

一、流体流动的连续性方程实验

如图 3-4 所示，在该实验装置中，当打开调节阀 11，定压水箱 7 中的水稳定地流过实验细管 8 和实验粗管 9。分别在实验细管 8 的Ⅰ处和实验粗管 9 的Ⅱ处装上毕托管，在已测量出流量 q 和已知管中内径 d 的情况下，可分别计算出Ⅰ处和Ⅱ处水流管中心点的速度 u 和断面上的平均速度 c，并记录表中，见表 3-1。

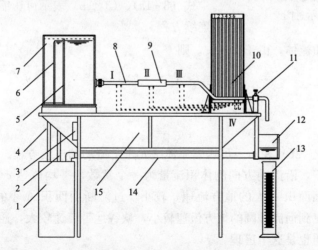

图 3-4　伯努利方程实验台

1—水箱及潜水泵；2—上水管；3—电源；4—溢流管；5—整流栅；6—溢流板；
7—定压水箱；8—实验细管；9—实验粗管；10—测压管；11—调节阀；
12—接水箱；13—量杯；14—回水管；15—实验桌

表 3 - 1　　　　　　　　　　　　实验细管 8 的 I 处和粗管 9 的 II 处的参数

项目 　　　测点编号	I	II
点速度 u（m/s）	1.40	0.65
平均速度 c（m/s）	1.36	0.64
管中内径 d（mm）	13.7	20.0

从表中还很清楚地看出，对于不可压缩流体一元定常的流动，当流量一定时，管径粗的地方流速小，管径细的地方流速大，这就是流体流动的连续性方程，它是自然界万物运动遵循的普遍规律，即是质量守恒定律在流体动力学中的具体体现。

二、流体流动的连续性方程

1. 不可压缩流体一元定常流动的质量守恒定律

实验观察到的一元管流连续性方程是质量守恒定律在流体动力学中的具体体现。如图 3 - 5 所示，在任意一元管流定常流动中，任取两个过流断面 1-1 与 2-2，进、出口断面的面积分别为 A_1、A_2，进、出口断面上的平均流速分别为 c_1、c_2，进、出口断面上密度分别为 ρ_1、ρ_2。经过 dt 时间，流进过流断面 1-1 流体的质量为 $dm_1 = \rho_1 c_1 A_1 dt$，流出过流断面 2-2 流体的质量为 $dm_2 = \rho_2 c_2 A_2 dt$。对于定常流动，根据质量守恒定律，控制体 1-1 与 2-2 之间的管道内质量保持不变，所以

$$dm_1 = dm_2$$

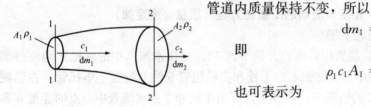

图 3 - 5　一元管流定常流动的
连续性方程示意图

即

$$\rho_1 c_1 A_1 = \rho_2 c_2 A_2 \tag{3 - 1a}$$

也可表示为

$$q_{m1} = q_{m2} \tag{3 - 1b}$$

式（3 - 1a）、（3 - 1b）表示可压缩流体一元定常流动的连续方程。

对不可压缩均质流体，由于 $\rho_1 = \rho_2$，则

$$c_1 A_1 = c_2 A_2, \quad 或 \frac{c_1}{c_2} = \frac{A_2}{A_1} \tag{3 - 2a}$$

也可表示为

$$q_1 = q_2 \tag{3 - 2b}$$

式（3 - 2a）、（3 - 2b）表示不可压缩流体一元定常流动的连续方程。说明一元不可压缩流体定常流动条件下，沿流动方向的体积流量为一个常数，平均流速 c 与过流断面面积 A 成反比，即过流断面面积 A 大的地方流速 c 较小，过流断面面积 A 小的地方流速 c 较大。日常生活中，我们见到河流开阔的地方流速较小，峡谷地带流速较大，通常我们捏扁软管出口，使水流加速射出也是这个道理。

连续性方程不涉及作用力及流动摩擦损失问题，因而不仅适用于理想流体，也适用于黏性流体。对于沿途流体有分支与汇流的情况，总流的连续性方程仍然适用。如图 3 - 6 所示，对于图 3 - 6（a）分支管路，$q_1 = q_2 + q_3$，对于图 3 - 6（b）汇流管路，$q_1 + q_2 = q_3$。

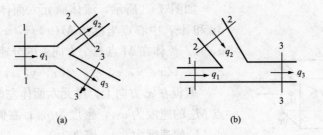

图 3-6　定常流动的分支与汇流

(a) 定常流动的分支；(b) 定常流动的汇流

【例 3-1】　有一输水管道，如图 3-7 所示。水自断面 1-1 流向断面 2-2。测得断面 1-1 的水流平均流速 $c_1 = 2\text{m/s}$，已知 $d_1 = 400\text{mm}$，$d_2 = 800\text{mm}$，试求断面 2-2 处的平均流速 c_2 为多少？

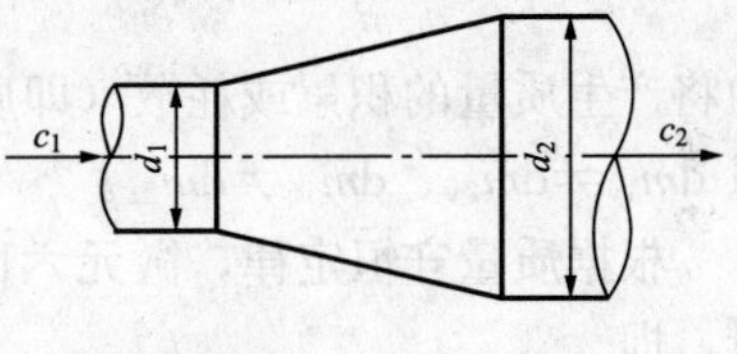

解　由式 (3-2a) 知

$$c_1 A_1 = c_2 A_2, \quad 即 \ c_1 \frac{\pi d_1^2}{4} = c_2 \frac{\pi d_2^2}{4},$$

则 $c_2 = c_1 \left(\dfrac{d_1}{d_2} \right)^2 = 2 \times \left(\dfrac{400}{800} \right)^2 = 0.5\text{m/s}$

图 3-7　例 3-1 图

【例 3-2】　有一分支管路，两支管的直径分别为 $d_1 = 200\text{mm}$，$d_2 = 300\text{mm}$，管路中流体的总流量 $q = 200\text{L/s}$，求当两支管中的平均流速相等时两支管中流体的流量。

解
$$q = q_1 + q_2$$

即
$$q = c A_1 + c A_2$$

两支管的平均流速

$$c = \frac{q}{A_1 + A_2} = \frac{0.2}{\dfrac{\pi}{4}(d_1^2 + d_2^2)} = 1.96\text{m/s}$$

两支管流体的流量分别为

$$q_1 = c \frac{\pi d_1^2}{4} = 1.96 \times \frac{3.14 \times 0.2^2}{4} = 0.062\text{m}^3/\text{s}$$

$$q_2 = c \frac{\pi d_2^2}{4} = 1.96 \times \frac{3.14 \times 0.3^2}{4} = 0.139\text{m}^3/\text{s}$$

2. 广义的质量守恒定律

质量守恒定律指出流体系统中流体质量在运动过程中保持不变，即该系统流体质量守恒。或描述为：在某一确定空间中，流体质量的增量等于该段时间流进和流出这一空间的所有控制面的流体质量差值，质量既不会自行产生，也不会自行消失。在确定的控制体内，如果一定时间流入与流出的流体质量不相等，控制体内的流体一定会有密度的变化，如果流体是不可压缩流体，则流入与流出的流体必然质量相等。任何时候流体内部都是连续（宏观）的，不会有间断或空穴（空气泡除外，此处不予考虑），符合连续性关系，用连续性方程来表示。也就是说，不符合连续性方程关系的流动是不存在的。

下面在流动的流体中选取微元六面体来探讨非定常流场、三维空间、可压缩流体的连续性方程。

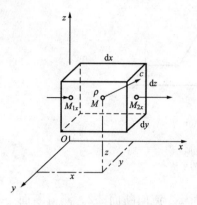

图 3-8 推导流体流动的
连续性方程用图

如图 3-8 所示，流体微元六面体的边长分别为 $\mathrm{d}x$、$\mathrm{d}y$ 和 $\mathrm{d}z$，中心点坐标为 $M(x, y, z)$，密度为 $\rho(x, y, z, t)$。流体在 M 点三个方向上的分速度分别为 $u(x, y, z, t)$，$v(x, y, z, t)$，$w(x, y, z, t)$。

假设在 x 方向上，微元六面体左侧面为流体流入面，点 M_{1x} 的速度为 u_{1x}，密度为 ρ_{1x}；右侧面为流体流出面，点 M_{2x} 的速度为 u_{2x}，密度为 ρ_{2x}。

则 $\mathrm{d}t$ 时间内，从微元六面体左、右侧面流入、流出的流体质量分别为

$$\mathrm{d}m_{1x} = \rho_{1x}u_{1x}\mathrm{d}y\mathrm{d}z\mathrm{d}t, \quad \mathrm{d}m_{2x} = \rho_{2x}u_{2x}\mathrm{d}y\mathrm{d}z\mathrm{d}t$$

对非定常流动，各空间点上的物理量随时间变化，此时流进和流出的质量流量 $\mathrm{d}m_{1x} \neq \mathrm{d}m_{2x}$，即微元六面体内将产生质量的积累或耗散（即质量增量 Δm_x）。同理，y、z 方向上，流进和流出的质量流量 $\mathrm{d}m_{1y} \neq \mathrm{d}m_{2y}$、$\mathrm{d}m_{1z} \neq \mathrm{d}m_{2z}$。

根据质量守恒定律，微元六面体内流体质量的变化，等于流入与流出流体质量的净增量，即

$$\Delta m = \mathrm{d}m_1 - \mathrm{d}m_2$$

$$\Delta m = \frac{\partial \rho}{\partial t}\mathrm{d}V\mathrm{d}t$$

$$\mathrm{d}m_1 = \mathrm{d}m_{1x} + \mathrm{d}m_{1y} + \mathrm{d}m_{1z}$$

$$\mathrm{d}m_2 = \mathrm{d}m_{2x} + \mathrm{d}m_{2y} + \mathrm{d}m_{2z}$$

式中　Δm——$\mathrm{d}t$ 时间内微元六面体内流体质量的增量；

　　　$\mathrm{d}m_1$——$\mathrm{d}t$ 时间内流入微元六面体的流体质量；

　　　$\mathrm{d}m_2$——$\mathrm{d}t$ 时间内流出微元六面体的流体质量；

　　　$\mathrm{d}V$——$\mathrm{d}t$ 时间内微元六面体内流体体积的增量；

　　　$\dfrac{\partial \rho}{\partial t}$——密度的时间变化率。

公式经整理（具体推导过程参阅其他资料），可压缩流体三元非定常流动的连续性方程为

$$\frac{\partial(\rho u)}{\partial x} + \frac{\partial(\rho v)}{\partial y} + \frac{\partial(\rho w)}{\partial z} + \frac{\partial \rho}{\partial t} = 0 \tag{3-3}$$

对可压缩流体定常流动时，流体的密度 ρ 不随时间变化，则 $\dfrac{\partial \rho}{\partial t} = 0$，连续性方程可简化为

$$\frac{\partial(\rho u)}{\partial x} + \frac{\partial(\rho v)}{\partial y} + \frac{\partial(\rho w)}{\partial z} = 0 \tag{3-4}$$

对不可压缩流体定常流动时，流体的密度 ρ 在运动过程中保持不变，连续性方程可进一步简化为

$$\frac{\partial u}{\partial x} + \frac{\partial v}{\partial y} + \frac{\partial w}{\partial z} = 0 \tag{3-5}$$

对二元不压缩流体定常流动时，连续性方程可再简化为

$$\frac{\partial u}{\partial x} + \frac{\partial v}{\partial y} = 0 \tag{3-6}$$

【例 3-3】　设有一平面流场，其运动规律为 $u = x^2 + y^2$，$v = -2xy$。问该流场是否存在？

　　解　因为 $\frac{\partial u}{\partial x} = 2x$，$\frac{\partial v}{\partial y} = -2x$，则 $\frac{\partial u}{\partial x} + \frac{\partial v}{\partial y} = 0$。由于该流场满足连续性方程（3-6），因此该流场存在。

　　二元不压缩流体定常流动的连续性方程求解比较麻烦，很多时候流场的运动规律很复杂，解微分方程并不容易。工程中大量的管道系统流动问题可以简化为一元管流来处理，非常方便实用。

　　知识三：不可压缩流体一元定常流动的伯努利方程（能量守恒与转换定律）

　　一、流体流动的伯努利方程实验

　　固体运动的机械能包括动能和势能，流体也一样，液体在流动时也具有动能和势能，不同的是由于液体内部相互之间作用有压力，压力势能和位置势能一样具有做功能力，属于机械能的范畴，因此，液体的势能包括位置势能和压力势能。液体也遵守能量守恒与转换定律。这可以通过实验加以验证。

　　在如图 3-4 所示伯努利方程实验中，针对不可压缩流体一元定常流动的状态，测定不同管流断面处的管径、流速、压力、位置高度等参数，把四个测点处的参数记录到表 3-2 中。

表 3-2　　不同管流断面处的管径、流速、压力、位置高度的参数测定值

测点编号 项目	I	II	III	IV
点速度水头 $u^2/2g$（m/s）	94	21	94	94
压力水头 $p/\rho g$（mm）	163	194	110	196
位置水头 z（mm）	200	200	200	0
管中内径 d（mm）	13.7	20.0	13.7	13.7

　　注　$u^2/2g$ 为测点处的速度水头，不是断面平均流速。

　　观察流体流速、管径，分析能量方程实验管（伯努利管）对能量损失的情况：

　　在能量方程实验管上布置四组测压管 I、II、III、IV，每组测压管测的压力为总压，全开给水调节阀门（11），观察总压沿着水流方向下降的情况，这说明流体的总水头（速度水头 $u^2/2g$、压力水头 $p/\rho g$ 和位置水头 z 三种能头之和即能量之和）沿着流体的流动方向是减少的，减少的总水头是流体流动产生的能量损失，并且随着流动持续增加。

　　由图 3-9 可见各种能量之间的相互转换关系，例如：测点 I 到测点 II，管径变粗，速度 u 减小，一部分流速水头 $u^2/2g$ 转换为压力水头 $p/\rho g$；测点 II 到测点 III，管径变细，速度 u 增加，一部分压力水头 $p/\rho g$ 转换为流速水头 $u^2/2g$；测点 III 到测点 IV，位置（即高度差 z）降低，一部分位置水头 z 转换为压力水头 $p/\rho g$。

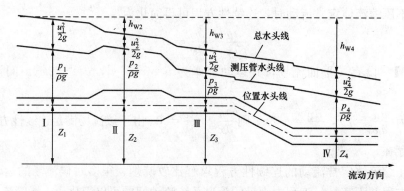

图 3-9 能量方程实验管的测点、总水头线及测压管水头线示意图

伯努利方程又称能量方程，是能量守恒与转换定律在流体力学中的又一个具体体现，它反映了流体沿流线各点（或断面上平均）的流速、压力和位置高度三者之间的关系。伯努利方程是管道水力计算的核心方程，也是流体动力学中最重要的方程。

二、流体流动的伯努利方程

1. 理想不可压缩流体一元定常流动沿微元流束（或沿流线）的伯努利方程

前面曾讨论过静止不可压缩流体中，单位重力作用下流体的静力学方程为

$$z_1 + \frac{p_1}{\rho g} = z_2 + \frac{p_2}{\rho g}$$

即在重力作用下，同种、连通、静止的流体中，各点对同一基准面的比位能 z 与比压能 $p/\rho g$ 之间可以互相转换，但各点的总比能（$z + p/\rho g$）都相等，为一常数，遵循能量守恒与转换定律。

在流动的理想不可压缩流体中，流体的总机械能还应包括动能。我们知道固体运动的动能表示为 $\frac{1}{2}mc^2$，不可压缩流体流动时的动能同样也可表示为 $\frac{1}{2}mc^2$。

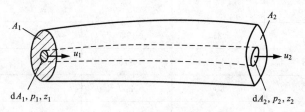

图 3-10 伯努利方程推导示意图

因此，对理想不可压缩流体，在一元定常流动的微元流管中，如图 3-10 所示，根据动能定律，经推导（全略）得，沿微元流束（或沿流线，因为微元流束的极限就是流线），单位重力作用下流体的伯努利方程应为

$$\frac{u_1^2}{2g} + \frac{p_1}{\rho g} + z_1 = \frac{u_2^2}{2g} + \frac{p_2}{\rho g} + z_2 \tag{3-7a}$$

式中 $\dfrac{u^2}{2g} + \dfrac{p}{\rho g} + z$ ——单位重力作用下流体在微元流束某过流断面 dA 上的总机械能；

$\dfrac{u_1^2}{2g}$、$\dfrac{u_2^2}{2g}$ ——单位重力作用下流体在微元流束两过流断面 dA_1、dA_2 上（假设微元流束上流速均匀分布）所具有的动能，因为质量为 m 的流体具有的动能为 $\frac{1}{2}mu^2$，所以单位重力作用下流体所具有的动能为 $\left(\frac{1}{2}mu^2\right)/mg = \dfrac{u^2}{2g}$；

$\dfrac{p_1}{\rho g}$、$\dfrac{p_2}{\rho g}$——单位重力作用下流体在微元流束两过流断面 dA_1、dA_2 上所具有的压力势能，因为压力势能为 pAL，其中 pA 为过流断面为 A 的流体所受的总压力，L 为在总压力作用下流体前进的路长，所以单位重力作用下流体压力做功所具有的压力势能为 $\dfrac{pAL}{mg}=\dfrac{pAL}{V\rho g}=\dfrac{pAL}{AL\rho g}=\dfrac{p}{\rho g}$；

z_1、z_2——单位重力作用下流体在微元流束两过流断面 dA_1、dA_2 上所具有的位置势能，简称位能，因为质量为 m 的流体所具有的位能为 mgz，所以单位重力作用下流体所具有的位置势能为 z。

式（3-7a）就是著名的伯努利方程，该式表明：理想不可压缩流体在定常流动过程中，沿微元流束（或沿流线）的总能量是守恒的，流体流过不同断面，三种能量各自所占的份额不同，可以相互转换，但总和是相等的。

流体静力学方程与伯努利方程实质上是能量守恒与转换定律在流体不同运动状态下的不同表现形式，本质上是一个规律，只是为了研究和计算的方便，写成不同的方程形式。

2. 实际不可压缩流体（即黏性流体）一元定常流动沿微元流束（或沿流线）的伯努利方程

理想流体忽略了黏性对流动的影响，实际不可压缩流体在一元定常流动的过程中，由于黏性的作用，流体内部产生内摩擦力，流体与管壁之间也有摩擦力，流体流经流道通流面积突变处使流体产生撞击、漩涡等，都会阻碍流体的流动，消耗流体的能量，使总机械能中有一部分转变为热能等其他形式的能量，因此，黏性是引起运动流体产生能量损失的根本原因。实际流体流动时，总机械能不再守恒（能量在更广义的范围内守恒），而是沿着流动方向逐渐减少。若以 h'_w 表示微元流束中单位重力作用下流体从 1-1 断面流到 2-2 断面的能量损失，再应用动能定律就可得出下列关系式：

$$\frac{u_1^2}{2g}+\frac{p_1}{\rho g}+z_1=\frac{u_2^2}{2g}+\frac{p_2}{\rho g}+z_2+h'_w \qquad (3-7b)$$

式（3-7b）就是实际不可压缩流体一元定常流动沿微元流束（或沿流线）的伯努利方程。它表明在实际不可压缩流体一元定常流动的微元流束（或流线）中，上游断面 1-1 处单位重力作用下液体所具有的总能量，总是大于下游断面 2-2 处单位重力作用下液体所具有的总能量，即流体流动时总会有能量的损失。

3. 实际不可压缩流体（即黏性流体）一元定常流动总流的伯努利方程

以上推导沿微元流束（或沿流线）的伯努利方程式，因其过流断面面积 dA 很小，可以认为断面上各点的动压力 p、流速 u 及位置高度 z 是相等的，而总流过流断面上各点的 p、u、z 则不相等。对于定常流动的渐变流而言，总流过流断面上动压力的分布符合静压力的分布规律，即同一过流断面上 $z+p/\rho g=$ 常数，也就是说渐变流的总流过流断面上各点的比势能都相等。

如图 3-11 所示，总流同一过流断面上各点的速度 u 也不相等，用总流过流断面上的平均流速 c 代替各点的真实流速来计算断面上的流体的动能是有误差的，因而要引入动能

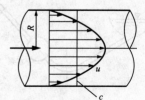

图 3-11　过流断面上的速度分布规律

修正系数 α，通常 $\alpha > 1$，且过流断面上的流速分布越均匀，α 值越趋近于 1。工程中，各种流体的流动一般属于紊流（参见本项目任务三），所以通常近似地取 $\alpha = 1$。这样，实际不可压缩流体一元定常流动总流的伯努利方程应为

$$\frac{a_1 c_1^2}{2g} + \frac{p_1}{\rho g} + z_1 = \frac{a_2 c_2^2}{2g} + \frac{p_2}{\rho g} + z_2 + h_w \qquad (3-8a)$$

式中　c——过流断面上的平均流速，m/s；

　　　h_w——实际不可压缩流体一元定常流动总流单位重力作用下流体，在两过流断面 1-1 与 2-2 之间总机械能的损失，称为阻力损失或能量损失、能头损失，m。

工程上一般取 $\alpha = 1$，则式（3-8a）可简化为

$$\frac{c_1^2}{2g} + \frac{p_1}{\rho g} + z_1 = \frac{c_2^2}{2g} + \frac{p_2}{\rho g} + z_2 + h_w \qquad (3-8b)$$

式（3-8b）就是实际不可压缩流体一元定常流动总流的伯努利方程，是工程流体力学是重要的方程之一，在以后的课程内容中经常用到，在解决实际问题中也要经常用到它。

4. 理想不可压缩流体一元定常流动总流的伯努利方程

式（3-8b）中，若忽略阻力损失 h_w，则可简化为

$$\frac{c_1^2}{2g} + \frac{p_1}{\rho g} + z_1 = \frac{c_2^2}{2g} + \frac{p_2}{\rho g} + z_2 \qquad (3-9)$$

式（3-9）就是理想不可压缩流体一元定常流动总流的伯努利方程

在推导实际不可压缩流体一元定常流动的伯努利方程时，限定了几个条件，因而在应用该方程时，要注意它的使用条件：

（1）不可压缩流体。

（2）定常流动。

（3）流体所受的质量力只有重力。

（4）所选取的两个过流断面为渐变流断面。

（5）所选取的两个过流断面之间无能量的输入或输出。若沿程有能量的输入或输出，则方程（3-8b）应做相应的改变，为

$$\frac{c_1^2}{2g} + \frac{p_1}{\rho g} + z_1 \pm E = \frac{c_2^2}{2g} + \frac{p_2}{\rho g} + z_2 + h_w \qquad (3-10)$$

式中　E——输入的能量，通过泵、风机输入能量时，E 前取正号；通过水轮机输出能量时，E 前取负号。

如图 3-12 所示，通过泵有输入能量时，E 前取正号。

（6）所选取的两个过流断面之间无流量的分流或合流。若沿程有流量的分流或合流，单位重力作用下流体的伯努利方程仍然成立。

对如图 3-6（a）所示定常流动分流中的 1-1 断面和 2-2 断面、1-1 断面和 3-3 断面之间，分别建立的伯努利方程为

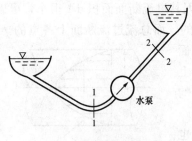

图 3-12　能量输入设备

$$\frac{c_1^2}{2g} + \frac{p_1}{\rho g} + z_1 = \frac{c_2^2}{2g} + \frac{p_2}{\rho g} + z_2 + h_{w1-2} \tag{3-11}$$

$$\frac{c_1^2}{2g} + \frac{p_1}{\rho g} + z_1 = \frac{c_3^2}{2g} + \frac{p_3}{\rho g} + z_3 + h_{w1-3} \tag{3-12}$$

同样，对如图 3-6（b）所示定常流动合流中的 2-2 断面和 3-3 断面、1-1 断面和 3-3 断面之间，分别建立的伯努利方程为

$$\frac{c_2^2}{2g} + \frac{p_2}{\rho g} + z_2 = \frac{c_3^2}{2g} + \frac{p_3}{\rho g} + z_3 + h_{w2-3} \tag{3-13}$$

$$\frac{c_1^2}{2g} + \frac{p_1}{\rho g} + z_1 = \frac{c_3^2}{2g} + \frac{p_3}{\rho g} + z_3 + h_{w1-3} \tag{3-14}$$

三、伯努利方程的意义及应用

（一）伯努利方程的意义

1. 物理意义

位置能头 z、压力能头 $p/\rho g$ 和速度能头 $u^2/2g$（或 $c^2/2g$）之和称为总能头（或称总水头）。因此，伯努利方程的物理意义可叙述为：理想不可压缩流体（不管是沿流线还是沿总流）在重力作用下作定常流动时，沿程无能量的输入或输出和流量的分流或合流时，沿流动方向上各断面的单位重力作用下流体所具有的位置能头、压力能头和速度能头之和保持不变，即总能头为一常数，三种能量之间可以相互转换，如图 3-13 所示（图中以沿流线为例）。所以伯努利方程是能量守恒及转换定律在流体力学中的一种特殊表现形式。而实际流体（不管是沿流线还是沿总流）的总能头

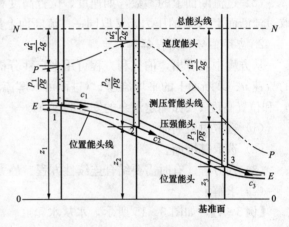

图 3-13　伯努利方程的意义

沿着流动方向逐渐减少，如图 3-9 所示（图中以沿流线为例），即随着流动的继续能头损失 h_w 不断增加。

2. 几何意义

以沿流线为例，如图 3-13 所示，将流体流动时的各能头绘于图中，可以清晰地看出流体流动时各能头之间的守恒与转换关系。以图 3-13 中 0-0 为基准面，将各断面中心点连接形成位置能头线 $E\text{-}E$，以此为基础，连接各断面中心点处测压管内的液面形成测压管能头线 $P\text{-}P$，再向上累加各断面的速度能头，即可得到理想流体的总能头线 $N\text{-}N$。从几条能头线的变化趋势及相互关系，可以形象地描述出理想流体流动中位置能头、压力能头及速度能头与总能头之间的守恒与转换关系。由图中可以看出：理想流体的总能头线 $N\text{-}N$ 与基准面 0-0 平行。而实际流体的总能头线与基准面不平行，是一条沿着流动方向逐渐下降的曲线，如图 3-9 所示，该线上任意两点之间的高度差表示这两点所代表的过流断面之间的能头损失。

（二）伯努利方程的应用

1. 应用注意事项

伯努利方程是流体力学的基本方程之一，与连续性方程和流体静力学方程联立，可以全

面地解决一元定常流动的流速（或流量）、位置高度、压力及阻力损失的计算问题，用这些方程求解一元定常流动问题时，除了要注意它的使用条件外，还应注意下面几点：

（1）弄清题意，看清已知什么，求解什么。

（2）选好过流断面。合适的过流断面应包括问题中所求的参数，同时使已知参数尽可能

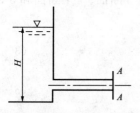

图 3-14 管道出口示意图

多。对于流体从大容器流出，流体从管道出口流入大气或者从一个大容器流入另一个大容器，过流断面通常选在大容器的自由液面或者管道出口断面，如图 3-14 所示，大容器自由液面上的压力为大气压力，速度可以视为零来处理。

（3）选好基准面。选择得当，可使解题大大简化，通常选在管轴线的水平面或自由液面，要注意的是，基准面必须选为水平面。

（4）求解流量时，有时要结合一元流动的连续性方程求解。伯努利方程的 p_1 和 p_2 应为同一度量基准，即同为绝对压力或者相对压力，p_1 和 p_2 的处理与静力学中完全相同。

（5）过流断面上的参数，如速度、位置高度和压力应为同一点的值，绝对不允许在式中取过流断面上 A 点的压力，又取同一过流断面上另一点 B 的速度。

2. 应用伯努利方程解题的步骤

从方程中可看出，伯努利方程可用来定性分析，或定量计算许多问题，如求解流体某点的流速 u、某断面上的平均流速 c（进而可求解流量，这就是流量计的原理）、压力 p 或真空 p_v 和位置高度 z（如确定水泵的安装高度 h）等。一般计算步骤为：

（1）选取过流断面。

（2）选取基准面。

（3）列方程。有时需要结合连续性方程、静力学基本方程。

（4）求解。

【例 3-4】 如图 3-15 所示，水从水箱底部沿一变径管道出流，已知 $H=5m$，$d_1=20mm$，$d_2=15mm$，$d_3=10mm$，不计阻力损失，求管道末端喷嘴出口水流的速度，并绘制测压管能头线。

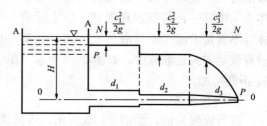

图 3-15 例 3-4 图

解 （1）根据选取过流断面的一般原则，过流断面通常选在大容器的自由液面或者管道出口断面，本题中选取水箱水面和喷嘴出口断面作为 A-A 和 3-3 断面，选取管道几何中心线为基准面 0-0，列断面 A-A 和 3-3 的伯努利方程为

$$\frac{c_A^2}{2g}+\frac{p_A}{\rho g}+z_A=\frac{c_3^2}{2g}+\frac{p_3}{\rho g}+z_3+h_w$$

式中，水箱水面 A-A 为大容器自由液面，压力为大气压力，$p_A=p_a$；速度视为零，$c_A=0$。喷嘴出口断面 3-3 因为是管道末端，与大气相通，压力为大气压力，$p_3=p_a$，取喷嘴所在的管道几何中心线为基准面，则 $z_3=0$，不计阻力损失，$h_w=0$。所以方程简化为

$$H=\frac{c_3^2}{2g}$$

代入已知条件，经计算得，$c_3 = 9.9$（m/s）

（2）绘制测压管能头线。其一般步骤是：先绘制总能头线，理想流体的总能头线是一条平行于自由液面的水平线，如果是实际流体的总能头线，需要在理想流体的总能头线基础上减去流动中产生的能头损失，测压管能头线是在总能头线基础上减去相应断面上的速度能头而得。

本题中，先求出各不同直径管道内水的流速

$$c_2 = c_3 \left(\frac{d_3}{d_2}\right)^2 = 9.9 \times \left(\frac{10}{15}\right)^2 = 4.4\text{m/s}$$

$$c_1 = c_3 \left(\frac{d_3}{d_1}\right)^2 = 9.9 \times \left(\frac{10}{20}\right)^2 = 2.5\text{m/s}$$

再求出各不同直径管道内水的速度能头

$$\frac{c_3^2}{2g} = 5$$

$$\frac{c_2^2}{2g} = \frac{4.4^2}{2 \times 9.807} = 0.987\text{mH}_2\text{O}$$

$$\frac{c_1^2}{2g} = \frac{2.5^2}{2 \times 9.807} = 0.319\text{mH}_2\text{O}$$

然后绘制总能头线。因不计阻力损失，理想流体的总能头线是平行于水箱水面的水平线 $N\text{-}N$，在此基础上各减去相应管道内水的速度能头，即得测压管能头线 $P\text{-}P$。

【例 3-5】 一台离心水泵从大水池中抽水，如图 3-16 所示，已知吸水管内径 $d_2 = 100\text{mm}$，吸水管的总损失 $h_w = 0.25\text{m}$，测得水泵进口处的真空值为 $p_v = 56.6\text{kPa}$，流量为 $q = 20\text{m}^3/\text{h}$，求水泵距离水池液面的安装高度 h_s。

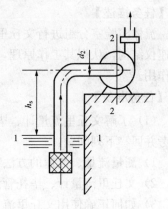

解　吸水管内水流速度为

$$c_2 = \frac{q}{\pi \dfrac{d^2}{4}} = \frac{20 \times 4}{3600 \times \pi \times 0.1^2} = 0.71\text{m/s}$$

选取水池液面为基准面，选取水池液面 1-1 和水泵进口断面 2-2 为控制面，列出两断面的伯努利方程

图 3-16　例 3-5 图

$$\frac{p_1}{\rho g} + \frac{c_1^2}{2g} + z_1 = \frac{p_2}{\rho g} + \frac{c_2^2}{2g} + z_2 + h_w$$

其中 1-1 断面处 $z_1 = 0$，$p_1 = p_a$，$c_1 = 0$，因水泵进口处的真空值为 p_v，则其绝对压力 $p_2 = p_a - p_v$，在此需注意：伯努利方程中压力的度量基准应统一，必须同时使用绝对压力、相对压力或真空值，否则的话计算结果会出现错误，在本题中，均使用绝对压力，整理得

$$h_s = z_2 = \frac{p_1 - p_2}{\rho g} - \frac{c_2^2}{2g} - h_w = \frac{p_v}{1000 \times 9.807} - \frac{c_2^2}{2g} - h_w$$

代入已知数据得

$$h_s = \frac{56.6 \times 10^3}{1000 \times 9.807} - \frac{(0.71)^2}{2 \times 9.807} - 0.25 = 5.5\text{m}$$

任务二　文丘里流量计、毕托管测速仪、喷射泵等仪器设备
工作原理的分析与使用

◀)【教学目标】

知识目标：

(1) 掌握文丘里流量计的工作原理、测量方法。

(2) 掌握毕托管测速仪的工作原理、测量方法。

(3) 掌握喷射泵的工作原理及应用。

(4) 掌握连续方程、伯努利方程的计算方法和分析问题的方法。

能力目标：

(1) 能解释文丘里流量计工作原理，能使用文丘里流量计测量流量。

(2) 能解释毕托管测速仪工作原理，能使用毕托管测速仪测量流速。

(3) 能分析喷射泵工作原理和作用。

(4) 能应用连续方程、伯努利方程分析、计算流动问题。

态度目标：

(1) 能积极主动学习、独立思考、发现问题、分析问题、解决问题。

(2) 以团队协助的方式，与小组成员共同完成本学习任务。

◉【任务描述】

流体实验室分组进行文丘里流量计实验和毕托管测速实验，了解文丘里流量计、毕托管测速仪结构，认识其工作原理，学习流体流动测量技术。应用流体流动基本规律分析喷射泵的作用。

⚓【任务准备】

(1) 了解文丘里流量计、毕托管测速仪结构和工作原理，预习流体实验相关内容，独立思考并回答下列问题：

1) 测量流量、流速的方法有哪些？有哪些常用的流量计、测速仪？

2) 文丘里流量计、毕托管测速仪的结构及工作原理分别是什么？

3) 如何正确使用文丘里流量计、毕托管测速仪？如何计算测量数据？

(2) 了解喷射泵用途和工作原理，独立思考并回答下列问题：

1) 喷射泵的作用是什么？工作原理是什么？

2) 喷射泵的关键部件是什么？分析它的流动规律，举出两例应用实例。

〰【任务实施】

(1) 通过文丘里流量计实验和毕托管测速实验学习流体流动测量技术。

1) 分组实验，学习文丘里流量计和毕托管测速仪的测量原理及测量方法。

2) 学生完成实验报告，以小组形式讨论实验结果，总结实验原理和方法，总结应用一元定常流动基本规律分析流体流动问题的方法，总结连续方程、伯努利方程的计算方法和使用条件。

(2) 应用流体流动基本规律分析喷射泵工作原理及应用。应用实验任务中学习的分析方法，分组讨论、自学喷射泵工作原理、计算方法。

（3）以学生自荐或教师指定的方式选择1～2组，对本次任务进行总结汇报。

【相关知识】

流量是流体工程中重要的三个测量参数（流量、压力、温度）之一，在电力生产过程中，各流体介质的流量直接反映生产负荷的大小、设备运行状态及效率等重要信息，实时监测流体流量对电力生产的安全经济运行有重大意义。工业中流量计的种类非常多，大致可分为容积式、速度式和质量式三类，常见的有文丘里流量计、孔板流量计、喷嘴流量计、体积流量计、转子流量计、涡轮流量计、电磁流量计、超声波流量计及涡街流量计等等。电厂中使用最多的是速度式和质量式流量计。文丘里流量计和毕托管（即可测速也可测流量）属于速度式流量计。

知识一：节流式压差流量计

一、文丘里流量计

（一）文丘里流量计实验

如图3-17所示是文丘里流量计实验装置，水沿管道从水箱底部出流，实验中始终保持水箱水位恒定，管道中安装一个文丘里流量计，文丘里流量计的两个测压孔连接气—水多U形管差压计11。实验开始，打开调节阀12，依次增大流量，待水流稳定后，读取差压计各测压管的液面读数 h_1、h_2、h_3、h_4，并用秒表、量筒测量流量，记录不同调节阀开度时的差压计读值。文丘里流量计测量流量 q_T 由差压计的压差值经计算得出，管道的实测流量 q 由量筒和秒表（体积法）测量得出，q_T 的计算没有考虑实际流动的阻力损失，比实测流量 q 偏大，实际应用时，应予以修正，即 $\mu = \dfrac{q}{q_T}$ 为流量系数。

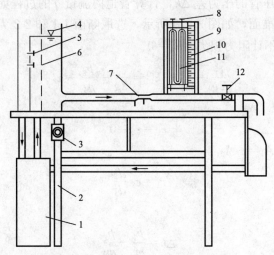

图3-17　文丘里流量计实验装置

1—自循环供水器；2—实验台；3—可控硅无级调速器；4—恒压水箱；5—溢流板；
6—稳水孔板；7—文丘里实验管段；8—测压计气阀；9—测压计；10—滑尺；
11—多U形管差压计；12—实验流量调节阀

（二）文丘里流量计工作原理

文丘里（管）流量计是一种节流式压差流量计，是以伯努利方程和连续方程为基础进行流量测量的一种仪器。基本测量原理是利用流体流经节流装置时所产生的压力差与流量之间的关系，通过测量压差，应用伯努利方程和连续方程求出流量。节流装置是在管道中安装的一个局部收缩元件，常用的有文丘里管、孔板和喷嘴等。

　　经典的文丘里流量计是由入口圆管段 1、圆锥收缩段 2、圆管形喉部 3 和圆锥扩散段 4 组成，如图 3-18 所示，用于测量封闭管道的流量。在圆管段断面 1-1（管内径为 d_1）与喉部断面 2-2（管内径为 d_2）处分别开设测压孔，连接两个测压管，如图 3-19 所示，当流体流经收缩段时流速增加，压力降低，通过测量两断面 1-1、2-2 处的压力差，可以计算出管道中的流量。这也是其他节流式压差流量计的测量原理。

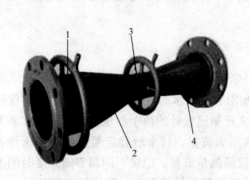

图 3-18　文丘里流量计
1—入口圆管段；2—圆锥收缩段；3—圆管形喉部；
4—圆锥扩散段

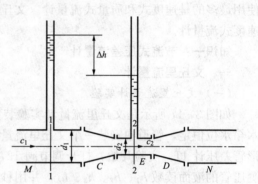

图 3-19　文丘里流量计工作原理
Δh—两测压管的液柱高度差

　　通过测量出两个测压管的压力差 Δh，计算管道内流量 q 的过程如下：

　　取管道中心线为基准面，如图 3-19 所示，选取断面 1-1 和 2-2 为控制面。列出断面 1-1 和 2-2 的伯努利方程，不计阻力损失，$h_w = 0$

$$\frac{c_1^2}{2g} + \frac{p_1}{\rho g} + z_1 = \frac{c_2^2}{2g} + \frac{p_2}{\rho g} + z_2$$

式中

$$z_1 = z_2 = 0$$

由连续性方程式 $c_1 A_1 = c_2 A_2$ 得

$$c_1 = c_2 \frac{d_2^2}{d_1^2}$$

测压管的测量值

$$\Delta h = \frac{p_1}{\rho g} - \frac{p_2}{\rho g}$$

代入伯努利方程，经整理得

$$\Delta h = \frac{c_2^2}{2g}\left(1 - \frac{d_2^4}{d_1^4}\right)$$

$$c_2 = \sqrt{\frac{2g\Delta h}{\left(1 - \frac{d_2^4}{d_1^4}\right)}}$$

　　所以，管道中的理论流量为

$$q_T = c_2 A_2 = \frac{\pi d_2^2}{4} \sqrt{\frac{2g \Delta h}{\left(1 - \dfrac{d_2^4}{d_1^4}\right)}} = C \sqrt{\Delta h} \tag{3-15}$$

其中 $C = \dfrac{\pi d_2^2}{4} \sqrt{\dfrac{2g}{\left(1 - \dfrac{d_2^4}{d_1^4}\right)}}$ 是常数，由文丘里流量计的几何尺寸所决定。

　　管道中的实际流量要小于上述计算得出的理论流量，这是因为计算过程中没有考虑阻力损失等实际因素的影响，考虑这些影响因素后，实际上通过公式计算得出的平均流速 c_2 要稍小一些，这个误差通常用流量系数由实验进行修正。

　　实际流量为

$$q = \mu q_T \tag{3-16}$$

式中　μ——流量系数，通常用标准流量计进行率定，一般取 $0.96 \sim 0.99$。

　　在使用中，文丘里流量计的计算可以简化为

$$q = K \sqrt{\Delta h} \tag{3-17}$$
$$K = \mu C$$

式中　K——流量计常数，K 值与文丘里流量计的结构尺寸、阻力损失、测压管内工作介质的种类等因素有关。

　　利用文丘里流量计测量管道内流体流量时，还经常遇到下面两种情况：

　　(1) 两个测压管用一 U 形管差压计代替，差压计内充有水银，与管内流体不同，如图 3-20 所示。

　　(2) 倾斜管道或垂直布置的管道中装设文丘里流量计测量流量，如图 3-21 所示。

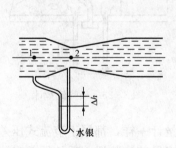

图 3-20　文丘里流量计（一）

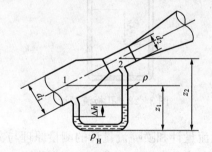

图 3-21　文丘里流量计（二）

流量计算有无不同？通过计算分析可知：

第（1）种情况下

$$q = \mu \frac{\pi d_2^2}{4} \sqrt{\frac{2g \Delta h \left(\dfrac{\rho_{Hg}}{\rho} - 1 \right)}{(1 - d_2^4 / d_1^4)}} = \mu C' \sqrt{\Delta h} = K' \sqrt{\Delta h} \tag{3-18}$$

式中　K'——流量计常数。

第（2）种情况下，结论与水平管道完全一致。

　　【例 3-6】　水平管道上装设文丘里流量计测量管内流量，已知管道直径为 200mm，文丘里流量计喉部直径为 80mm，与文丘里流量计相连的是 U 形管水银差压计，差压计中读

值 $\Delta h = 200\text{mmHg}$，流量系数 $\mu = 0.96$，求管道内水的流量。

解 根据公式（3-18）有

$$q = \mu \frac{\pi d_2^2}{4} \sqrt{\frac{2g\Delta h\left(\dfrac{\rho_{\text{Hg}}}{\rho} - 1\right)}{\left(1 - \dfrac{d_2^4}{d_1^4}\right)}}$$

$$= 0.96 \times \frac{3.14 \times 0.08^2}{4} \sqrt{\frac{2 \times 9.807 \times 0.2\left(\dfrac{13\ 600}{1000} - 1\right)}{1 - \left(\dfrac{0.08}{0.2}\right)^4}}$$

$$= 0.0343\text{m}^3/\text{s}$$

二、孔板流量计和喷嘴流量计

孔板流量计如图 3-22 所示，结构主要是一个带有圆孔的圆形不锈钢板，圆孔起到节流作用，装在需要测量流量的管道上，用连接管将孔板前后的取压孔与差压计连接起来，组成孔板流量计。喷嘴流量计如图 3-23 所示，节流件是渐缩喷嘴，喷嘴前后开测压孔，用差压计连接。

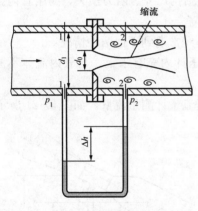

图 3-22　孔板流量计

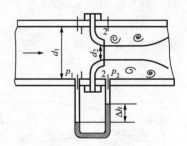

图 3-23　喷嘴流量计

孔板流量计和喷嘴流量计的测量原理与文丘里流量计一样，都属于节流式压差流量计，流体流过节流装置时速度增大、压力降低，通过测量流经节流装置前后的压差来测量流量。不同的仅是节流装置：文丘里管、孔板或喷嘴。由于节流装置的结构不同，对管内流动产生的影响不同，流体流经节流孔板后，由于惯性，流束继续收缩，在断面 2-2 处（如图 3-22 所示）成为最小断面，而后才逐渐扩大至整个管道。流体流经喷嘴时，流体收缩的最小断面在喷嘴出口处，如图 3-23 所示。这两种流量计与文丘里流量计的流量计算方法完全相同，列出 1-1 与 2-2 断面的伯努利方程，经计算求出的流量计算公式也完全相同，由于流体流经不同节流件前后，流体的流动状态有所不同，文丘里流量计、孔板流量计和喷嘴流量计的流量系数有很大差异，使用时可查阅有关资料。

$$q = \mu' \frac{\pi d_2^2}{4} \sqrt{\frac{2g\Delta h\left(\dfrac{\rho_{\text{Hg}}}{\rho} - 1\right)}{(1 - d_2^4/d_1^4)}} = \mu'C\sqrt{\Delta h} = K'\sqrt{\Delta h} \qquad (3-19)$$

式中　μ'——孔板（喷嘴）的流量系数；

　　　　K'——孔板（喷嘴）的流量计常数。

对于孔板流量计，液流最小断面 2-2 处直径 $d_2=C_0 d_0$，d_0 为孔板孔口直径，C_0 为孔口的液流收缩系数，可由实验测得 C_0。

三、节流式压差流量计的应用

节流式压差流量计由于结构简单，稳定可靠，可以测量管道中液体、蒸汽、气体等各种流体的流量，是迄今为止最为广泛使用和熟悉的流量测量方法。国内外已把最常用的节流装置孔板、喷嘴和文丘里管标准化，并称为"标准节流装置。"在电厂汽水系统中更是得到了广泛的应用。电厂给水流量、蒸汽流量等多采用孔板流量计或喷嘴流量计来测量。文丘里流量计一般用于压力低、大管径、低流速的烟风管道气体流量的测量。例如，测量电厂锅炉一次风、二次风大管径，低流速管道及大口径烟气管道等的气体流量。

孔板流量计、喷嘴流量计有节流损失大，节流装置前后要求有较长的直管段长度等缺点。

知识二：毕托管测速仪

一、毕托管测速实验

如图 3-24 所示是毕托管测速仪实验装置，水从水箱底部的管嘴处出流，实验中始终保持水箱水位恒定，正对管嘴出口安装一个毕托管测速仪，将毕托管测速仪的开口对准管嘴，距离管嘴出口处 2～3cm 固定于导轨上，毕托管测速仪的两个测压管连接压差计。实验开始，打开调速器开关，将流量调节到最大。待上、下游溢流后，排除毕托管及各连通管中的气体，待水流稳定后，读取压差计各测压管的液面读数，操作调节阀并相应调节调速器，使溢流量适中，共可获得三个不同恒定水位与之相应。改变流速后，按上述方法重复测量，记

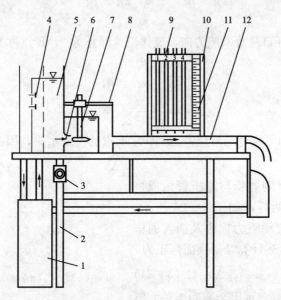

图 3-24　毕托管测速仪实验装置

1—自循环供水器；2—实验台；3—可控硅无级调速器；4—水位调节阀；
5—恒压供水箱；6—管嘴；7—毕托管；8—尾水箱与导航；9—测压管；
10—测压计；11—滑动测量尺；12—上回水管

录不同水箱水位时的差压计读值。毕托管测量的是测点处的点流速，测量流速 c_T 由差压计的压差值经计算得出，c_T 的计算没有考虑实际流动的阻力损失及插入的毕托管对流动的影响，实际应用时，应通过流速系数予以修正，将测量流速 c_T 与测点的实际流速 c（由管嘴作用水头求出）相比较，可得到毕托管的校正系数，即流速系数 $\varphi = \dfrac{c}{c_T}$。

二、毕托管测速仪工作原理

毕托管测速仪是一种差压式测速仪，通过测量流体流动过程中产生的压差来测量流速。因此又可作为流量计使用，又称毕托管流量计。

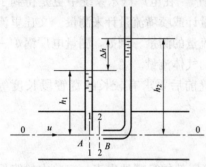

图 3 - 25 毕托管测速仪工作原理

毕托管是由一根测压管和一根带直角弯头的测速管组成，如图 3 - 25 所示。其中测压管垂直于管壁安装，液体在管内上升的高度是测点处的测压管水头，测量的是 A 点的压力。测速管弯头开口正对来流方向，B 点流体进入弯管后动能转变为位能，管内液面上升高度较前面测压管高出速度水头 $c^2/2g$，是测点处的总水头，测量的是 B 点的总压（又称全压）。通过测量两点处的压力差，可以计算出管道中 A 点的流速。可见毕托管是测量流体某一点速度的仪器。

通过测量出的压力差 Δh，计算管道内 A 点流速的过程如下：

如图 3 - 25 所示，取 A、B 所在水平面为基准面 0-0，选取过 A 点的控制面 1-1 和过 B 点的控制面 2-2。列出断面 1-1 和 2-2 的伯努利方程，不计阻力损失 $h_w = 0$

$$\frac{c_1^2}{2g} + \frac{p_1}{\rho g} + z_1 = \frac{c_2^2}{2g} + \frac{p_2}{\rho g} + z_2$$

式中：$z_1 = z_2 = 0$

因 B 点的测速管开口迎着来流方向，流体流速滞止为 0，B 点称为驻点，故

$$\frac{c_1^2}{2g} + \frac{p_1}{\rho g} = \frac{p_2}{\rho g}$$

$$\frac{c_1^2}{2g} = \frac{p_2}{\rho g} - \frac{p_1}{\rho g} = \Delta h$$

上式表明测速管和测压管的液位差 Δh 即为 A 点的速度水头，因此可得 A 点的流速

$$c_1 = \sqrt{2g\Delta h} \tag{3 - 20}$$

在实际测量中，将测速管与测压管做成一体，并用差压计连接两管，如图 3 - 26 所示。由于计算中没有考虑流动阻力损失及插入的毕托管对流动的影响，上述计算结果还需修正为

$$c_A = \varphi c_1 = \varphi \sqrt{2g\Delta h} \tag{3 - 21}$$

式中　φ——流速系数，通常由实验测定，一般取 $0.99 \sim 1.01$。

若差压计中流体与被测量流体密度不一样，则

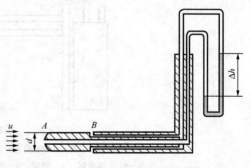

图 3 - 26 毕托管

$$c_A = \varphi \sqrt{2g\Delta h \left(\frac{\rho_m}{\rho} - 1 \right)} \qquad (3-22)$$

式中　ρ_m——差压计中流体密度；

　　　　ρ——被测流体密度。

需要注意的是：毕托管测量的是某一点的流速，不是断面平均流速，这一点要加以区别。

【例 3-7】 如图 3-27 所示烟道中插入毕托管测量烟气的流速，连接毕托管的 U 形管差压计内充入密度为 $\rho_1 = 800\text{kg/m}^3$ 的酒精，差压计读值 $\Delta h = 5\text{mm}$，差压计流速系数为 $\varphi = 0.99$，烟气的温度为 400℃，标准状态下烟气的密度为 $\rho_0 = 1.30\text{kg/m}^3$，求烟气的流速是多少？

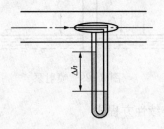

图 3-27　例 3-7 图

解　由密度换算公式

$$\rho_{400} = \rho_0 \frac{T_0}{T_{400}} = 1.30 \times \frac{273}{273 + 400} = 0.527\text{kg/m}^3$$

由公式（3-22）得

$$c = \varphi \sqrt{2g\Delta h \left(\frac{\rho_m}{\rho} - 1 \right)} = 0.99 \times \sqrt{2 \times 9.807 \times 0.005 \left(\frac{800}{0.527} - 1 \right)} = 12.193\text{m/s}$$

三、毕托管测速仪的应用

毕托管经常用于电厂风烟管道的风速测量，属于接触式测量。在测量中应将全压孔正对气流方向，为保证测量的准确性，要求测点在气流流动平稳的直管段。由于毕托管只能测管道断面某一点的流速，测量断面风速时，应多测几点，求取平均值。

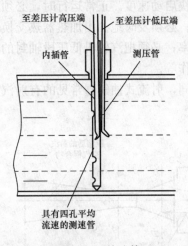

图 3-28　均速管

在毕托管的基础上发展出了均速管（见图 3-28），即在迎来流方向的测速管（又称总压管或全压管）上开出四个取压孔，测出四点的流体全压，由于四个取压孔是相通的，由内插管引出的是该断面上流体的全压平均值，流体压力由背流面的测压管测量，两个压差引入差压计，计算方法与毕托管完全一样。优点是测速管可以自动平均断面上各测点的全压，求出的是断面平均流速，进而可以求出体积流量，比毕托管单点测量要准确得多，适于气体、蒸汽和液体的流量测量。

知识三：喷射泵

一、喷射泵的工作原理

喷射泵是一种利用流体传递能量和质量的真空获得装置。它主要由渐缩喷嘴、混合室、渐扩管组成，如图 3-29 所示。工作原理是工作流体在压力作用下流经渐缩喷嘴进入混合室，根据连续方程和伯努利方程可知流体在此过程中压力降低、流速提高，在喷嘴出口处形成高速的射流，同时获得一定的真空，水池中的流体被抽吸进入混合室，由高速射流经渐扩管降压后带出。

喷射泵是通过渐缩喷嘴获得足够的真空而完成抽吸流体的工作，通过渐缩喷嘴获得的真空值可以计算如下：

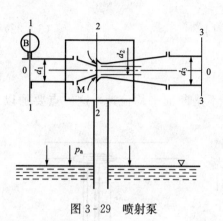

图 3-29　喷射泵

如图 3-29 所示，水流经渐缩喷嘴 M 加速后由管道（管内径为 d_3）输出。压力计 B 读值为 p_1，渐缩喷嘴 M 出口处压力为 p_2，取管道中心线为基准面 0-0，选取渐缩喷嘴进口断面 1-1（管内径为 d_1）和出口断面 2-2（管内径为 d_2）为控制面。列出断面 1-1 和 2-2 的伯努利方程，不计阻力损失 $h_w = 0$

$$\frac{c_1^2}{2g} + \frac{p_1}{\rho g} + z_1 = \frac{c_2^2}{2g} + \frac{p_2}{\rho g} + z_2$$

由于 $z_1 = z_2 = 0$，则

$$\frac{p_2}{\rho g} = \frac{c_1^2 - c_2^2}{2g} + \frac{p_1}{\rho g}$$

又连续性方程式

$$q = c_1 A_1 = c_2 A_2$$

喷嘴出口处真空值

$$H_v = \frac{p_a - p_2}{\rho g} = \frac{8q^2}{8\pi^2}\left(\frac{1}{d_2^4} - \frac{1}{d_1^4}\right) - \frac{p_1 - p_a}{\rho g} \tag{3-23}$$

喷射泵在电厂中可以抽吸或输送流体，建立并保持真空。汽轮机启动时，就要利用射水抽气器（喷射泵的一种）建立和保持真空。运行中将凝汽器里的空气及非凝结气体抽出，由高流速的水将气体经扩压管扩压后排出。

二、喷射泵的应用

电力生产过程中机组启动和正常运行时，都要有专门的抽气设备投入运行。因为当启动时，需要把管路系统和设备中所积集的空气抽出来，以便加快启动速度。正常运行时，必须及时地抽出凝汽器中的非凝结气体，维持凝汽器的规定真空；必须及时地抽出加热器热交换过程中释放出的非凝结气体，保证加热器具有较高的换热效率；必须把汽轮机低压段轴封的蒸汽、空气及时地抽到轴封冷却器中，以确保轴封的正常工作等。

射流式抽气设备就是喷射泵的一种。根据工作介质的不同，射流式抽气器常见的有射汽式和射水式两种。

（1）射汽抽气器。射汽抽气器如图 3-30 所示，由渐缩喷嘴 A、外壳 B 和扩压管 C 组成。工作蒸汽流经渐缩喷嘴 A，获得加速，压力降低，形成真空，外壳 B 底部的入口与凝汽器抽气口相连，凝汽器中的非凝结气体空气（混合有蒸汽）在真空作用下不断地被抽吸进入混合室，被高速的蒸汽流夹带，一起进入扩压管。在扩压管内汽流动能转换为压力能，速度降低，压力升高。蒸汽空气混合物最终排入大气。

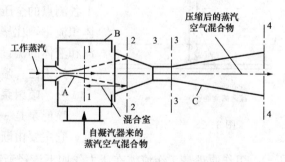

图 3-30　射汽抽气器示意图
A—渐缩喷嘴；B—外壳；C—扩压管

（2）射水抽气器。射水抽气器如图 3 - 31 所示。工作原理与射汽抽气器完全一样，只是工作介质不同，工作水引入水室 1 后，经渐缩喷嘴 2 流出，获得高速水流，在高速水流周围形成真空，抽吸凝汽器内的蒸汽空气混合物进入混合室 3，被高速水流夹带，一起进入扩压管 4，速度降低、压力升高后排出扩压管。

射流式抽气设备结构简单，工作可靠，启动运行方便。两种抽气器形式的选择主要根据汽轮机设备的运行情况和抽气器自身的特点综合考虑。一般工作蒸汽的来源有保证，多采用射汽抽气器。另外，还要配置专用的启动抽气器，它的任务是在汽轮机启动前，使凝汽器迅速建立真空，以缩短启动时间。对于高参数大容量单元机组，由于射汽抽气器的过载能力小，所以多采用射水抽气器。

图 3 - 31　射水抽气器示意图
1—工作水室；2—喷嘴；3—混合室；
4—扩压管；5—止回阀

【拓展知识】

流量计

一、流量计的发展历史

在电力等各种工业生产中，流量是判断生产过程状态，监控设备安全运行，以及实现工业自动化的重要指标。因此，流量计是工业测量中重要的仪表，随着工业生产的发展、科学技术的进步和自动化程度的提高，流量测量技术日新月异。为了适应不同的工业用途要求，各种类型的流量计相继问世，目前流量计的种类已超过几十种。

最早的流量测量可追溯到公元前，古罗马恺撒时代已在城市供水系统中采用孔板测量居民的饮用水水量。公元前 1000 年左右古埃及用堰法测量尼罗河的流量。我国著名的都江堰水利工程应用宝瓶口的水位观测水量大小等。到了近代 17 世纪，意大利物理学家托里拆利通过实验测定了液体从容器小孔出流的速度，正确描述了出流速度 v 与水面距离孔口高度 h 的关系（$v = A\sqrt{h}$，$A =$ 常数，称为托氏的射流定律），以此奠定了差压式流量计的理论基础，这是流量测量的里程碑。18、19 世纪有关流量测量的许多仪表的雏形开始形成，如堰、皮托管、文丘里管、容积流量计、涡轮流量计及靶式流量计等。

现代意义的流量测量最早是由瑞士著名物理学家丹尼尔·伯努利开始的，他在 1738 年利用差压法（以伯努利方程为测量原理）测量了水流量。1791 年意大利物理学家文丘里发表了用文丘里管测量流量的研究结果。1886 年，美国人赫谢尔将文丘里管制成了测量水流量的实用测量装置。1910 年，美国人发明了测量明渠中水流量的槽式流量计，美籍匈牙利人卡门研究了涡街现象，于 1912 年提出了卡门涡街理论（卡门涡街流量计的原理）。1928 年德国人成功研制出第一台超声波流量计，1955 年马克森流量计（超声波流量计的一种）首先应用于航空燃料油的流量测量。此后，测量仪表开始向精密化、小型化方向发展，电磁流量计问世。测量范围宽、无运动部件的实用卡门涡街流量计在 20 世纪 70 年代设计出来。当代，随着工业测量技术的进步以及集成电路技术的发展，超声（波）流量计得到了广泛应用，微型计算机又进一步提高了流量测量的能力，激光多普勒流量计等更加先进的流量测量仪表开始应用并普及到各个领域。

二、常用流量计类型

流量计种类繁多，仅介绍以下几种：

1. 容积式流量计

又称定排量流量计，在流量仪表中是精度最高的一类。它利用机械测量元件把流体连续不断地分割成单个已知的体积部分，根据测量室逐次重复地充满和排放该体积部分流体的次数来测量流体体积总量。按测量元件的不同又有椭圆齿轮流量计、刮板流量计等多种类型。

2. 涡轮流量计

涡轮流量计是速度式流量计中的主要种类，它采用多叶片的转子（涡轮）感受流体平均流速，从而推导出流量或总量。涡轮流量计在用量上是仅次于孔板流量计的计量仪表。

3. 电磁流量计

电磁流量计是根据法拉第电磁感应定律工作的，即在管道的两侧加一个磁场，被测的流体介质流过管道时切割磁力线，产生感应电动势，其大小与流体的运动速度成正比。测量该感应电动势即可求出流量。这种流量计测量精度高，既可测单相液体，也可测煤浆等两相混合液，但不能测量气体。

4. 超声波流量计

超声波流量计是一种非接触式流量计，具体的测量方法有很多，最常用的有两种：速度差法流量计和多普勒超声波流量计。速度差法流量计的基本原理是通过测量超声波在流体介质中顺流和逆流传播过程中的速度差来间接测量流体的流速，再通过流速来计算流量。常应用于大口径管道流量测量。许多火力发电厂开始采用超声波流量计进行凝汽器循环冷却水的流量测量。

多普勒超声波流量计是应用声波中的多普勒效应（当激光照射到流体中流动的粒子时，激光被运动粒子散射，利用散射光频率和入射光频率相比较得到的多普勒频移正比于流速），测得顺水流和逆水流的频率差来反映流体的流速从而得出流量。

任务三　分析水泵运行时的吸水管道系统，阐明管内流动
阻力损失的规律及减少措施

📢【教学目标】

知识目标：

(1) 理解管道流动内两种流动阻力损失，即沿程阻力损失、局部阻力损失。

(2) 掌握两种流动状态层流、紊流的判别标准及流动特征。

(3) 掌握沿程阻力损失的计算方法。

(4) 掌握莫迪图的特征与使用方法。

(5) 掌握局部阻力损失的计算方法。

(6) 了解减少管内流动阻力损失的措施。

能力目标：

(1) 能解释流动阻力损失产生的原因。

(2) 能解释沿程阻力损失、局部阻力损失的区别。

(3) 能判别层流与紊流，说出层流、紊流的流动特征。

（4）能计算管内流动的沿程阻力损失、局部阻力损失。

（5）能描述莫迪图的特征，能使用莫迪图。

（6）能说出减少管内流动阻力损失的措施。

态度目标：

（1）能积极主动学习、独立思考、发现问题、分析问题、解决问题。

（2）以团队协助的方式，与小组成员共同完成本学习任务。

💬【任务描述】

火力发电企业现场参观凝结水系统、锅炉给水系统或仿真机房观看凝结水系统、锅炉给水系统运行图，了解水泵运行时的吸水管道系统流动阻力的形成，认识流动中能量损失产生的原因，了解流体流动中流动阻力损失存在的普遍性，认识两种流动阻力损失，学习有关流动阻力损失的规律和减少措施。学习流动阻力损失的计算方法。分组讨论水泵吸水管道系统运行中减少流动阻力损失的措施。

⚓【任务准备】

（1）了解水泵在管道系统中的作用，水泵吸水管道系统的构成与布置。

（2）了解火力发电厂凝结水系统、锅炉给水系统仿真运行的相关内容。

（3）观察生活和工程中的流动现象，学习有关流动阻力损失的知识，独立思考并回答下列问题：

1）静止流体有阻力损失吗？固体运动的阻力损失是怎样产生的？流体流动的阻力损失是普遍的吗？

2）两种流体流动阻力损失有什么不同？

3）流体流动阻力损失与哪些因素有关？

4）如何减少流体流动阻力损失？

5）工程中如何测定和计算阻力损失？

🌊【任务实施】

（1）分析水泵运行时的吸水管道系统，认识流动阻力损失。

1）通过参观火力发电企业现场或仿真机实训室，了解水泵运行，认识水泵吸水管道系统的组成、运行时的状态，分析运行状态，学习有关流动阻力损失的概念。

2）学习流体流动阻力损失的基本规律。

（2）学习流体流动的阻力损失的计算与测量，探讨减少阻力损失的措施。通过分组实验，了解流体流动阻力损失的计算中经验公式的意义和应用，学习流体流动阻力损失的计算与测量，探讨减少阻力损失的措施，应用于工程问题，提高系统循环流动效率。

📖【相关知识】

知识一：水泵运行时的吸水管道系统

电力生产过程的热力循环中，水泵的作用主要是提供流体流动所需的能量，克服流体流动阻力，为管道内流体的输送提供动力，维持流体的循环流动。例如，给水泵向锅炉送水，凝结水泵输送凝汽器中的凝结水，循环水泵向凝汽器输送冷却水等。

一般各水泵的吸水管道系统布置都尽量简单：尽量缩短吸入管道长度，尽可能减少吸入管道上的弯头、阀门等附件。这样做的目的是为了减少运行时管内的流动阻力，防止水泵汽蚀。以某电厂凝结水系统为例，从凝汽器热井水箱引一根管道，分两路连接两台凝结水泵，

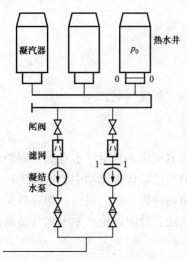

图 3-32 凝结水泵的吸水管道系统

在每台凝结水泵的吸水管道上装有一个闸阀和一个滤网，闸阀用于检修时隔离水泵，滤网防止热井中可能的杂质进入水泵。如图 3-32 所示。从热井水箱至凝结水泵入口为凝结水泵的吸水管道系统。

凝结水泵运行时，可以在集控室内实时监控运行状态。热水井水位、水面压力、凝结水流量、凝结水泵入口前压力等都是重要的监控参数。一旦凝结水泵入口压力偏低，就可能发生水泵汽蚀。与给水泵的入口水箱（即除氧器水箱）高位布置类似，凝结水泵为了防止汽蚀，也采取了热水井的高位布置，如图 3-32 所示，这样就增加了凝结水泵的入口压力，提高了凝结水泵的抗汽蚀能力。而凝结水泵是否会发生汽蚀，与吸水管道系统的流动状态密切相关，因为凝结水泵入口压力的高低（汽蚀的主要原因）取决于凝结水泵吸水管道系统的流体流动参数的变化，特别是流动中的阻力损失。我们可以用伯努利方程加以解释。

以凝结水泵运行的吸水管道系统为研究对象，取水泵入口为基准面，选取热井水面 0-0 和水泵入口断面 1-1 为控制面，列出断面 0-0 和 1-1 的伯努利方程

$$\frac{c_0^2}{2g}+\frac{p_0}{\rho g}+z_0=\frac{c_1^2}{2g}+\frac{p_1}{\rho g}+z_1+h_w$$

$$\frac{p_1}{\rho g}=\frac{p_0}{\rho g}+H-\frac{c_1^2}{2g}-h_w \qquad (3-24)$$

式中：$H=z_0-z_1$。

由上式可以看出：凝结水泵入口的压力取决于吸水管道系统的流动状态，以及热井水面压力（一般为定值）、热井水位、管内流速及整个系统的流动阻力损失。从计算公式中可以知道，热井水面距水泵入口的布置高度 H 有效增加了水泵入口压力 p_1，管内流速与流动阻力损失会减少水泵入口压力 p_1，要避免发生汽蚀，应防止热井水位过低，适当控制流速，尽量减少流动阻力损失。

流动中的阻力损失是由流体的黏性和固体边界的影响造成的，它消耗了流体流动的能量，流体工程中必须研究流动阻力损失的基本规律，分析计算流体的流动阻力损失，以期减少损失，合理利用流动阻力。

知识二：管内流动阻力损失

一、流动阻力损失

为方便起见，我们讨论如图 3-33 所示的水泵吸水管道系统，水箱中的水经管道流出，由水泵加压后重新流入水箱，水泵吸水管道系统由水箱和一根等直径管子、一个阀门组成。阀门开度保持不变，管道内流动稳定。如果管内流体视为理想流体（不计阻力损失 $h_w=0$），取管道中心线为基准面 0-0，列出如图四个测压管所在断面的伯努利方程

$$\frac{c_1^2}{2g}+\frac{p_1}{\rho g}+z=\frac{c_2^2}{2g}+\frac{p_2}{\rho g}+z_2=\frac{c_3^2}{2g}+\frac{p_3}{\rho g}+z_3$$

$$=\frac{c_4^2}{2g}+\frac{p_4}{\rho g}+z_4 \qquad (3-25)$$

式中 $z_1=z_2=z_3=z_4=0$，又管径不变，$c_1=c_2=c_3=c_4$，可知

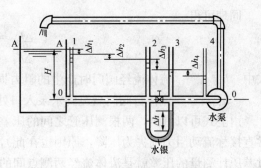

$$p_1=p_2=p_3=p_4$$

即图中四个测压管内的液面应该是等高的。实际上，观察四个测压管内的液面高度，也就是四个测点的计示压力是沿管内流体流动方向逐渐降低的。说明理想流体的流动并不符合实际情况。

图 3-33　水泵吸水管道系统

上述分析是在忽略管内流动阻力损失的前提下进行的。我们看到的四个测压管测量的计示压力的下降正是管内流动阻力损失造成的。

实际流体都有黏性，当流体内部有相对运动或流体与固体边界间有相对运动时，黏性便表现为摩擦阻力，阻碍相对运动，这就是流动阻力。所以只要流体流动，黏性就会消耗流体流动的机械能，转变为热能而被流体吸收，在更广义上遵守能量守恒定律（见热力学第一定律）。流动阻力引起的机械能的损失，称为流动阻力损失。在伯努利方程中，经常用能头损失表示单位重力作用下流体的流动阻力损失，即 h_{w}，单位是 m；在实际工程应用中，常用全压损失（又称压降）表示单位体积流体的流动阻力损失，即 $\Delta p(\Delta p=\rho g h_{\mathrm{w}})$，单位是 Pa。

由于黏性使流体各流层之间以及流体与固体边界之间，因摩擦而产生的机械能的损失存在于流体流动的整个过程当中，因此称为沿程阻力损失。

当流体流经固体边界发生急剧变化的区域时，例如管道弯头、阀门、三通等，流体流动受到固体边界影响往往变得非常复杂，相应有较大的流动阻力产生在该区域范围内，这个集中于局部区域的流动阻力引起的能量损失，称为局部阻力损失。

如图 3-33 所示水泵吸水管道系统考虑管内流动阻力损失，增加水箱自由液面 A-A 为控制面，列出断面 A-A 和 1-1 的伯努利方程

$$\frac{c_A}{2g}+\frac{p_A}{\rho g}+z_A=\frac{c_1^2}{2g}+\frac{p_1}{\rho g}+z_1+h_{\mathrm{w}A-1}$$
$$c_A=0,\quad p_A=0(\text{计示压力}),\quad z_A=H$$

式中　$h_{\mathrm{w}A-1}$——流体在管道入口处产生的阻力损失。

方程化简为

$$H=\frac{c_1^2}{2g}+\frac{p_1}{\rho g}+h_{\mathrm{w}A-1}$$

$$H-\frac{p_1}{\rho g}=\Delta h_1=\frac{c_1^2}{2g}+h_{\mathrm{w}A-1} \tag{3-26}$$

考虑管内流动阻力损失，列出断面 1-1 和 2-2 的伯努利方程

$$\frac{c_1^2}{2g}+\frac{p_1}{\rho g}+z_1=\frac{c_2^2}{2g}+\frac{p_2}{\rho g}+z_2+h_{\mathrm{w}1-2}$$

式中　$h_{\mathrm{w}1-2}$——流体从管道入口（稍后）流到阀门前产生的阻力损失。

公式可以简化为

$$\frac{p_1}{\rho g}-\frac{p_2}{\rho g}=\Delta h_2=h_{\mathrm{w}1-2} \tag{3-27}$$

同理可得

$$\Delta h_3 = h_{w2-3} \tag{3-28}$$

$$\Delta h_4 = h_{w3-4} \tag{3-29}$$

式中　h_{w2-3}——流体流经阀门时产生的阻力损失；

　　　h_{w3-4}——流体自阀门后流到水泵入口处产生的阻力损失。

由上式可以看出，两根测压管之间的压差就是两个测点之间的流动阻力损失（工程中经常直接称流动阻力损失为压降，原因也在此），在项目二任务二的例 2-10、例 2-11 中，通过差压计测量的压差就是流体流经两测点间的流动阻力损失，这种方法用伯努利方程很容易解释，即在水平等直径管道中，两点间的压力差就是两点间的流动阻力损失。此方法可以方便地用来测量沿程阻力损失和局部阻力损失，式（3-27）、式（3-29）中，利用 Δh_2、Δh_4 测出的 h_{w1-2}、h_{w3-4} 是流体流经管道的沿程阻力损失，h_{wA-1} 是流体流经管道入口的局部阻力损失，h_{w2-3} 是流体流经阀门的局部阻力损失。图 3-33 所示水泵吸水管道系统总的阻力损失 h_{wA-4} 应是各个沿程阻力损失之和与各个局部阻力损失之和的总和。

$$h_{wA-4} = h_{wA-1} + h_{w1-2} + h_{w2-3} + h_{w3-4} = \sum h_f + \sum h_j \tag{3-30}$$

式中　h_f——沿程阻力损失；

　　　h_j——局部阻力损失。

流动阻力损失的大小是工程中非常重要的问题，它消耗流动中流体的机械能，决定流体的流动效率，流动阻力损失计算是流体管道系统设计、流体设备选型的重要依据，是管道水力计算的重要内容。在本例中，流动阻力损失的计算是水泵选型、管道布置的前提条件。工程中研究流动阻力损失的主要目的就是掌握流动阻力损失的规律，采取措施减少流动中的阻力损失。

影响流动阻力的因素很多，流体的流动状态，流体的物理性质：黏性、惯性、压缩性，固体边界的尺寸、结构、壁面条件等都在不同程度以不同方式影响流动阻力的形式和大小，要进行流动阻力损失的计算，先要研究这些因素。

二、流体流动状态

（一）状态——层流与紊流

英国物理学家雷诺 1883 年首先在实验中观察到流体有两种流动状态，实验发现了流动状态的影响因素，确定了判别流动状态的方法，还测量了管内的沿程阻力损失。

雷诺实验装置如图 3-34（a）所示，实验时，首先使水箱充水至溢流水位，实验过程中保持水位恒定，待水箱内水位稳定后，微微开启调节阀，将颜色水注入实验管内，颜色水从实验管出口流出，沿玻璃管轴线流动，这时可观察到颜色水流为一水平的细直线，不与周围的水流相混，如图 3-34（b）所示。如果将实验管的出口移动到玻璃管入口的其他位置，可以发现颜色水仍然为一水平的细直线。这说明管内流体分层流动，各流层间互不掺混，互不干扰，这种流动状态被称为层流。

通过颜色水质点的运动观察管内水流的层流流态后，逐步开大调节阀，会观察到当流速增加到某一数值时，颜色水流开始发生轻微振荡，呈现为波浪状的水线，如图 3-34（c）所示。继续开大调节阀，颜色水线振荡持续加剧，最终将断裂，与周围水流混为一体，整个玻璃管内呈现均匀的浅浅的颜色，已无法看清流动状态，如图 3-34（d）所示。这种管内流体不再分层流动，各流层间互相掺混，互相干扰，非常紊乱无规则的流动状态被称为紊流。

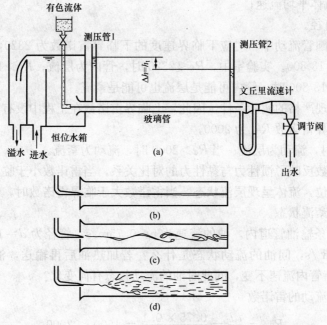

图 3 - 34　雷诺实验

我们通过颜色水直线的变化观察到层流转变为紊流的水力特征，待管中出现完全紊流后，再逐步关小调节阀，观察由紊流转变为层流的水力特征。会发现随着阀门的逐渐关闭，流体紊乱程度逐渐减轻，直至重新出现振荡的颜色水线，最终稳定为一条细直线，这时流动转变为层流。

仔细观察发现，层流转变为紊流的临界点流速要大于紊流转变为层流的临界点流速，前者称为上临界速度，后者称为下临界速度。也就是说，当管内流速小于下临界速度时，管内是层流，当管内流速大于上临界速度时，管内是紊流，当管内流速介于下临界速度与上临界速度之间时，管内可能是层流也可能是紊流，处于不稳定的状态，这与实验的起始状态和实验的环境条件有关。在外界干扰下，不稳定状态极易转变为紊流。所以在实际流动中，很难测得稳定的上临界速度。

（二）状态的判别——雷诺数

雷诺实验还通过改变实验条件发现了影响流体流动状态的其他因素，当改变玻璃管管径或改变流体种类时，流动状态发生改变的临界速度会随之变化，雷诺通过大量实验证明管道内径和流体介质的密度、黏度及流速均影响流体流动状态。雷诺引入一个综合上述参数的无量纲参数，来判别流体的流动状态。为纪念雷诺将这个无量纲参数命名为雷诺数。

$$Re = \frac{\rho c d}{\eta} = \frac{c d}{\nu} \tag{3-31}$$

$$\nu = \frac{\eta}{\rho}$$

式中　ν——流体的运动黏度；

　　　ρ——流体的密度；

　　　η——流体的动力黏度；

c——管内流体平均流速；

d——管道直径。

实验测出，在圆管流动中，对应下临界速度的下临界雷诺数为 2320，对应上临界速度的上临界雷诺数为 13 800。实验室中，$Re \leqslant 2320$ 时，管内为层流；$Re > 13\ 800$ 时，管内为紊流；$2320 < Re \leqslant 13\ 800$ 时，管内可能是层流也可能是紊流。

工程中无法实现严格的实验条件，因此，上临界雷诺数在工程中没有实用价值。一般工程中取圆管的下临界雷诺数 Re_{cr} 为 2000，

当 $Re \leqslant 2000$ 时，流动为层流；当 $Re > 2000$ 时，流动为紊流。

本质上，雷诺数反映了惯性力与黏性力的对比关系，当雷诺数小于临界雷诺数时，黏性力作用居于主导地位，流体呈现层流状态，当雷诺数大于临界雷诺数时，惯性力作用居于主导地位，流体呈现紊流状态。

【例 3 - 8】 某条输油管道内，油的流速为 $c = 0.75 \text{m/s}$，管径为 $d = 100 \text{mm}$。若油的运动黏度为 $\nu = 0.5 \text{cm}^2/\text{s}$，问油的流动状态是什么？若加热油后再输送，油的运动黏度降为 $\nu = 0.1 \text{cm}^2/\text{s}$，保持管内流速不变，问此时油的流动状态有何变化？

解　油加热前流动的雷诺数

$$Re_1 = \frac{cd}{\nu_1} = \frac{0.75 \times 0.1}{0.5 \times 10^{-4}} = 1500 < 2000$$

油加热后流动的雷诺数

$$Re_2 = \frac{cd}{\nu_2} = \frac{0.75 \times 0.1}{0.1 \times 10^{-4}} = 7500 > 2000$$

可知，油加热前黏性较大，黏性力起主导作用，流动为层流状态，加热后黏性下降，流动变为紊流状态。

（三）沿程阻力损失与流动状态

雷诺实验测定了玻璃管中不同流动状态的沿程阻力损失。实验中利用两根测压管测量了等直径水平圆管中两个测点间的沿程阻力损失。

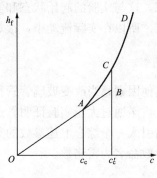

实验测量结果发现，沿程阻力损失与流动状态密切相关。具体关系如图 3 - 35 所示，当流动速度小于下临界速度 c_c，即层流时，沿程阻力损失与管内流速成正比，当流动速度大于上临界速度 c'_c，即紊流时，沿程阻力损失与管内流速 $c^{1.75-2}$ 成正比。当流动速度介于下临界速度与上临界速度之间，即可能是层流又可能是紊流时，仍符合层流 $h_f \propto c$，紊流 $h_f \propto c^{1.75-2}$ 的关系。所以，流动状态是阻力损失的重要影响因素，计算阻力损失必须先判断流动状态。

图 3 - 35　沿程损失与流速的关系

（四）圆管内的层流与紊流流动特征

我们讨论工程中最常见的圆管内的层流与紊流的流动特征，目的就是找出管内流动阻力损失的规律。

大家知道流动阻力损失是由流体的黏性摩擦力引起的，而流体的黏性摩擦力又是由于流体流层间或与固体壁面间的相对运动产生的，所以计算阻力损失必须了解圆管内流体的流速分布、摩擦切应力分布等流动特征。

1. 圆管内层流的流动特征

当流体以一定的均匀流速进入圆管内作层流流动时，由于圆管内壁与流体的摩擦力阻碍，紧贴管壁的流体流速滞止为0，与之相邻的流层中由于相对运动产生的黏性摩擦力使得该流层流速随之下降，此特征由管壁向管中心发展，因为管内流动保持流量守恒，圆管中心区域流速必然增加，如图 3-36 所示。经过管道流动初始段后，圆管内层流流动状态将稳定下来，此时，管轴中心处流速最大，从管轴处沿管道半径方向向外，不同流层流速逐渐下降，直至管壁处流速为0，各流层平行流动，层与层之间产生黏性摩擦阻力，这就是层流的沿程阻力，由此形成的沿程阻力损失与之密切相关。

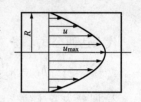

图 3-36　圆管内层流速度分布

经研究发现，圆管内层流的流动断面上流速分布是以管轴为中心的二次旋转抛物面。画在图 3-36 中，速度的分布曲线是二次抛物线。流动断面上的平均流速是管道中心最大速度的一半，且 $u \propto (R^2 - r^2)$（r 是流动断面上某流体质点所在半径，u 是该点的流速）

$$\bar{c} = \frac{1}{2} u_{\max} \tag{3-32}$$

摩擦切应力 τ 是流层上单位面积的黏性摩擦力，与流层间的相对运动方向相反，在圆管内层流的流动断面上摩擦切应力分布沿半径方向按线性规律分布。在管轴处摩擦切应力为0，在管壁处摩擦切应力最大。摩擦切应力与半径 r 成正比，如图 3-37 所示。

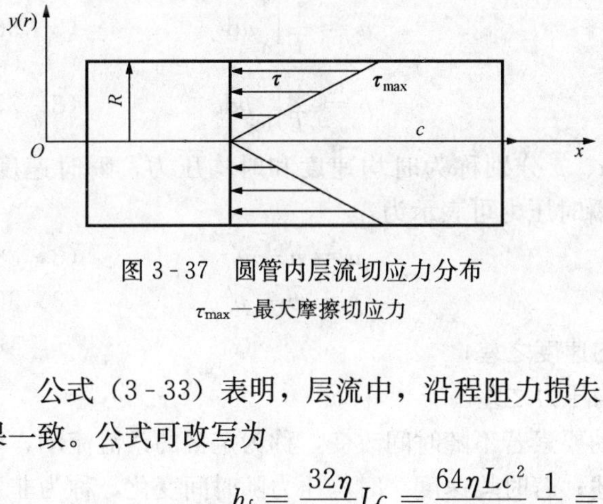

由此可得层流的沿程阻力损失计算公式（推导过程略）为

$$h_f = \frac{32\eta}{\rho g d^2} Lc \tag{3-33}$$

式中　L——管道长度；

　　　d——管道内径；

　　　c——管道内平均流速；

　　　η——流体的动力黏度；

　　　ρ——流体的密度。

图 3-37　圆管内层流切应力分布

$\tau_{\max}$—最大摩擦切应力

公式（3-33）表明，层流中，沿程阻力损失与管道内平均流速成正比，与雷诺实验结果一致。公式可改写为

$$h_f = \frac{32\eta}{\rho g d^2} Lc = \frac{64\eta L c^2}{\rho g d^2} \frac{1}{2c} = \frac{64\eta}{cd\rho} \frac{L}{d} \frac{c^2}{2g} = \frac{64}{Re} \frac{L}{d} \frac{c^2}{2g}$$

其中

$$\lambda = \frac{64}{Re} \tag{3-34}$$

$$h_f = \lambda \frac{L}{d} \frac{c^2}{2g} \tag{3-35}$$

式中　λ——沿程阻力系数。

式（3-35）称为达西公式。

【例 3-9】　直径为 $d=100\text{mm}$ 的油管内，油的流速为 $c=0.6\text{m/s}$，油的运动黏度为 $\nu=0.5\text{cm}^2/\text{s}$，求 100m 管长的沿程阻力损失是多少？

解 计算管内油流动时的雷诺数

$$Re = \frac{cd}{\nu} = \frac{0.6 \times 0.1}{0.5 \times 10^{-4}} = 1200 < 2000$$

故管中为层流状态。层流时 λ 值为

$$\lambda = \frac{64}{Re} = \frac{64}{1200} = 0.0553$$

代入达西公式，得

$$h_\mathrm{f} = \lambda \frac{L}{d} \frac{c^2}{2g} = 0.0533 \times \frac{100}{0.1} \times \frac{(0.6)^2}{2 \times 9.807} = 0.978\mathrm{m}\ 油柱$$

2. 圆管内紊流的流动特征

工程中绝大多数流动为紊流流动，而紊流流动又特别复杂，这就是流动阻力损失无法单纯用理论分析的方法去解决的原因。

（1）紊流的脉动现象。在紊流流动中，流体流动是非常紊乱的，流体内部质点之间相互碰撞、掺混，相互干扰，各流体质点的状态瞬间变化，没有规则，图 3-38 所示为测速仪测出的圆管紊流中，某固定点沿流动方向的流速随时间变化的曲线。压力也有类似情况，在本质上，紊流都是非定常流动，这种运动要素随时间发生波动的现象称为脉动现象。

工程中可以不去关注紊流的瞬时速度和瞬时压力，而去研究某一段时间内的时间平均流速和时间平均压力。这种方法称为时均法。

$$\bar{u} = \frac{1}{T} \int_0^T u \mathrm{d}t \tag{3-36}$$

$$\bar{p} = \frac{1}{T} \int_0^T p \mathrm{d}t \tag{3-37}$$

$\bar{u}$、$\bar{p}$ 分别称为时均速度和时均压力，瞬时速度、瞬时压力可表示为

$$u = \bar{u} + u' \tag{3-38}$$

$$p = \bar{p} + p' \tag{3-39}$$

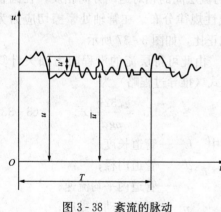

图 3-38 紊流的脉动

式中 u'——脉动速度，即瞬时速度与时均速度之差；

p'——脉动压力，即瞬时压力与时均压力之差。

紊流流动的时均速度、时均压力等运动要素若不随时间改变，称为定常的紊流流动，可以运用之前的定常流动的基本概念加以描述；若时均速度、时均压力随时间变化，称为非定常的紊流流动。电厂热力循环的汽水系统中，绝大多数时候各管道内流体的流动状态是定常的紊流流动，当设备启动、停机、发生故障或负荷变化时，流动会变为非定常的紊流流动状态。下面的讨论仅限于定常的紊流状态，速度、压力均指时均值。

（2）圆管紊流的结构。与圆管内层流的流动断面上流速分布类似，由于流体黏性力的影响，圆管内紊流流动状态稳定下来后，管轴中心处流速最大，从管轴处沿管道半径方向向外，不同半径处流速逐渐下降，直至管壁处流速为0。不同的是，流速随半径变化的规律有所区别。

在管壁附近区域，摩擦阻力较大，流速由管壁处流速为0，沿半径向管轴方向逐渐增加，流速均较低，流体仍呈现层流流动状态，该区域称为层流底层，完全符合层流流动规

律。我们用层流底层的厚度表示该区域的大小

$$\delta = \frac{34.2d}{Re^{0.875}} \tag{3-40}$$

通常，层流底层厚度极薄，只有几分之一毫米，但是，它对紊流流动的阻力损失和流体与固体壁面的热交换都有很大的影响。层流底层对紊流流动阻力损失的影响表现为"水力光滑管"与"水力粗糙管"的不同。

管道内壁凸凹起伏的平均值 ε 为管壁的绝对粗糙度。绝对粗糙度 ε 与管径 d 的比值称为相对粗糙度。

当层流底层厚度 δ 大于管道内壁绝对粗糙度 ε 时，管壁的凸凹起伏被层流底层覆盖，如图 3-39（a）所示。这时管道中心流速较大的紊流区完全不受管壁的影响，流体就像在光滑壁面上流动。这种流动称为水力光滑的流动，这时的管道称为**水力光滑管**。

当层流底层厚度 δ 小于管道内壁绝对粗糙度 ε 时，如图 3-39（b）所示，管壁的凸凹起伏开始暴露在紊流区中，对紊流区流体形成扰动，伴有旋涡的产生，增加了能量损失，这种流动称为水力粗糙的流动，这时的管道称为**水力粗糙管**。

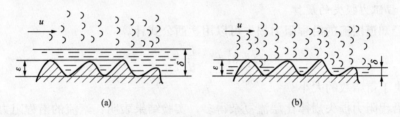

图 3-39　水力光滑管与水力粗糙管
(a) 水力光滑管；(b) 水力粗糙管

对同一根管子而言，在流动条件改变时，既可能是水力光滑的流动，也可能是水力粗糙的流动，关键取决于层流底层厚度的变化，而层流底层厚度的大小又取决于流动的雷诺数，所以，雷诺数是影响紊流结构及流动阻力损失的重要因素。

在管轴中心附近，流动速度较大，流体质点间相互碰撞、掺混，各流体质点流速趋于一致，是充分发展的紊流中心区，该区域的流动断面上流速分布符合对数分布规律，如图 3-40所示。它通常占有管道的大部分区域。

从层流底层到紊流中心区的过渡区区域，流动特征不明显，即不呈现典型的层流，也不是充分发展的紊流，但该区域很薄，一般合并入紊流中心区，统称紊流区域，如图 3-41 所示。

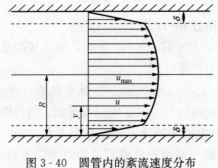

图 3-40　圆管内的紊流速度分布

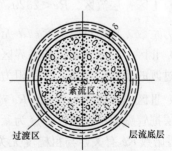

图 3-41　紊流结构示意图

由于紊流中各流层间互相掺混，互相干扰，形成非常紊乱无规则的流动状态。流体内部由于流体相对运动产生的切应力也将变得异常复杂。我们可以简单地认为紊流中的切应力由两部分组成：一部分是流速不同的各流层之间的内摩擦切应力；另一部分是各流层之间流体质点互相跃迁、碰撞产生的附加切应力。紊流紊乱程度越大，附加切应力在紊流切应力中所占比例越大。紊流中的沿程阻力损失与管内流速 $c^{1.75-2}$ 成正比，正是由复杂的紊流结构及与此相应的切应力造成的

$$\tau = \tau_1 + \tau_2 \tag{3-41}$$

式中 τ——紊流的切应力；

τ_1——紊流的内摩擦切应力；

τ_2——附加切应力。

三、管内流动阻力损失的规律

工程中绝大多数管内流动是紊流，而紊流的流动状态非常复杂，很多流动问题不能单纯依靠传统的理论分析方法来解决，必须借助实验总结流动规律，得出半经验公式，实际计算时，有很多利用这种半经验公式绘制的计算图表可供使用。

（一）沿程阻力损失的规律

前面已经知道层流的沿程阻力损失可以用达西公式计算

$$h_f = \lambda \frac{L}{d} \frac{c^2}{2g}$$

式中 λ 值取决于雷诺数的大小。

紊流的沿程阻力损失规律比层流复杂得多，实验结果表明：紊流的沿程阻力损失与流体的黏度、密度、流速，管道的直径、内壁粗糙度等有关。计算公式与层流达西公式统一。计算中最重要的也是最困难的是确定沿程阻力系数。层流时，$\lambda = \frac{64}{Re}$，紊流的 λ 值由于紊流流动的复杂性及影响因素多，只能通过专门的实验来确定。

1. 尼古拉兹实验

为了确定达西公式中的沿程阻力系数，尼古拉兹在人工管道上做了大量实验，得出了沿程阻力系数的变化规律。具体做法是：在管道内壁上涂漆，再粘上粒径（即人为的管道绝对粗糙度）均匀的砂粒，利用不同管径、不同粒径制成的各种人工管道测定不同流速下的沿程阻力系数。最终得出结论：沿程阻力系数取决于雷诺数和相对粗糙度。具体关系见图 3-42 尼古拉兹实验曲线图。

尼古拉兹曲线图可以分为五个区域：

（1）Ⅰ区：层流区。$Re < 2320$，流动是层流，实验点连成一条直线，关系式为 $\lambda = \frac{64}{Re}$，沿程阻力系数 λ 与相对粗糙度 ε/d 无关，只与雷诺数 Re 有关。

（2）Ⅱ区：层流到紊流的临界区。该区域在 $2320 \leqslant Re < 4000$ 之间，流动状态是由层流向紊流过渡的不稳定区域，沿程阻力系数可按照Ⅲ区来处理。

（3）Ⅲ区：水力光滑管区。Re 范围为 $4000 \leqslant Re < 27(d/\varepsilon)^{\frac{8}{7}}$，流体流动呈现紊流状态，层流底层把管壁粗糙度淹没，成为紊流的"水力光滑管"，从 cd 倾斜线可知，沿程阻力系数 λ 只与雷诺数 Re 有关，与粗糙度无关。不同相对粗糙度的管道此区范围不同，相对粗糙度较大的管道，此区范围较小，因为同管径的较大的相对粗糙度更容易暴露于层流底层之外，

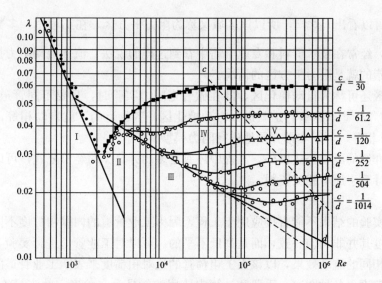

图 3-42 尼古拉兹实验曲线图

而较早地离开此区域,提前进入Ⅳ区。

在 $4000 \leqslant Re < 10^5$ 范围内,λ 可以用布拉休斯公式来计算

$$\lambda = \frac{0.3164}{Re^{0.25}} \tag{3-42}$$

公式 (3-42) 代入达西公式,可看到 $h_f \propto c^{1.75}$,所以,本区域可以称为 1.75 次方阻力区。

在 $10^5 \leqslant Re < 3 \times 10^6$ 范围内,λ 可以用尼古拉兹光滑管公式来计算

$$\lambda = 0.0032 + 0.221 Re^{-0.237} \tag{3-43}$$

(4) Ⅳ区:水力光滑管到水力粗糙管的过渡区。此区范围为 $27(d/\varepsilon)^{\frac{8}{7}} \leqslant Re < 4160(d/2\varepsilon)^{0.85}$,是由水力光滑管向水力粗糙管过渡的区域,从这个区域开始实验曲线分别对应不同的管道相对粗糙度,说明沿程阻力系数 λ 既与雷诺数 Re 有关,又与相对粗糙度 ε/d 有关。而且相对粗糙度较大的管道首先进入该区域,也较早离开本区域,进入Ⅴ区。λ 可用下面的经验公式计算

$$\frac{1}{\sqrt{\lambda}} = -2\lg\left(\frac{\varepsilon}{3.7d} + \frac{2.51}{Re\sqrt{\lambda}}\right) \tag{3-44}$$

式 (3-44) 称为廓尔布鲁克公式,适用于整个紊流过程,所以,又叫作紊流综合公式,在工程中应用广泛,通风管道通常就以廓尔布鲁克公式为基础进行设计计算。

(5) Ⅴ区:水力粗糙管区。范围为 $Re \geqslant 4160(d/2\varepsilon)^{0.85}$,这个区紊流程度最大,层流底层厚度不断趋薄,可以不予考虑,各实验曲线近似水平线,说明沿程阻力系数 λ 只取决于管道的相对粗糙度 ε/d,与雷诺数 Re 无关。λ 可用下式计算

$$\lambda = \frac{1}{4\left[\lg\left(3.7\dfrac{d}{\varepsilon}\right)\right]^2} \tag{3-45}$$

上式称为尼古拉兹粗糙管公式,因为此区域 λ 与 Re 无关,只与 ε/d 有关,则由达西公

式 $h_f = \lambda \dfrac{L}{d} \dfrac{c^2}{2g}$ 可以看出 $h_f \propto c^2$，所以该区域又称为阻力平方区。在工程中，多数流动都属于本区域，所以，经常在技术资料和专业书籍中看到这样的说法：流体流动阻力损失与流速的平方成正比，指的就是阻力平方区的情况。

阻力平方区还可称为自动模化区，即在做管道阻力实验时，只要不同管道的 ε/d 相等，且 $Re \geqslant 4160(d/2\varepsilon)^{0.85}$，这些管道就进入自动模化区，各管道的 λ 就自动相等，而不必要求管道流动的 Re 相等，可以非常方便地进行阻力模型实验。

除了上述介绍的经验公式以外，工程中还有更多的计算 λ 的经验公式，可以参考流体阻力手册和水力计算手册等相关资料。

2. 莫迪图

尼古拉兹实验的结果不能直接应用于工程，因为工业管道的内壁粗糙度不同于人工粗糙管的内壁粗糙度其并非均匀一致，而是高低不平的。可以对工业管道进行实验，得到相当于某人工粗糙管相同的流动效果，以该人工粗糙管的绝对粗糙度来表示工业管道的粗糙度，称为当量绝对粗糙度，各种图表、手册和计算中使用的就是由实验确定的当量绝对粗糙度 ε'，或由当量绝对粗糙度计算出的相对粗糙度 ε'/d。如表 3-3 所示。

表 3-3 　　　　　　　　　　　工业管道的当量绝对粗糙度

管子材料及状态	ε'	管子材料及状态	ε'
新的冷拉无缝钢管	0.01～0.03	新的铸铁管	0.25
新的热拉无缝钢管	0.05～0.10	锈蚀铸铁管	1.00～1.50
新的轧制无缝钢筋	0.05～0.10	起皮铸铁管	1.50～3.00
新的纵缝焊接钢管	0.05～0.10	新的内涂沥青铸铁管	0.10～0.15
新的螺旋焊接钢管	0.10	光滑木制管	0.20～1.00
轻微锈蚀钢管	0.10～0.20	新的、抹光的混凝土管	<0.15
锈蚀钢管	0.20～0.30	新的、光滑的钢管	0.20～0.80
长硬皮钢管	0.50～0.30	新的、不抹光的混凝土管	0.001 5～0.01
严重起皮钢管	>2.00	新的、光滑的黄铜管	0.001 5～0.01
新的内部涂沥青钢管	0.03～0.05	新的、光滑的铝管	0.001 5～0.01
一般内部涂沥青钢管	0.10～0.20	新的、光滑的塑料管	0.001 5～0.01
镀锌钢管	0.12～0.15	新的、光滑的玻璃管	0.001 5～0.01

莫迪利用实验对工业管道进行了修正，得到了直接用于工业管道的莫迪图。如图 3-43 所示。

【例 3-10】 电厂一正常运行的无缝钢管内，水的流速为 $c = 1.64\text{m/s}$，管径为 $d = 200\text{mm}$，水的运动黏度为 $\nu = 0.15 \times 10^{-6}\text{m}^2/\text{s}$，求管道的沿程阻力系数和 100m 管长的沿程阻力损失。

解 管内水流的雷诺数

$$Re = \frac{cd}{\nu} = \frac{1.64 \times 0.2}{0.15 \times 10^{-6}} = 2.19 \times 10^6$$

管内水流是紊流。

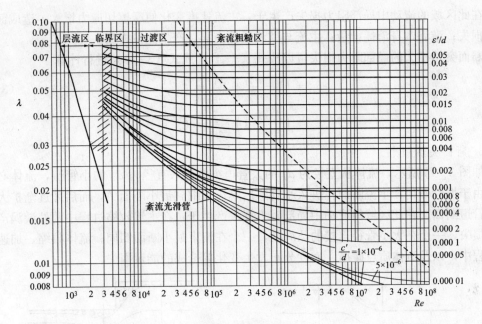

图 3-43　莫迪图

查表得，正常运行的无缝钢管的当量粗糙度 $\varepsilon = 0.2\text{mm}$，则

$$4160(d/2\varepsilon)^{0.85} = 4160 \times \left(\frac{200}{2 \times 0.2}\right)^{0.85} = 818\ 875$$

$Re > 4160\left(\dfrac{d}{2\varepsilon}\right)^{0.85}$，流动属于水力粗糙管区，则

$$\lambda = \frac{1}{4\left[\lg\left(3.7\,\dfrac{d}{\varepsilon}\right)\right]^2} = \frac{1}{4 \times \left[\lg\left(3.7 \times \dfrac{200}{0.2}\right)\right]^2} = 0.019\ 6$$

$$h_{\text{f}} = \lambda\,\frac{L}{d}\,\frac{c^2}{2g} = 0.019\ 6 \times \frac{100}{0.2} \times \frac{1.64^2}{2 \times 9.807} = 1.34\text{m}$$

（二）局部阻力损失的规律

工程中由于生产流程、管道系统运行和设备检修的需要，管道中有大量的局部管件，这些管件包括：各类阀门，变径、分流管件，各类测量仪表等。当流体流经局部管件时，固体边界的急剧变化，往往使流体流动变得非常复杂，产生集中于局部区域的能量损失，即局部阻力损失。

与沿程阻力损失的计算类似，局部阻力损失的计算公式也是统一的经验公式，不同的局部管件有不同的局部阻力系数

$$h_{\text{j}} = \zeta\,\frac{c^2}{2g} \tag{3-46}$$

式中　ζ——局部阻力系数。

下面观察几种不同的局部阻力损失的产生。

1. 断面突然扩大

如图 3-44 所示，流体从直径为 d_1 的小管道突然进入直径为 d_2 的大管道，由于惯性的作用，流体不可能紧贴突然增大的管壁流动，而是逐渐增大过流断面，在主流的四周形成漩

涡。在此区域的流动中局部阻力损失产生于：主流速度变化使摩擦切应力增大，造成额外的能量损失；漩涡本身消耗能量；主流与漩涡质点交换，产生能量损失。

断面突然扩大的局部阻力损失可以按式（3-47）或式（3-48）进行计算

$$h_j = \left(1 - \frac{A_1}{A_2}\right)^2 \frac{c_1^2}{2g} = \zeta_1 \frac{c_1^2}{2g} \qquad (3-47)$$

$$h_j = \left(\frac{A_2}{A_1} - 1\right)^2 \frac{c_2^2}{2g} = \zeta_2 \frac{c_2^2}{2g} \qquad (3-48)$$

2. 断面突然缩小

如图 3-45 所示，流体从直径为 d_1 的大管道突然进入直径为 d_2 的小管道，流体必须收缩，由于惯性作用，主流断面在进入小管道后继续收缩到最小断面 A，而后才逐渐扩大至整个小管道断面。在此区域的流动中局部阻力损失产生于：在主流收缩过程中两处漩涡产生的能量损失，一个在大小管径连接的凸肩处，一个在流束最小断面四周；流体收缩、加速和减速过程中，以及流体质点碰撞、速度分布发生变化等造成的能量损失。

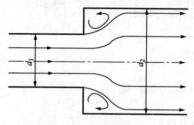

图 3-44　断面突然扩大

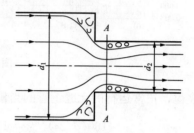

图 3-45　断面突然缩小

断面突然缩小的局部阻力损失可以按式（3-49）进行计算

$$h_j = 0.5\left(1 - \frac{A_2}{A_1}\right)\frac{c_2^2}{2g} = \zeta_2 \frac{c_2^2}{2g} \qquad (3-49)$$

3. 弯管

如图 3-46 所示，流体流经弯管改变流动方向，由于惯性，流体冲击弯管外侧，被迫改变流向，形成弯管的外侧压力增大，内侧压力减小，内外侧的压力差使弯管断面上形成一个双漩涡的二次流动，二次流动与主流叠加，产生双螺旋流动。因此，局部阻力损失主要包括：流动方向改变、流速分布变化产生的能量损失；弯管内外侧产生漩涡造成损失；二次流形成的双螺旋流动产生的能量损失。弯管阻力系数计算用图见图 3-47。

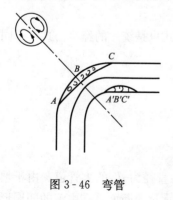

图 3-46　弯管

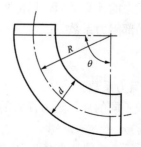

图 3-47　弯管阻力系数计算用图

R—弯管弯曲半径；d—弯管内径；θ—弯管弧所对的圆心角

弯管的局部阻力系数可以按式（3-50）进行计算

$$\zeta = \left[0.131 + 0.163 \left(\frac{d}{R} \right)^{3.5} \right] \cdot \frac{\pi - \theta}{90°} \tag{3-50}$$

式中　ζ——弯管的局部阻力系数。

可见，流体流经不同局部管件时的流动状态是大不一样的，但引起局部阻力损失的力学规律是类似的，主要是因为流速分布发生变化，流体相互碰撞和产生漩涡等等引起的。除极少数可以理论分析外，大多数只能进行实验研究。

计算局部阻力损失的关键是确定局部阻力系数 ζ，通过上述几个局部管件的流动分析可知，它与局部管件的流动边界条件有很大的关系，还与流体流动状态有关。由于局部管件的边界扰动，流体紊乱程度加剧，处于流动的阻力平方区，这时局部阻力系数 ζ 仅取决于局部管件，与流动的雷诺数无关，各种资料、手册给出的局部阻力系数 ζ 都属于这种情况。

表3-4至表3-7中列出了工程中常见的局部管件的 ζ 值，各表数值均为独立管件实验结果，如果管道中局部管件之间距离过小，局部管件内的流动会彼此受到干扰，影响到局部阻力损失的大小，应通过实验测定总的局部阻力损失。

表3-4　　　　　　　　　　　断面变化的局部阻力系数

名称	示意图	局部阻力系数 ζ									
突然扩大		A_2/A_1	∞	10	9	8	7	6	5	4	3	2
		ζ_2	∞	81	64	49	36	25	16	9	4	1
		ζ_1	1.0	0.81	0.79	0.76	0.73	0.69	0.64	0.56	0.44	0.25
突然缩小		A_2/A_1	0	0.1	0.2	0.3	0.4	0.5	0.6	0.7	0.8	0.9
		ζ_2	0.5	0.45	0.40	0.35	0.3	0.25	0.20	0.15	0.10	0.03
节流孔板		A_1/A	0.1	0.2	0.3	0.4	0.5	0.6	0.7	0.8	0.9	1.0
		ζ_2	226	47.8	17.8	7.8	3.75	1.8	0.8	0.29	0.06	0

渐扩圆管		θ	2.5°	6°	7.5°	10°	15°	20°	25°	30°	40°	60°	90°	180°
		η	0.18	0.13	0.14	0.16	0.27	0.43	0.62	0.81	1.03	1.21	1.12	1
		$\zeta = \eta \left(\dfrac{A_2}{A_1} - 1 \right)^2$	最佳扩张角：圆管 $\theta = 5° \sim 6.5°$；方管 $\theta = 7° \sim 8°$；矩形管 $\theta = 10° \sim 12°$											

渐缩圆管		$\zeta = \eta \left(\dfrac{1}{\varepsilon} - 1 \right)^2$		θ	10°	20°	40°	60°	80°	100°	140°
				η	0.4	0.25	0.2	0.2	0.30	0.4	0.6
		A_2/A_1	0	0.1	0.2	0.3	0.4	0.5	0.6	0.7	0.8	0.9
		ε	0.661	0.612	0.616	0.622	0.633	0.644	0.662	0.687	0.722	0.781

表 3 - 5　　　　　　　　各种出口的局部阻力系数

名称	示意图	局部阻力系数 ζ 值									
扩张圆锥出口	$Re>2\times10^5$（流速用 c）	l/d ＼ θ	2°	4°	6°	8°	10°	12°	16°	20°	24°	30°

l/d ＼ θ	2°	4°	6°	8°	10°	12°	16°	20°	24°	30°
1	1.30	1.15	1.03	0.90	0.80	0.73	0.59	0.55	0.55	0.58
2	1.13	0.91	0.73	0.60	0.52	0.46	0.41	0.42	0.49	0.62
4	0.86	0.57	0.42	0.34	0.29	0.27	0.29	0.35	0.47	0.66
6	0.49	0.34	0.25	0.22	0.20	0.22	0.29	0.38	0.50	0.67
10	0.40	0.20	0.15	0.14	0.16	0.18	0.26	0.35	0.45	0.60

收缩圆锥出口　$Re>2\times10^5$（流速用 c）　　$\zeta=1.05\left(\dfrac{d_1}{d_2}\right)^4$

d_1/d_2	1.2	1.4	1.6	1.8	2.0	2.2	2.4	2.6	2.8	3.0
ζ	2.18	4.03	6.88	11.0	16.8	24.8	34.8	48.0	64.6	85.0

锐边孔出口

s_2/s_1	0.11	0.2	0.3	0.4	0.5	0.6	0.7	0.8	0.9
ζ	268	665	28.6	15.5	9.81	5.80	3.70	2.38	1.56

表 3 - 6　　　　　　　　管道进口的局部阻力系数

名称	示意图	局部阻力系数 ζ 值					

倒角进口

θ ＼ δ/d	0.025	0.05	0.075	0.10	0.15	0.60
30°	0.43	0.36	0.30	0.25	0.20	0.13
60°	0.40	0.30	0.23	0.18	0.15	0.12
90°	0.41	0.33	0.28	0.25	0.23	0.21
120°	0.43	0.38	0.35	0.33	0.31	0.29

尖角凸边进口

δ/d ＼ b/d	0	0.002	0.01	0.05	0.50
0	0.50	0.57	0.63	0.80	1.00
0.008	0.50	0.53	0.58	0.68	0.88
0.016	0.50	0.51	0.53	0.58	0.77
0.024	0.50	0.50	0.51	0.53	0.68
0.030	0.50	0.50	0.51	0.52	0.61
0.056	0.50	0.50	0.50	0.50	0.53

表 3-7　　　　　　　　　　　　常见阀门的局部阻力系数

名称	示意图	局部阻力系数 ζ 值								
水泵进口装置	包括滤网	无逆止底阀		2~3						
		有逆止底阀	d (mm)	40	50	75	100	150	200	250	300
			ζ	12	10	8.5	7.0	6.0	5.2	4.4	3.7
圆阀		h/d	全开	7/8	6/8	5/8	4/8	3/8	2/8	1/8
		ζ	0	0.07	0.26	0.81	2.06	5.52	17	97.8
旋塞或球阀		θ	5°	10°	15°	20°	25°	30°	35°
		ζ	0.05	0.29	0.75	1.56	3.10	5.47	9.68
		θ	40°	45°	50°	55°	60°	65°	82°
		ζ	17.3	31.2	52.6	106	205	486	∞
截止阀		开度（%）	10	20	30	40	50
		ζ	85	24	12	7.5	5.7
		开度（%）	60	70	80	90	100
		ζ	4.8	4.4	4.1	4.0	3.9

【例 3-11】　一突然扩大的变径管，直径由 $d_1 = 100\text{mm}$ 变径为 $d_2 = 200\text{mm}$，已知管内流量为 50L/s，求突然扩大的变径管的局部阻力损失。

解　由已知流量求出管内流速为

$$c_1 = \frac{q}{A_1} = \frac{50 \times 10^{-3} \times 4}{3.14 \times 0.1^2} = 6.37\text{m/s}$$

$$c_2 = \frac{q}{A_2} = \frac{50 \times 10^{-3} \times 4}{3.14 \times 0.2^2} = 1.59\text{m/s}$$

突然扩大的变径管的局部阻力损失可以按式（3-47）或式（3-48）进行计算，即

$$h_j = \zeta_1 \frac{c_1^2}{2g} = \zeta_2 \frac{c_2^2}{2g}$$

$$\zeta_1 = \left(1 - \frac{A_1}{A_2}\right)^2 = \left(1 - \frac{0.1^2}{0.2^2}\right)^2 = 0.56$$

$$\zeta_2 = \left(\frac{A_2}{A_1} - 1\right)^2 = \left(\frac{0.2^2}{0.1^2} - 1\right)^2 = 9$$

代入式中，得

$$h_j = \zeta_1 \frac{c_1^2}{2g} = 0.56 \times \frac{6.37^2}{2 \times 9.807} = 1.16\text{m}$$

$$h_j = \zeta_2 \frac{c_2^2}{2g} = 9 \times \frac{1.59^2}{2 \times 9.807} = 1.16 \text{m}$$

由计算结果可以看出，断面突然扩大的局部阻力损失按式（3-47）或式（3-48）计算都是一样的，需要注意的是，公式中的局部阻力系数与流速的对应关系不能混淆，其他变径管件也有类似问题，也要注意。

（三）总阻力损失的计算

如果流体流经多个管段与多个局部管件时，流体流动的总的阻力损失应是流体流经管道时各管段沿程阻力损失和各个局部阻力损失的总和。如图3-33所示水泵的吸水管道系统的总的阻力损失是各个沿程阻力损失与各个局部阻力损失的总和，见式（3-30），即

$$h_w = \sum h_f + \sum h_j = \sum \lambda \frac{l}{d} \frac{c^2}{2g} + \sum \zeta \frac{c^2}{2g} \tag{3-51}$$

如果整个管道系统是由等直径管子组成，如图3-33所示，流体的总阻力损失可以用局部阻力损失计算公式表示为

$$h_w = \left(\sum \lambda \frac{l}{d} + \sum \zeta \right) \frac{c^2}{2g} = \zeta_0 \frac{c^2}{2g} \tag{3-52}$$

式中　ζ_0——总阻力系数。

工程中还可以将局部阻力损失折算为所在管道的当量长度的沿程阻力损失，如果某一局部管件产生的局部损失与其所在管道 l_e 长度上产生的沿程损失相等，这一长度就是该局部管件的**当量长度**，即

$$h_j = h_f$$

$$\zeta \frac{c^2}{2g} = \lambda \frac{l_e}{d} \frac{c^2}{2g}$$

$$l_e = \zeta \frac{d}{\lambda} \tag{3-53}$$

流体的总阻力损失可以用沿程阻力损失计算公式表示为

$$h_w = \sum \lambda \frac{l + l_e}{d} \frac{c^2}{2g} = \sum \lambda \frac{l_0}{d} \frac{c^2}{2g} \tag{3-54}$$

式中　l_0——管道系统的计算长度。

工程中除了利用公式、图表计算流体流动的阻力损失外，还可以利用两个测压管（或者一个差压计）测量出管道的沿程阻力损失或流体流经管件、设备的局部阻力损失，通过测压管或差压计测出某流动前后的压差，即是某管段的沿程阻力损失或某管件的局部阻力损失。例如，项目二任务二的例2-10中1、2两点之间的压力差就是流体在管段的沿程阻力损失，例2-11中阀门前后安装差压计，测量出阀门的局部阻力损失。但是，如果管道不是水平的，或者管道直径有变化，则需要列出伯努利方程和连续方程求解。

（四）减少阻力损失的措施

流体流动总是伴随着阻力损失的生成，流动阻力损失的大小直接影响流动效率，阻力损失大，意味着能量消耗多，维持流动的动力设备泵与风机电耗增加，生产成本提高，所以，长期以来工程中采取了各种措施来减少流动的阻力损失。

1. 减少沿程阻力损失

减少沿程阻力损失的途径可以从沿程阻力损失的计算公式中得到

$$h_{\mathrm{f}} = \lambda \frac{l}{d} \frac{c^2}{2g}$$

$$\lambda = f(Re, \varepsilon/d)$$

（1）管道长度。管道尽可能沿直线布置，越短越好。

（2）管道直径。从公式中可以看出，降低流速能很好地控制流动阻力损失，所以，工程中对各种流动的流速均有所限制，合理增加管道直径就是通用的方法之一。但过大的管径会增加投资和维护费用，因此，要通过技术经济比较确定合理的管径。

（3）管道内壁的粗糙度。提高管道的加工工艺，降低管道内壁的粗糙度，定期清洗、除垢，保持管壁的光洁。

（4）流体的黏度。输送黏度较大的流体如重油时，维持一定的油温可以降低黏度，利于输送。工程中还可以在液体内添加极少量的添加剂（高分子聚合物等），改善紊流内部结构，有效减少流动阻力。

2. 减少局部阻力损失

减少局部阻力损失，除了控制流经管件的流速外，主要方法是尽量减少局部管件，必要的局部管件可以合理优化通流部分的边界条件，使流速的改变趋于平稳，尽可能减少旋涡的出现或发展。下面是几种常用的方法。

（1）管道进口。如图 3-48 所示，喇叭线入口可以比锐边入口减少 90％ 的局部阻力损失。

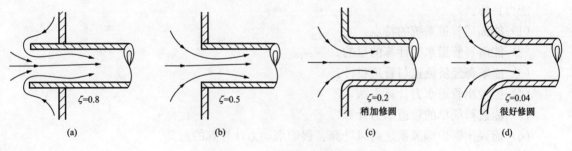

图 3-48 管道进口的改进

（2）变径管道。管道直径改变时，尽量避免突然扩大或突然缩小的连接方式，采用渐扩或渐缩管连接，可以减少局部损失。

（3）弯管。必需的弯管处避免急转弯，因为弯管的局部阻力系数随转弯半径的减小而增大，适当增大转弯半径，以及在弯管处安装导叶（见图 3-49）都能起到降低弯管局部阻力损失的作用。

（4）三通，通常加装合流板或分流板，可以有效减少局部损失，如图 3-50 所示。

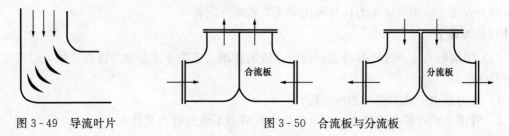

图 3-49 导流叶片　　　　　图 3-50 合流板与分流板

仍以电厂热力循环中的凝结水泵为例，因为汽蚀问题，从热井水箱至凝结水泵入口的吸水管道系统布置应尽量简单：尽量缩短吸水管道长度，尽可能减少吸水管道上的弯头、阀门等附件。这样做的目的就是为了减少吸水管道系统的流动阻力损失，防止因阻力损失过大而导致水泵入口压力偏低，引起汽蚀的发生。电厂给水系统也有同样的问题，所以，电厂给水系统、凝结水系统的吸水管道系统毫无例外都尽量简化，在每台水泵的吸水管道上只装有一个闸阀和一个滤网，闸阀用于检修时隔离水泵，是必须安装的，滤网防止可能的杂质进入水泵。有的电厂还在调试合格后拆除滤网，以尽最大可能减少阻力损失。

任务四 管 道 水 力 计 算

◁))【教学目标】

知识目标：

(1) 掌握管道系统连接方式、水力特点。

(2) 理解管道系统水力计算的目的、方法。

(3) 了解经济流速。

(4) 掌握简单和复杂管道系统水力计算的原则、方法。

(5) 了解虹吸管的设计原理及应用。

(6) 了解锅炉烟风系统通风计算、锅炉水动力计算的意义和计算方法。

能力目标：

(1) 能描述管道系统的特点。

(2) 能解释管道水力计算的目的。

(3) 能解释经济流速与管道设计。

(4) 能说出管道水力计算方法。

(5) 能进行简单的管道水力计算。

(6) 能说出锅炉烟风系统通风计算、锅炉水动力计算等的意义。

态度目标：

(1) 能积极主动学习、独立思考、发现问题、分析问题、解决问题。

(2) 以团队协助的方式，与小组成员共同完成本学习任务。

【任务描述】

参观火力发电企业现场或模型室，通过火力发电厂全面性热力系统图、原则性热力系统图及各辅助系统图等图片认识管道系统连接的方式、特点，了解管道水力计算的目的，通过计算实例掌握简单和复杂管道系统水力计算的原则、方法。通过了解锅炉烟风系统通风计算、锅炉水动力计算等的意义和计算方法，来认识管道水力计算对于工程的意义和实际计算的内容及方法。应用管道水力计算解决有关工程实际问题。

【任务准备】

(1) 了解电力生产过程的特点，管道系统的作用、连接方式及水力特点，独立思考并回答下列问题：

1) 火力发电厂热力循环如何实现？

2) 管道系统有哪些连接方式？火力发电厂管道系统的特点是什么？

3）管道水力计算用于解决哪些工程问题？

（2）通过练习题熟悉连续方程、伯努利方程的计算方法，学习有关各种管道系统水力计算的知识，独立思考并回答下列问题：

1）管道水力计算的原则和方法是什么？

2）气体管道水力计算的方法是什么？

3）管道设计有哪些基本原则？

4）虹吸管的设计原理是什么？使用条件是什么？

5）锅炉烟风系统通风计算、锅炉水动力计算的目的是什么？

【任务实施】

（1）了解火力发电厂热力循环系统，认识管道系统的特点，管道系统水力计算的目的、方法。

1）参观火力发电企业现场或模型室，通过发电厂全面性热力系统图、原则性热力系统图及各辅助系统图等图片认识火力发电厂热力循环系统，了解管道系统的连接方式、水力特点，了解管道水力计算的目的。

2）学生通过计算实例学习简单和复杂管道系统水力计算的原则、方法。学习应用管道水力计算解决实际工程问题。

3）分组自制虹吸管，课堂演示。

（2）了解锅炉烟风系统通风计算、锅炉水动力计算等的意义和计算方法，认识管道水力计算的用途及基本方法。

1）了解锅炉烟风系统通风计算的目的及内容，认识管道水力计算的用途及基本方法。

2）了解锅炉水动力计算的目的及内容，认识管道水力计算的用途及基本方法。

（3）总结管道水力计算的方法。分组总结管道水力计算的方法，了解管道系统设计原则。

【相关知识】

知识一：电力生产过程中的管道系统

在以煤为主要燃料的电力生产过程中，热力循环是一个非常复杂庞大的系统集合。除了汽轮机、锅炉本体的管道系统，还有起辅助作用的各个局部热力管道系统。例如：给水系统、凝结水系统、主蒸汽系统、补充水系统、疏水系统、油系统等等。通过发电厂全面性热力系统图、原则性热力系统图及各辅助系统图等我们可以看到，管道系统连接非常复杂，管内有水、蒸汽、空气、油等各种状态的流体介质，要保证这个庞大系统的正常、安全、经济运行，是一件非常艰巨困难的任务。管道水力计算是完成这一任务的基础工作之一。

各种管道和管道附件连接起来输送流体形成管道系统。由于发电厂生产流程的需要，管道以各种方式和各种设备连接成管网。为了计算方便，我们按管道系统连接的特点对管道系统进行分类。

1. 长管和短管

按流动阻力损失的特点，管道系统分为长管和短管。长管是指整个管道系统中，与沿程阻力损失相比局部阻力损失所占比重很小，一般可以不算，或按 5%～10% 的沿程阻力损失进行估算。短管在电厂中占大多数，指局部阻力损失不能忽略的管道系统。

2. 简单管道系统和复杂管道系统

管道系统可以分为简单管道系统和复杂管道系统。简单管道系统是指在整个管道系统中，管径保持不变，流量保持恒定。复杂管道系统是指在整个管道系统中，管径或流量发生变化。复杂管道系统由各种管道以串联、并联、分支等方式组合而成。

3. 串联、并联和分支管道

复杂管道系统按管道的连接方式，分为串联管道系统、并联管道系统和分支管道管道系统。串联管道系统由不同管径的管道前后顺序连接而成。并联管道系统由有共同的起点和终点的多个管道组成。分支管道系统是指多个管道由起点分开后，不再汇合。

不同类型的管道系统进行水力计算时，方法会有所不同，但是都是应用最基本的流体运动规律——连续方程、伯努利方程等来解决问题，下面我们来了解管道水力计算的具体内容。

知识二：管道水力计算的方法及工程实例

管道水力计算的目的是针对流体工程中各流动系统设计出合理的管道系统，减少能量消耗，节约动力成本和能源。计算涉及流量、管道尺寸、流动阻力损失等变量。工程中常要解决三类问题。

（1）已知管道尺寸（d，L）和管内流量 q，计算管道系统的流动阻力损失 h_w 或所需能头 H。这是管道系统工程设计的基本问题和最主要任务，各种管道系统的运行建立在有足够的动力来维持流体流动的基础上，流体在管道系统中消耗的机械能即阻力损失，需要泵与风机来补充，所以，管道系统设计的主要任务就是选择合适的泵与风机，为系统提供所需能头。流体在管道系统中流动产生的阻力损失，以及流体在管道系统中流动所需能头，是泵与风机选型的主要依据，因此，阻力损失的计算是管道水力计算的主要目的之一。

（2）已知管内流量 q 和管道系统阻力损失 h_w，确定管径 d（管长给定）。工程设计中，当管路走向已定（一般由生产流程决定），泵、风机或供水（或其他流体）装置已经选定，要考虑选用多大直径的管道来输送给定的流体流量。

工程设计中，考虑到经济性，经常用经济流速来确定管道直径，通常在管道流量已知的情况下，流速的大小取决于管径。要想减少流动阻力损失，降低由此产生的运行费用，流速要尽量降低，需要选用大管径，但是大管径耗材多、造价高，投资成本大，所以，经济流速的选取必须二者兼顾，考虑投资成本和运行费用总和为最小的流速作为经济流速，再依此确定管道直径。

（3）已知管道尺寸（d，L）和系统的阻力损失 h_w，计算管道系统的流量 q。这类计算通常是工程设计的最后环节，属于校核计算，在管道系统布置、管道尺寸已确定，系统阻力损失已知的情况下，校核管道系统的通流能力。以此验证前两类设计计算的合理性。

一、简单管道系统的水力计算

（一）短管水力计算

以图 3-51 等直径简单管道为例，说明短管的水力计算方法。

流体自管道末端自由出流，取 2-2 断面中心线为基准面 0-0，选取断面 1-1 和 2-2 为控制面。列出断面 1-1 和 2-2 的伯努利方程

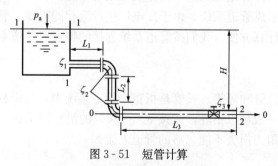

图 3-51　短管计算

$$z_1 + \frac{p_1}{\rho g} + \frac{c_1^2}{2g} = z_2 + \frac{p_2}{\rho g} + \frac{c_2^2}{2g} + h_\mathrm{w}$$

式中，对自由液面 1-1，$z_1 = H$，$p_1 = p_\mathrm{a}$，$c_1 = 0$。对管道末端 2-2，$z_2 = 0$，$p_2 = p_\mathrm{a}$。

方程简化为

$$H = \frac{c_2^2}{2g} + h_\mathrm{w} \tag{3-55}$$

由于等直径管道中流速不变，c_2 简写为 c

$$h_\mathrm{w} = \sum \lambda_i \frac{L_i}{d} \frac{c^2}{2g} + \sum \zeta_i \frac{c^2}{2g} = \left(\sum \lambda_i \frac{L_i}{d} + \sum \zeta_i \right) \frac{c^2}{2g} \tag{3-56}$$

其中，沿程各管段 L_i 因为是等直径管道，可以直接用总管长度来计算，局部阻力损失包括水箱出口处、两个弯头、一个阀门。此处注意：选取管道出口 2-2 断面列伯努利方程时，管道出口断面 2-2 的动能 $c_2^2/2g$ 和管道出口处的局部阻力损失 $\zeta_{出口} c_2^2/2g$，两者只能出现一个，不可重复。在式（3-55）中已计入管道出口断面 2-2 的动能 $c_2^2/2g$，式（3-56）就不要再计入管道出口处的局部阻力损失 $\zeta_{出口} c_2^2/2g$；或者计入 $\zeta_{出口} c_2^2/2g$，式（3-55）中去掉 $c_2^2/2g$。其他同类问题均按此计算。

式（3-56）代入式（3-55），得

$$H = \left(1 + \sum \lambda_i \frac{L_i}{d} + \sum \zeta_i \right) \frac{c^2}{2g}$$

$$c = \frac{1}{\sqrt{1 + \sum \lambda_i \dfrac{l_i}{d} + \sum \zeta_i}} \sqrt{2gH} \tag{3-57}$$

令

$$\mu = \frac{1}{\sqrt{1 + \sum \lambda_i \dfrac{l_i}{d} + \sum \zeta_i}} \tag{3-58}$$

式中 μ——管道的流量系数。

得

$$q = \mu \cdot A \cdot \sqrt{2gH} \tag{3-59}$$

1. 虹吸管水力计算

虹吸管属于短管，虹吸现象（见图 3-52）是指在大气压力作用下，液体通过高于进口液面的管道向低处流动的自然现象。虹吸管顶部距离管道进口液面的高度 H_s 称为虹吸高度。通过下面的例题来解释虹吸流动的产生。

【例 3-12】 某电厂利用虹吸管向水泵房吸水池供水，如图 3-53 所示，河流水位高于吸水池水位 $H = 5.67\mathrm{m}$。虹吸管全长 200m，管径为 800mm，其中 $l_1 = 190\mathrm{m}$，虹吸管进口、滤网和 30°弯头的局部阻力的当量长度为 35m，90°弯头的当量长度为 15m，虹吸管的沿程阻力系数为 0.032。

（1）计算虹吸管的流量是多少？

（2）当虹吸管内允许的最大真空值为 8mH₂O 时，虹吸高度 H_s 的最大值是多少？

解 取吸水池水面为基准面 3-3，选取河流水面 1-1、虹吸管顶部末端 2-2 和吸水池水面 3-3 为控制面，列出 1-1 与 3-3 断面的伯努利方程

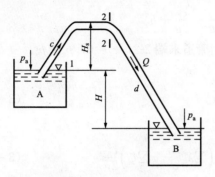

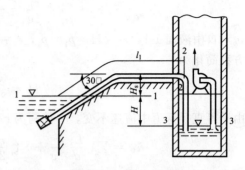

图 3 - 52　虹吸现象　　　　　　　　　　图 3 - 53　例 3 - 12 图

d—管道内径；H—两水箱液面高度差；

c—管内水流速；Q—管内水流量

$$\frac{c_1^2}{2g}+\frac{p_1}{\rho g}+z_1=\frac{c_3^2}{2g}+\frac{p_3}{\rho g}+z_3+h_{w1-3}$$

因为 $c_1=c_3=0$，$p_1=p_3=0$（相对压力），$z_3=0$，方程简化后

$$H=h_{w1-3} \tag{3-60}$$

列出 1-1 与 2-2 断面的伯努利方程

$$\frac{c_1^2}{2g}+\frac{p_1}{\rho g}+z_1=\frac{c_2^2}{2g}+\frac{p_2}{\rho g}+z_2+h_{w1-2}$$

因为 $z_1=H$，$z_2=H+H_s$，方程简化为

$$0=\frac{c_2^2}{2g}+\frac{p_2}{\rho g}+H_s+h_{w1-2}$$

断面 2-2 处压力是负压，其真空值为

$$H_V=\frac{-p_2}{\rho g}=\frac{c_2^2}{2g}+H_s+h_{w1-2} \tag{3-61}$$

自由液面 1-1 到虹吸管顶部的高度差即虹吸高度 H_s 为

$$H_s=H_V-\frac{c_2^2}{2g}-h_{w1-2} \tag{3-62}$$

由公式（3-60）可知，流动的动力来自两个液面的高度差，用于克服管道的全部流动阻力损失。断面 2-2 处的相对压力是负值，其真空值为 H_v，此负压抽吸水进入管内流动，若真空遭到破坏，流动就会中断。虹吸高度 H_s 可以由公式（3-62）计算，自由液面 1-1 与断面 2-2 的压差越大（即真空值 H_v 越大），虹吸高度 H_s 越大，理论上，p_2 为绝对真空，最大压差为 10.33m 时，达到最大虹吸高度，实际上，常温下水的汽化压力为 0.0225MPa，降至此压力时，水就会开始汽化为蒸汽，而破坏真空，造成水流中断。所以虹吸管顶部的真空值应在 7～8mH$_2$O 以下。

（1）计算虹吸管的流量。查表 3-4 得，虹吸管出口的局部阻力系数 $\zeta=1.0$，将已知参数代入公式（3-60）得

$$H=h_{w1-3}=\left(\lambda\frac{l+l_{e1}+l_{e2}}{d}+\zeta\right)\frac{c^2}{2g}$$

$$=\left(0.032\times\frac{200+35+15}{0.8}+1.0\right)\times\frac{c^2}{2\times9.807}=5.67\text{m}$$

计算得 $c=3.18\text{m/s}$，则

$$q = cA = 3.18 \times \frac{3.14 \times 0.8^2}{4} = 1.60\text{m}^3/\text{s}$$

（2）计算虹吸高度 H_s。将已知参数代入公式（3-62）得

$$H_s = H_v - \frac{c_2^2}{2g} - h_{w1-2} = 8 - \frac{3.18^2}{2 \times 9.807} - 0.032 \times \frac{190 + 35}{0.8} \times \frac{3.18^2}{2 \times 9.807} = 2.84\text{m}$$

2. 水泵管路水力计算

管道系统中的自然流动都是由高能头向低能头流动形成的，如果需要把低能头的液体送往高能头处，必须通过水泵补充能量，水泵是为管道系统提供流动动力的，一方面流动阻力损失消耗的能量需要由水泵来补充，另一方面只有补足高能头与低能头的能量差值，才能实现液体从低能头向高能头的流动。二者之和即是管道系统流动所需的总能量。工程中进行管道系统水力计算的主要目的之一就是计算管道系统流动时需要水泵提供的能量，并以此为依据选择合适的水泵，为管道系统提供流动动力。水泵选型主要依据流量、扬程两个参数，水泵的扬程是指单位重力作用下流体流经水泵所获得的能量。一般由水力计算的结果，也就是水泵所在管道系统流动中所需的总能量来确定水泵的扬程。

前已叙及汽蚀会影响水泵的安全运行，为防止水泵入口压力过低而发生汽蚀，水泵吸入管路的设计要尽量简化，以减少流动阻力损失。为增加水泵入口的有效压头，水泵的安装位置要经过水力计算，合理确定安装高度，例如，前面介绍的给水泵的入口水箱（除氧器水箱）的高位布置，凝结水泵管路中热水井的布置，合理的安装高度可以使水泵避免发生汽蚀。

水泵的管路由吸水管路和压水管路组成。水泵管路水力计算的任务主要是确定水泵的扬程和水泵的安装高度。确定水泵的安装高度需要进行吸水管路的水力计算，确定水泵扬程需要进行压水管段的水力计算。吸水管路一般按短管计算，而压水管路视具体情况而定，一般当压力管路的长度 $L>1000d$ 时（d 为压水管的管径），可以按长管计算其流动阻力损失。

下面通过例题来了解水泵管路的水力计算。

【例 3-13】 一水泵装置如图 3-54 所示，从吸水池向高位水箱供水，二者液面高度差 $h=15\text{m}$。已知水泵流量 $q=30\text{m}^3/\text{h}$，吸水管 $d_1=100\text{mm}$，$l_1=5\text{m}$；压水管 $d_2=100\text{mm}$，$l_2=20\text{m}$，水管的沿程阻力系数均为 $\lambda=0.046$，局部阻力系数分别为：$\zeta_{底阀}=8.5$，$\zeta_{弯头}=0.17$，$\zeta_{阀门}=0.15$，$\zeta_{出口}=1.0$。若水泵入口允许最大真空压力 $p_v=6\text{m}$，试确定：

（1）水泵的安装高度 h_s；

（2）水泵扬程。

解 （1）计算水泵的安装高度 h_s。取吸水池液面为基准面 0-0，选取水泵入口断面 1-1 为控制面，列断面 0-0 和断面 1-1 的伯努利方程得

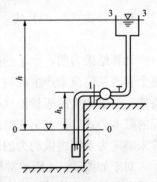

图 3-54 例 3-13 图

$$\frac{c_0^2}{2g} + \frac{p_0}{\rho g} + z_0 = \frac{c_1^2}{2g} + \frac{p_1}{\rho g} + z_1 + h_{w0-1}$$

式中 $c_0=0$，$p_0=0$（相对压力），$z_0=0$，$z_1=h_s$，因为 $p_{1v}=6\text{mH}_2\text{O}$，断面 1-1 的相对压力为

$$p_1 = -6 \text{mH}_2\text{O}$$

计算吸水管内的流速

$$c_1 = \frac{4q}{\pi d_1^2} = \frac{4 \times 30}{3.14 \times 0.1^2 \times 3600} = 1.06 \text{m/s}$$

计算吸水管的流动阻力损失

$$h_{\text{w0-1}} = \left(\lambda \frac{l_1}{d_1} + \sum \zeta\right)\frac{c_1^2}{2g} = \left(0.046 \times \frac{5}{0.1} + 8.5 + 0.17\right) \times \frac{1.06^2}{2 \times 9.807} = 0.63 \text{m}$$

代入伯努利方程，得 $h_s = 5.31 \text{m}$。

计算结果表明，水泵的安装高度（水泵轴线距离吸水池液面的垂直高度）不能超过 5.31m，否则水泵入口真空值将大于允许的最大真空值，可能会引起水泵的汽蚀等问题，影响水泵安全运行。水泵安装高度的确定在水泵工作中是非常重要的问题。

（2）计算水泵扬程 H。取吸水池液面为基准面 0-0，选取水箱液面 3-3 为控制面，列断面 0-0 和断面 3-3 的伯努利方程，因为 0-0 和 3-3 断面间有水泵能量的输入，所以方程为

$$\frac{c_0^2}{2g} + \frac{p_0}{\rho g} + z_0 + H = \frac{c_3^2}{2g} + \frac{p_3}{\rho g} + z_3 + h_{\text{w0-3}}$$

式中　H——水泵输入的能量，即扬程。

可得

$$H = \frac{c_3^2 - c_0^2}{2g} + \frac{p_3 - p_0}{\rho g} + z_3 - z_0 + h_{\text{w0-3}} \tag{3-63}$$

式中 $c_3 = 0$，$p_3 = 0$（相对压力），$z_3 = h = 15 \text{m}$，因为吸水管和压水管管径相同，$d_1 = d_2$，根据连续方程 $c_1 A_1 = c_2 A_2$，可知 $c_2 = c_1 = 1.06 \text{m/s}$。

计算水泵所在管路总的阻力损失为

$$h_{\text{w0-3}} = h_{\text{w0-1}} + h_{\text{w1-3}} = h_{\text{w0-1}} + \left(\lambda \frac{l_2}{d_2} + \sum \zeta\right)\frac{c_2^2}{2g}$$

$$= 0.63 + (0.046 \times \frac{20}{0.1} + 0.15 + 0.17 + 1.0) \times \frac{1.06^2}{2 \times 9.807} = 1.23 \text{m}$$

代入公式（3-63）得

$$H = 16.23 \text{m}$$

计算结果表明，水泵的扬程由水泵所在管道系统流动中所需的总能量来确定，一部分是整个管道系统流动产生的阻力损失 $h_{\text{w0-3}}$，另一部分是管道系统末端与初始端的能头差，即高能头与低能头的能量差 $(c_3^2 - c_0^2)/2g + (p_3 - p_0)/\rho g + z_3 - z_0$。式（3-63）是计算水泵扬程的基本公式，是水泵选型的主要依据。如果是输送气体的管道系统，则需要同样的水力计算来确定为系统提供动力的风机的型号。

对于如图 3-54 所示常见的水泵管道系统来说，整个管道系统中管道直径相等，沿程阻力系数相等，为简单管道系统，一般情况下，吸入容器和压出容器内的压力不相等（对于密闭容器而言），两容器内液面速度可忽略不计，式（3-63）可以简化为

$$H = \frac{p_3 - p_0}{\rho g} + z_3 - z_0 + h_{\text{w0-3}} \tag{3-64}$$

整理为

$$H = H_0 + kq^2 \tag{3-65}$$

$$H_0 = \frac{p_3 - p_0}{\rho g} + z_3 - z_0$$

通常吸入容器和压出容器内的液面压力保持不变（大多数工程如此），这种情况下 H_0 是定值，且不随流量 q 发生变化。

$kq^2 = h_{w0-3}$，k 称为管道系统的特性系数，可表示如下

$$h_{w0-3} = h_{w0-1} + h_{w1-3} = \left(\lambda_1 \frac{l_1}{d_1} + \sum \zeta_1\right)\frac{c_1^2}{2g} + \left(\lambda_2 \frac{l_2}{d_2} + \sum \zeta_2\right)\frac{c_2^2}{2g}$$

$$= \left(\lambda \frac{l_1 + l_2}{d} + \sum \zeta_1 + \sum \zeta_2\right)\frac{\left(\frac{4q}{\pi d^2}\right)^2}{2g} = kq^2$$

$$k = \frac{8}{g\pi^2 d^4}\left(\lambda \frac{l_1 + l_2}{d} + \sum \zeta_1 + \sum \zeta_2\right) \tag{3-66}$$

可以看出 k 值取决于管道系统结构尺寸和流体流动的阻力系数。对于给定的管道系统，一般为常数。

公式（3-65）表示了流体在给定的管道系统中流动时所需水泵提供的能量与流量间的关系。由此可知，管道系统流量发生变化时，系统所需能量也在变化，且随流量的增加而增加，绘制在图 3-55 中，称为管道特性曲线，公式（3-65）称为管道特性曲线方程。管道特性曲线的形状取决于 k 值，由管道结构、流体性质和流动阻力所决定。通过管道特性曲线可以方便地研究管道系统流动特性，确定各种工作条件下流量与系统能量的变化关系，通过管道特性曲线可以知道，在确定水泵扬程时，应计算可能出现的最大流量时的系统所需能量值 H，以确保水泵和管道系统的安全。在例题中看到，当水泵出口阀门调节时，会使 k 值发生变化，阀门关小时，k 值增大，所以管道特性曲线在某些条件下会发生形状的变化，管道特性也随之改变。这对研究管道系统及进行水力计算有很大的实用价值。

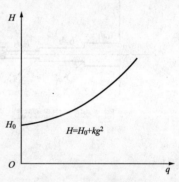

图 3-55　管道特性曲线

（二）长管水力计算

仍以图 3-51 为例，假设管道很长，忽略局部阻力损失，按长管计算（出口处速度水头可不计），公式（3-55）简化为

$$H = h_w = \lambda \frac{L}{d}\frac{c^2}{2g} = \lambda \frac{L}{d}\frac{1}{2g}\left(\frac{4q}{\pi d^2}\right)^2 = \frac{8\lambda}{g\pi^2 d^5}q^2 L \tag{3-67}$$

$$H = \frac{1}{K^2}q^2 L \tag{3-68}$$

$$K = \sqrt{\frac{g\pi^2 d^5}{8\lambda}} \tag{3-69}$$

$$q = K\sqrt{\frac{H}{L}} \tag{3-70}$$

式中　K——流量模数，与流量具有相同的量纲。

H/L 表示单位长管上的作用水头，称为水力坡度。流量模数 K 与沿程阻力系数和管径

有关，水力计算手册中可以查到有关 K 的数据。表 3-8 给出了常用铸铁和钢质水管的流量模数 K 值。

表 3-8　　　　　　　　　　常用铸铁和钢质水管的流量模数 K 值

管道内径（mm）	75	100	125	150	175	200	225	250	300
$1/K^2[(\text{m}^2/\text{s})^{-2}]$	1709	365.3	110.8	41.85	18.96	9.029	4.822	2.752	1.025
$K(\text{m}^2/\text{s})$	0.0242	0.0523	0.0950	0.155	0.280	0.333	0.455	0.603	0.988

二、复杂管道系统的水力计算

1. 串联管道系统水力计算

串联管道系统由不同管径管道顺序连接而成，如图 3-56 所示，其水力特点是：

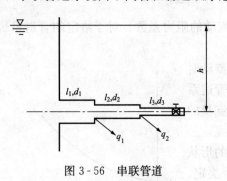

图 3-56　串联管道

(1) 各管段流量相等

$$q = q_1 = \cdots = q_n \qquad (3-71)$$

(2) 管道系统的阻力损失为各管段阻力损失之和

$$h_{\text{w}} = h_{\text{w1}} + \cdots + h_{\text{wn}} \qquad (3-72)$$

串联管道中任何一段管子的损失仍可用公式（3-67）来计算（局部损失折算为当量长度的沿程损失）

$$h_{\text{wi}} = \frac{q_i^2 L_i}{K_i^2}$$

其中

$$L_i = l_i + l_{ei}$$

因为各段管道都通过同一流量，串联管道中有

$$H = \sum_{i=1}^{n} h_{\text{wi}} = \sum_{i=1}^{n} \frac{q^2 L_i}{K_i^2}$$

$$H = q^2 \sum_{i=1}^{n} \frac{L_i}{K_i^2} \qquad (3-73)$$

【例 3-14】　如图 3-57 所示水从水箱下部沿两段直径不同的串联管道从末端的渐缩喷嘴流出，水箱液面距离喷嘴出口的高度差 $H=30\text{m}$。已知管道中 $d_1=100\text{mm}$，$l_1=40\text{m}$，$\lambda_1=0.021$，$d_2=75\text{mm}$，$l_2=10\text{m}$，$\lambda_2=0.025$。渐缩喷嘴出口处 $d_3=40\text{mm}$，渐缩喷嘴的局部阻力系数 $\zeta_3=0.092$。每个弯头的曲率半径 $R=150\text{mm}$。水箱出流的流量是多少？

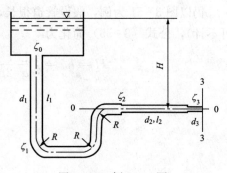

图 3-57　例 3-14 图

解　取喷嘴轴线为基准面 0-0，选取水箱液面 1-1 与喷嘴出口 3-3 为控制面，列出断面 1-1 与断面 3-3 的伯努利方程

$$\frac{c_0^2}{2g} + \frac{p_0}{\rho g} + z_0 = \frac{c_3^2}{2g} + \frac{p_3}{\rho g} + z_3 + h_{\text{w}}$$

已知
$$c_1 = 0, \quad p_1 = p_3 = 0(相对压力),$$
$$z_1 = H, \quad z_3 = 0$$

方程化简后为
$$H = \frac{c_3^2}{2g} + h_w \tag{1}$$

$$h_w = h_{w1} + h_{w2} + h_{w3} = \left(\lambda_1 \frac{l_1}{d_1} + \zeta_0 + 3\zeta_1\right)\frac{c_1^2}{2g} + \left(\lambda_2 \frac{l_2}{d_2} + \zeta_2\right)\frac{c_2^2}{2g} + \zeta_3 \frac{c_3^2}{2g} \tag{2}$$

其中，管道进口
$$\zeta_0 = 0.5$$

每个90°弯头的局部阻力系数
$$\zeta_1 = \left[0.131 + 0.163\left(\frac{d}{R}\right)^{3.5}\right] \cdot \frac{\pi - \theta}{90°} = \left[0.131 + 0.163 \times \left(\frac{100}{150}\right)^{3.5}\right]\frac{\pi - 90°}{90°} = 0.17$$

管道突然缩小的局部阻力系数
$$\zeta_2 = 0.5\left(1 - \frac{A_2}{A_1}\right) = 0.5 \times \left[1 - \left(\frac{d_2}{d_1}\right)^2\right] = 0.5 \times \left[1 - \left(\frac{75}{100}\right)^2\right] = 0.219$$

渐缩喷嘴的局部阻力系数
$$\zeta_3 = 0.092$$

将各阻力系数代入式（2）中
$$h_w = \left(0.021\frac{40}{0.1} + 0.5 + 3 \times 0.17\right)\frac{c_1^2}{2g} + \left(0.025\frac{10}{0.075} + 0.219\right)\frac{c_2^2}{2g} + 0.092\frac{c_3^2}{2g}$$
$$= 9.41\frac{c_1^2}{2g} + 3.552\frac{c_2^2}{2g} + 0.092\frac{c_3^2}{2g} \tag{3}$$

由连续方程得
$$c_1 = c_3\left(\frac{d_3}{d_1}\right)^2 \tag{4}$$
$$c_2 = c_3\left(\frac{d_3}{d_2}\right)^2 \tag{5}$$

方程（1）（3）（4）（5）联立求解，计算得出渐缩喷嘴出口流速为
$$c_3 = 19.06\text{m/s}$$

水箱出流的流量为
$$q = c_3 A_3 = c_3 \frac{\pi d_3^2}{4} = 19.06 \times \frac{3.14 \times 0.04^2}{4} = 0.024\text{m}^3/\text{s} = 24\text{L/s}$$

2. 并联管道系统水力计算

并联各管道有共同的起点和终点，如图3-58所示，例如，锅炉内各受热面（过热器、再热器等）常用并联管道组成管屏，如图3-59所示为由并联管道组成的锅炉低温过热器管屏，由5根管子并联于低温过热器的入口集箱（或称联箱）与出口集箱，并布置成蛇形管管排。如图3-60所示为由并联管道组成的锅炉后屏过热器，每片管屏由13根

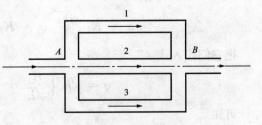

图3-58 并联管道

管子并联于后屏过热器的入口集箱与出口集箱，呈 U 形布置。

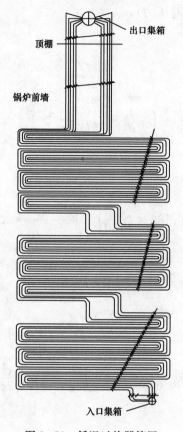

图 3-59　低温过热器管屏

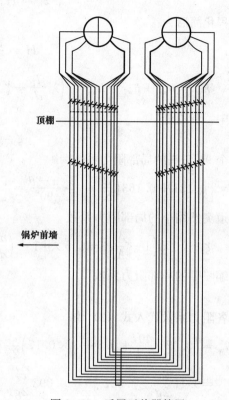

图 3-60　后屏过热器管屏

并联管道的水力特点是：

（1）各管道的阻力损失相等（起点与终点能头之差）

$$h_w = h_{w1} = \cdots = h_{wn} \tag{3-74}$$

（2）管道系统的总流量为各管道流量之和

$$q = q_1 + \cdots + q_n \tag{3-75}$$

由于并联管道各支管中的能量损失（沿程损失和局部损失之和）是相同的，所以有

$$\frac{q_1^2 L_1}{K_1^2} = \frac{q_2^2 L_2}{K_2^2} = \cdots\cdots = \frac{q_i^2 L_i}{K_i^2} = h_w \tag{3-76}$$

其中 $L_i = l_i + l_{ei}$，由式（3-76）得出

$$q_1 = K_1 \sqrt{\frac{h_w}{L_1}}, q_2 = K_2 \sqrt{\frac{h_w}{L_2}}, \cdots\cdots q_i = K_i \sqrt{\frac{h_w}{L_i}} \tag{3-77}$$

把它们代入式（3-75）得

$$q = \sqrt{h_w} \left(\frac{K_1}{\sqrt{L_1}} + \frac{K_2}{\sqrt{L_2}} + \cdots\cdots + \frac{K_i}{\sqrt{L_i}} \right) \tag{3-78}$$

可知

$$q_1 : q_2 : \cdots : q_i = \frac{K_1}{\sqrt{L_1}} : \frac{K_2}{\sqrt{L_2}} : \cdots : \frac{K_i}{\sqrt{L_i}} \tag{3-79}$$

由式（3-69）可知

$$\frac{K}{\sqrt{L}} = \frac{\sqrt{\dfrac{g\pi^2 d^5}{8\lambda}}}{\sqrt{l + l_e}} = \sqrt{\frac{1}{\left(l + \dfrac{\zeta d}{\lambda}\right)\dfrac{8\lambda}{g\pi^2 d^5}}}$$

$$= \frac{1}{\sqrt{\dfrac{8\left(\lambda \dfrac{l}{d} + \sum \zeta\right)}{g\pi^2 d^4}}} = \frac{1}{\sqrt{S}} \tag{3-80}$$

式中　S——管道阻抗，综合反映管道流动阻力的系数。

由式（3-79）、式（3-80）可得

$$q_1 : q_2 : \cdots : q_i = \frac{1}{\sqrt{S_1}} : \frac{1}{\sqrt{S_2}} : \cdots : \frac{1}{\sqrt{S_i}} \tag{3-81}$$

并联各分支管道流量分配按式（3-81）计算可得，阻抗 S 值大的分支管道流量小，S 值小的分支管道流量大。影响并联管道流量分配的因素有管道长度、管道内径、管道的沿程阻力系数、局部阻力系数等多种因素。下面通过两个例题来说明这个问题。

【例 3-15】 如图 3-61 所示，两条管道并联，已知一管道长 300m，直径 150mm，另一管道长 400m，直径 100mm，管道的沿程阻力系数均为 0.025。总管流量为 45L/s，忽略局部阻力损失，求各分支管道流量。

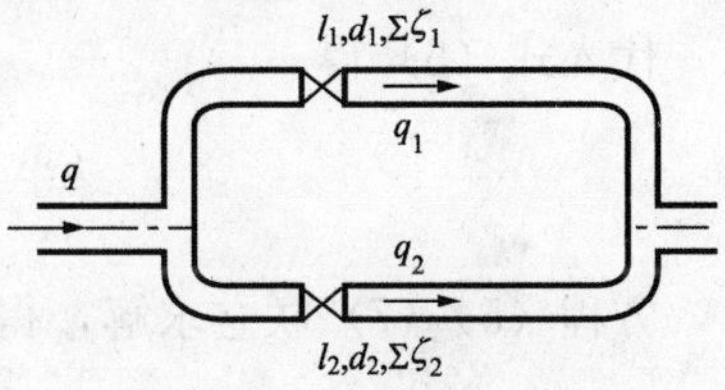

图 3-61　例 3-15 图

解法一：
由并联管道的水力特点可知

$$h_{w1} = h_{w2}$$
$$q = q_1 + q_2$$

忽略局部阻力损失，各分支管道的流动阻力损失为

$$\lambda \frac{l_1}{d_1} \frac{c_1^2}{2g} = \lambda \frac{l_2}{d_2} \frac{c_2^2}{2g} \tag{1}$$

$$q = c_1 \cdot \frac{\pi d_1^2}{4} + c_2 \cdot \frac{\pi d_2^2}{4} \tag{2}$$

方程（1）（2）联立求解，得各分支管道的流量

$$q_1 = 34.24 \text{L/s}$$
$$q_2 = 10.76 \text{L/s}$$

解法二：
因为并联管道各分支管道中流动阻力损失相等，由式（3-76）可知

$$h_w = \frac{q_1^2 L_1}{K_1^2} = \frac{q_2^2 L_2}{K_2^2} \tag{3}$$

将已知参数代入式（3-69），分别计算 K_1^2、K_2^2

$$K_1^2 = \frac{g\pi^2 d_1^5}{8\lambda} = \frac{9.81 \times 3.14^2 \times 0.15^5}{8 \times 0.025} = 0.0367$$

$$K_2^2 = \frac{g\pi^2 d_2^5}{8\lambda} = \frac{9.81 \times 3.14^2 \times 0.10^5}{8 \times 0.025} = 0.00483$$

由式（3）得

$$\frac{q_1^2}{q_2^2} = \frac{K_1^2 L_2}{K_2^2 L_1} = \frac{d_1^5 L_2}{d_2^5 L_1} = \frac{0.15^5 \times 400}{0.10^5 \times 300} = 10.125 \tag{4}$$

$$q = q_1 + q_2 = 45 \tag{5}$$

方程（4）（5）联立求解，得各分支管道的流量

$$q_1 = 34.24 \text{L/s}$$
$$q_2 = 10.76 \text{L/s}$$

解法三：

由公式（3-81）得并联两分支管道中

$$\frac{q_1}{q_2} = \frac{\sqrt{S_2}}{\sqrt{S_1}} \tag{6}$$

根据已知参数计算各分支管道的阻抗 S_1、S_2

$$S_1 = \frac{8}{g\pi^2 d_1^4}\left(\lambda\frac{l_1}{d_1}\right) = \frac{8\lambda l_1}{g\pi^2 d_1^5} = \frac{8 \times 0.025 \times 300}{9.807 \times 3.14^2 \times 0.15^5} = 8171.46$$

$$S_2 = \frac{8}{g\pi^2 d_2^4}\left(\lambda\frac{l_2}{d_2}\right) = \frac{8\lambda l_2}{g\pi^2 d_2^5} = \frac{8 \times 0.025 \times 400}{9.807 \times 3.14^2 \times 0.1^5} = 82\,736$$

代入式（6）得

$$\frac{q_1}{q_2} = \frac{\sqrt{S_2}}{\sqrt{S_1}} = \sqrt{\frac{82\,736}{8171.46}} = 3.182 \tag{7}$$

方程（5）（7）联立求解，得各分支管道的流量

$$q_1 = 34.24 \text{L/s}$$
$$q_2 = 10.76 \text{L/s}$$

通过本例题可以看出，管道水力计算可以根据需要和解题方便，灵活运用各基本公式加以求解。

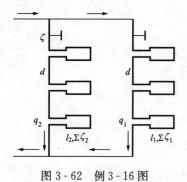

图 3-62 例 3-16 图

【例 3-16】 如图 3-62 所示为一个并联的热水采暖系统。并联的两管道直径均为 $d = 25\text{mm}$，$\lambda = 0.02$，管长分别为 $l_1 = 25\text{m}$，$l_2 = 10\text{m}$。第一段管道上的阀门全开时，所有的局部阻力系数之和为 $\sum\zeta_1 = 12$，第二段管道上除开调节阀外的局部阻力系数之和为 $\sum\zeta_2 = 10$。试问第二段管道上的调节阀局部阻力系数 ζ 为多少时，方能使两段管道上的流量 q_1 与 q_2 相同？

解法一：

并联管道中两分支管道有

$$h_{\text{w1}} = h_{\text{w2}}$$

即

$$\lambda\frac{l_1}{d_1}\frac{c_1^2}{2g} + \sum\zeta_1\frac{c_1^2}{2g} = \lambda\frac{l_2}{d_2}\frac{c_2^2}{2g} + (\sum\zeta_2 + \zeta)\frac{c_2^2}{2g} \tag{1}$$

因为采暖系统各分支管道直径相等，$d_1 = d_2$，流量相同，$q_1 = q_2$，所以，两分支管道内流速也相等，$c_1 = c_2$。式（1）简化为

$$\lambda \frac{l_1}{d_1} + \sum \zeta_1 = \lambda \frac{l_2}{d_2} + \sum \zeta_2 + \zeta \qquad (2)$$

即两分支管道的总阻力系数相等。由式（2）代入数据计算得

$$\zeta = \lambda \frac{l_1}{d_1} + \sum \zeta_1 - \lambda \frac{l_2}{d_2} - \sum \zeta_2 = 0.02 \times \frac{25-10}{0.025} + 12 - 10 = 14$$

解法二：

由公式（3-81）得

$$q_1 : q_2 = \frac{1}{\sqrt{S_1}} : \frac{1}{\sqrt{S_2}}$$

其中阻抗 S 的计算公式为

$$S = \frac{8}{g\pi^2 d^4} \left(\lambda \frac{l}{d} + \sum \zeta \right)$$

因为采暖系统各分支管道直径相等、流量相同，所以有

$$\frac{S_1}{S_2} = \frac{\left(\lambda \dfrac{l_1}{d} + \sum \zeta_1 \right)}{\left(\lambda \dfrac{l_2}{d} + \sum \zeta_2 + \zeta \right)} = 1$$

即

$$\lambda \frac{l_1}{d} + \sum \zeta_1 = \lambda \frac{l_2}{d} + \sum \zeta_2 + \zeta$$

经计算得 $\zeta = 14$。

从两个例题可知，分支管道的管道长度、内径、粗糙度、连接方式、布置方式，以及管道上的附件结构、流体的黏度等诸多因素均影响并联管道的流量分配。设计结构的不均往往造成并联管道内各分支管道的流量不均，流量不均在某些工程中可能带来吸热不均（例如电力生产过程过热器等受热面）等其他问题，会影响到管道系统的正常运行与安全，是必须考虑的问题。

要想使并联管道的流量分配均匀，应设计合理的管道结构，尽量做到结构上的均匀，采用相同的管道长度、管道直径、管材（粗糙度一致）、局部附件等。如果因为某些原因无法做到的话，如图 3-60 所示，由于管屏结构限制，管道长度、弯头大小无法保持一致，可以通过水力计算适当调整管道直径、管道长度、局部附件等结构参数，达到"阻力平衡"，即 $S_1 = S_2 = \cdots = S_i$，满足流量均匀分配的要求。如例 3-16 中，当第二段管道上的调节阀开度调为局部阻力系数 $\zeta = 14$ 时，两段分支管道上的流量 q_1 与 q_2 相同。可以看出，管道直径相等的分支管道中，阻力系数越大的管道分配的流量越小。只有两分支管道（管径相等）的总阻力系数相等，才能保证流量分配均匀，如果两分支管道的总阻力系数不相等，可以适当调整阻力系数来改变流量分配，例如关小阀门。

许多情况下工程上并联的管道均由相同管材、管径相等的管子组成，如室内的暖气片、锅炉内各受热面（过热器、再热器、省煤器等）常用相同管径的并联管道组成管屏。类似的流量分配问题很常见，在城市热水采暖系统、供热工程中，如果存在流量分配不均问题，用户的采暖流量就会出现差异，会影响系统用户正常采暖供暖，严重时可能危及系统安全，所以要求做到流量均匀分配。但由于系统用户的分布位置远近不同，不同分支管道的管长不可能一样（见图 3-62），尤其是远端分支管道，常用的方法有通过分支管道上设置调节阀调节

流量。

电力生产过程中锅炉汽水系统的水冷壁管屏、过热器管屏等，由于结构等原因也存在流量不均的问题，影响管屏的安全运行。由于并联管道通常由相同管材管径的管子组成，一般而言，管内的粗糙度也一样，造成流量不均最常见的原因是由于管屏的布置形成的管道长度和局部阻力系数的不同，如图 3-60 所示。常用的措施是加装节流圈，即在流量偏大的管道入口处加装不同孔径的节流圈，增加管内流动阻力系数，控制各支管的流量，减少各支管的流量偏差。

3. 分支管道水力计算

分支各管道有共同的起点，但没有共同的终点，如图 3-63 所示，其水力特点是

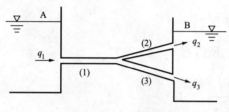

图 3-63 分支管道

(1) 管道系统的总流量为各分支管道流量之和

$$q = q_1 + \cdots + q_n \tag{3-82}$$

(2) 各管段阻力损失可分别列伯努利方程求解。

工程实际中，复杂管道系统通常是由串联、并联、分支各种管道连接方式，以各种形式组合形成更加复杂的管网结构，水力计算的过程会变得非常复杂，但基本方法与例题的解题思路都是一样的，实际计算时，一般通过计算机编程软件完成。

三、管道水力计算的工程实例

（一）锅炉水动力计算

锅炉各受热面都是由并联管道组成的管屏，并联管道共同连接于管屏的进出口联箱，进出口联箱间所连接管子两端的压降与流量的关系称为水动力特性。水动力计算是锅炉设计时的主要计算之一。锅炉水动力计算的任务是计算锅炉受热管内的水动力特性和流动阻力，选择锅炉受热面汽水系统的布置方案和结构尺寸；校验锅炉受热面的工作可靠性。

我们以最简单的自然循环锅炉为例，了解水动力计算的方法。自然循环锅炉由汽包、下降管、上升管（即水冷壁）、联箱等组成，如图 3-64 所示。一般分为简单回路和复杂回路，一个下降管与一个水冷壁管屏组成的回路称为简单回路，多个管屏共用一个下降管的回路为复杂回路。通常，一个水冷壁管屏由数十根管子并联而成，管子进出口由联箱连接，在一个管屏中，管子的结构基本相同，如图 3-65 所示。现代大型自然循环锅炉常用 4~6 根大直径下降管，一根下降管与 4~6 个管屏连接，组成复杂回路，如图 3-66 所示。

自然循环水动力计算是通过计算循环回路的压差平衡，求得回路的汽水流动状态，确定循环回路的循环水流速、汽包与下联箱之间的压差等安全指标，来验证水循环工作的可靠性。只有通过水动力计算才能建立起安全可靠的锅炉自然水循环。

以图 3-64 所示自然循环锅炉的简单循环回路为例了解锅炉水动力计算的过程。

通过项目二任务二我们知道，锅炉自然水循环是在下降管内的水与水冷壁内的汽水混合物的密度差产生的重位压差 Δp 作用下形成的，压差 Δp 是循环的动力，只有克服了循环中的流动阻力，循环才能真正建立起来。水动力计算就是确定合理的压力平衡与循环回路结构的关系。

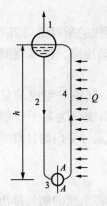
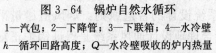
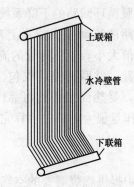
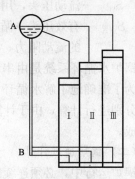

图 3-64 锅炉自然水循环　　图 3-65 水冷壁管屏　图 3-66 自然水循环的复杂回路
1—汽包；2—下降管；3—下联箱；4—水冷壁　　　　　　　　　　　A—汽包；B—下降管；
h—循环回路高度；Q—水冷壁吸收的炉内热量　　　　　　　　　　Ⅰ、Ⅱ、Ⅲ—水冷壁管屏

在压差 Δp 作用下，当流动稳定时，循环回路中汽包与下联箱之间的下降系统的压降等于上升系统的压降

$$\rho_{\mathrm{j}}gh - \Delta p_{\mathrm{j}} = \rho_{\mathrm{s}}gh + \Delta p_{\mathrm{s}} \tag{3-83}$$

式中　ρ_{j}——下降管中水的密度；

ρ_{s}——上升管中汽水混合物的密度；

h——循环回路的高度；

$\rho_{\mathrm{j}}gh$——下降管内水在重力作用下产生的静压力，称为重位压降，Pa；

$\rho_{\mathrm{s}}gh$——上升管内汽水化合物产生的重位压降，Pa；

Δp_{j}——下降管内的流动阻力压降，Pa；

Δp_{s}——上升管内的流动阻力压降，Pa。

公式（3-83）是自然循环锅炉进行水循环计算的基本公式，下降管内的重位压降与流动阻力压降方向相反，所以，等号左侧取"—"号，上升管内的重位压降与流动阻力压降方向一致，故等号右侧取"+"号。

流动阻力压降按下式计算

$$\Delta p = \Delta p_{\mathrm{f}} + \Delta p_{\mathrm{j}} = \lambda \frac{l}{d} \frac{(\rho c)^2}{2} \bar{v} + \zeta \frac{(\rho c)^2}{2} \bar{v} \tag{3-84}$$

式中　$\bar{v}$——流体沿管长的平均比体积，$\mathrm{m^3/kg}$；

ρc——管内工质的质量流速，$\mathrm{kg/(m^2 \cdot s)}$。

锅炉各受热面的管内流动一般均属于阻力平方区的流动，进入自模化区，流动阻力系数与雷诺数无关。

在锅炉水循环中沿程阻力损失是下降管与上升管的管内流动损失，局部阻力损失主要有：由汽包、联箱进入管子的入口损失，流体由管子进入汽包、联箱的出口损失，管子的弯头损失等。

公式（3-83）整理为

$$(\rho_{\mathrm{j}} - \rho_{\mathrm{s}})gh = \Delta p_{\mathrm{s}} + \Delta p_{\mathrm{j}} \tag{3-85}$$

$$S_{\mathrm{ld}} = (\rho_{\mathrm{j}} - \rho_{\mathrm{s}})gh \tag{3-86}$$

$$S_{yx} = S_{ld} - \Delta p_s = \Delta p_j \qquad\qquad (3-87)$$

式中　S_{ld}——流动压头，用于克服循环回路的下降系统和上升系统的所有流动阻力；

　　　　S_{yx}——有效压头，循环回路的流动压头减去上升管的流动压降。用于克服下降系统的流动阻力，其数值大小等于下降管的流动阻力。

锅炉水循环系统是由串联回路、并联回路、汽包、连接管、联箱等组成的复杂管道系统。为了准确地了解水循环特性，受热面工作的可靠性，需将系统分为若干管组、若干管段，分别进行计算，由于计算工作量很大，难以手算完成，一般通过专门的计算软件由计算机完成。

(二）锅炉通风计算

锅炉运行中，必须连续向锅炉提供燃烧需要的空气，同时，将生成的烟气排出，这一过程就是锅炉的通风过程。锅炉烟风道设计应遵循管道系统设计的普遍原则：烟风道尽量平直、附件少，以减少通风的流动阻力，提高流动效率。合理地设计通风系统是保证锅炉正常运行，减少能源消耗的前提条件之一。

自然通风是利用烟囱的自生通风力，由热烟气和外界冷空气的密度差来克服锅炉通风的流动阻力，由于自生通风力有限，只适用于烟气阻力不大的小型锅炉。

大容量锅炉一般常用平衡通风的机械通风方式，即锅炉的风烟系统同时装设送风机和引风机。从风道入口到进入炉膛的全部风道阻力由送风机克服。从炉膛出口到烟囱出口的全部烟道阻力由引风机克服。图 3-67 为煤粉锅炉通风过程。

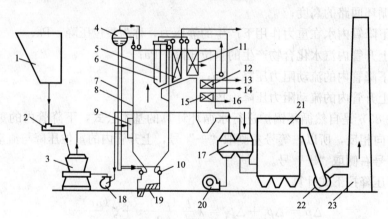

图 3-67　煤粉锅炉通风过程

1—原煤斗；2—给煤机；3—磨煤机；4—汽包；5—高温过热器；6—屏式过热器；
7—下降管；8—水冷壁；9—燃烧器；10—下联箱；11—低温过热器；12—再热器；
13—再热蒸汽出口；14—再热蒸汽入口；15—省煤器；16—锅炉给水；
17—空气预热器；18—排粉风机；19—排渣装置；20—送风机；
21—除尘器；22—引风机；23—烟囱

通风计算（又称锅炉的空气动力计算）的计算目的是计算锅炉风道和烟道的全压降，从而确定送风机和引风机的风压（单位体积气体流经风机所获得的能量）。

计算烟道阻力的顺序是从炉膛开始，沿烟气流动方向，依次计算烟气流经各部分烟道时的阻力（锅炉管束、过热器、省煤器、空气预热器、烟道、除尘器、烟囱），各部分阻力的总和就是烟道的总阻力，再计算各部分烟道的自生通风力，最后求得烟道总压降为

$$\Delta H = \Delta p_t + \Delta p - S_{zs} \tag{3-88}$$

式中 ΔH——烟道总压降，Pa；

    Δp_t——平衡通风时炉膛出口处必须保持的真空值，Pa，即炉膛出口处的负压，一般为 $20\sim40\mathrm{Pa}$；

    Δp——各部分烟道的总阻力，Pa；

    S_{zs}——各部分烟道的自生通风力，Pa。

由于烟道、热风道内的气体密度总是小于大气密度，这种密度差产生的流动压头即为锅炉自生通风力。在气流上升的烟风道中，自生通风力是正值，可以用来克服流动阻力，有助于气流流动，相反，在气流下降的烟风道中，自生通风力是负值，要消耗外界压头，阻碍气流流动。

各烟道自生通风力计算式为

$$S_{zs} = (\rho - \rho')g(Z_2 - Z_1) \tag{3-89}$$

式中 $\rho - \rho'$——大气与烟气的密度差；

    $Z_2 - Z_1$——各部分垂直烟道的进出口高度差。

锅炉烟道总阻力包括以下几项

$$\Delta p = \Delta p_{bt} + \Delta p_{sm} + \Delta p_{ky} + \Delta p_{cc} + \Delta p_{yd} + \Delta p_{yc} \tag{3-90}$$

式中 Δp——锅炉烟道总阻力；

    Δp_{bt}——锅炉本体受热面阻力，锅炉产品计算书查得；

    Δp_{sm}——省煤器阻力，由制造厂阻力计算书中查得；

    Δp_{ky}——空气预热器烟气侧阻力，由制造厂阻力计算书中查得；

    Δp_{cc}——除尘器阻力，旋风除尘器为 $600\sim800\mathrm{Pa}$；

    Δp_{yd}——烟道阻力，包括沿程摩擦阻力与局部阻力之和；

    Δp_{yc}——烟囱阻力。

风道阻力计算从风道入口开始，依次计算空气流经冷风道、空气预热器、热风道、燃烧器等的阻力，各部分阻力的总和就是风道的总阻力。再计算风道的自生通风力，可得风道全压降为

$$\Delta H = \Delta p - S_{zs} - \Delta p_t \tag{3-91}$$

式中 ΔH——风道总压降，Pa；

    Δp_t——平衡通风时空气进口处炉膛的真空值，Pa；

    Δp——各部分风道的总阻力，Pa；

    S_{zs}——各部分风道的自生通风力，Pa。

锅炉风道总阻力包括以下几项

$$\Delta p = \Delta p_{lf} + \Delta p_{ky} + \Delta p_{rf} + \Delta p_{rs} \tag{3-92}$$

式中 Δp——锅炉风道总阻力；

    Δp_{lf}——冷风道阻力；

    Δp_{ky}——空气预热器空气侧阻力，由制造厂阻力计算书中查得；

    Δp_{rf}——热风道阻力；

    Δp_{rs}——燃烧器阻力，由制造厂阻力计算书中查得。

烟风道摩擦阻力（沿程阻力）一般不大，可先求出每米长的摩擦阻力，乘以整个烟道或

风道的全长，得出总的摩擦阻力为

$$\Delta p = \lambda \frac{l}{d} \frac{\rho c^2}{2} \qquad\qquad (3-93)$$

$$\rho = \rho_0 \frac{273}{273+t}$$

式中　　　Δp——烟风道摩擦阻力，Pa；

　　　　　ρ——温度为 t 时气体的密度，kg/m³；

　　　　　ρ_0——标准状态下的气体密度，空气为 1.293kg/m³，烟气为 1.34kg/m³。

下表是某电厂部分烟道阻力计算结果

表 3-9　　　　　　　　　　　某电厂部分烟道阻力计算结果

名　　称	阻力（kPa）
从炉膛出口到空气预热器入口阻力（包括自通风能力）	2.00
炉膛出口	0.1
炉膛到水平烟道的阻力	0.1
转向室	0.08
尾部烟道阻力	0.61
挡板阻力	0.49
烟道自通风能力	0.37
省煤器到空气预热器烟道阻力	0.25
空气预热器烟气侧阻力	0.93
从炉膛出口到空气预热器出口阻力合计	2.93

【拓展知识】

以色列农业节水灌溉技术

以色列位于中东地区地中海东岸，国土面积狭小，一半的土地是沙漠，60%以上的国土处于干旱与半干旱状态，是土地贫瘠、水资源奇缺的国家。但聪明的犹太人依靠智慧经过半个多世纪的努力，就在世界最严酷的环境下，创造并发展出了闻名世界的先进农业技术，被誉为世界农业的领导者。以不足总人口 5%的农民，在不足 2 万平方公里的土地上，不仅实现了 95%的粮食自给率和食品种类的极大丰富，并养育了 700 万的人口，还把自己的农产品打入了欧盟等奉行最高品质标准的市场。每年都有大量的蔬菜、瓜果、花卉向欧洲出口，打开以色列航空公司赠送的地图，上面写着"以色列，一片流着奶和蜜的土地"。这些成绩都要归功于以色列现代高科技农业技术，其中世界领先的高效节水灌溉技术——滴灌技术功不可没。滴灌的原理很简单，然而，如何让水经过远距离输送均衡地滴渗到每颗植株却非常复杂。以色列滴灌技术从发明到今天仅有 50 年，研制出的防堵塑料管、接头、过滤器、控制器等都是高科技的结晶。滴灌系统等新型节水技术目前已是第六代。近年以色列又发展了低耗水滴灌技术、脉冲式微灌技术和地下滴灌技术等更为先进的节水灌溉技术。包括我国在内的世界 80 多个国家推广使用了以色列的滴灌技术。

现代滴灌技术在以色列非常普及，可以说是无处不在，无论是在现代的大都市特拉维夫，还是在古老的三大宗教（犹太教、基督教和伊斯兰教）圣城耶路撒冷，无论是农场还是街心公园，无论是居民的庭院还是路边的绿地，只要有植物，就能看见由计算机控制的滴灌系统。以色列人把滴灌系统电脑控制技术做到了极致。在以色列国际农业科技博览会上，一位农民展示了 iPhone 手机中的灌溉应用程序，他在任何时间任何地点都可以浇灌他的作物。

在以色列所有灌溉的操作都由计算机控制完成，实现了智能化管理。计算机控制系统使用农业专家事先根据气象条件、土壤含水量、农作物需水量等参数编制的程序，经由太阳能驱动的计算机可以实现实时控制，执行一系列的操作程序，将水、肥、农药根据需要一体化通过塑料管道滴灌系统自动进行密封输送，精密、可靠、节省人力。在灌溉过程中，如果计算机系统监视到水肥施用量与要求相比有一定偏差，系统会自动地关闭灌溉装置。系统还允许操作者预先设定程序，有间隔地进行灌溉。这些系统中安装有传感器，收集并传输包括地下土壤湿度等在内的信息，可以根据土壤的吸水能力、作物种类、作物生长阶段和气候条件等，帮助系统决定所需的灌溉间隔和灌溉用量，以便能定时、定量、定位地为作物供应水、肥。还有一种传感器，它能通过检测植物的茎和果实的直径变化，来决定对植物的灌溉间隔。这些传感器都直接和计算机相连，当需要灌溉时，它会自动打开灌溉系统进行操作。以一个深埋地下的喷嘴为例，它就凝聚了大量的高科技。它由电脑控制，依据传感器传回的土壤数据，决定何时浇、浇多还是浇少，绝不浪费的同时也保证作物生长的需要。为防止作物的根系生长堵塞喷嘴，喷嘴孔周围精确涂抹专门的药剂，仅抑制周边一个极小范围内的根系生长。为防止不喷水时土壤自然陷落堵塞喷嘴，在喷水系统中平行布置一个充气系统，灌溉完毕后即刻充气防堵。电脑控制的水、肥、农药滴灌系统是以色列现代农业的基础，发挥着巨大的经济效益和社会效益，自新中国成立以来，以色列农业生产增长了 12 倍，而农业用水量只增长了 3.3 倍。

滴灌是利用管道系统供水，使灌溉水在重力和毛细管的作用下成滴状、缓慢、均匀、定时、定量地进入土壤，浸润作物根系发育区域，使作物主要根系区的土壤始终保持在最优含水状态，在满足作物最佳生长所需供水的前提下最大程度地节约了用水量。

滴灌系统一般由水源工程、首部枢纽、过滤设备、输配水管网、滴头，以及控制、测量和保护装置等组成。

水源工程通过拦水蓄水从水源地取水，滴灌系统的首部枢纽包括水泵、施肥（药）装置、过滤设施和安全保护及测量控制设备。首部枢纽主要通过水泵将水流加压至系统所需压力并注入肥料（农药），经过滤后按时按量输送进管网，担负着整个系统的驱动、测量和调控任务，是全系统的控制调配中心。如果水源的自然水头（水塔、高位水池、压力给水管）满足滴灌系统压力要求，则可省去水泵。

过滤设备可将水流过滤，防止各种污物进入滴灌系统堵塞滴头或在系统中形成沉淀。过滤设备有各种过滤器，在旋流砂石分离器中压力水流沿切线方向流入圆形或圆锥形过滤罐，作旋转运动，在离心力作用下，比水重的杂质移向四周，逐渐下沉，清水上升，水砂分离。施肥装置的作用是使易溶于水并适于根施的肥料、农药、除草剂、化控药品等在化肥罐内充分溶解，然后再通过滴灌系统输送到作物根部。常用的化肥罐有压差式、文丘里注入式和射流泵等多种形式，压差式化肥罐利用干管上的流量调节阀所形成的压差，将化肥或农药溶液注入干管。射流泵是利用水流通过渐缩喷嘴加速并产生真空效应的现象将溶液吸入供水管。

流量、压力测量仪表用于管道中的流量及压力测量，一般有压力表、水表等。安全保护装置用来保证系统在规定压力范围内工作，消除管路中的气阻和真空等，一般有控制器、传感器、电磁阀、水动阀、空气阀等。调节控制装置一般包括各种阀门，如闸阀、球阀、蝶阀等，其作用是控制和调节滴灌系统的流量和压力。

输配水管网的作用是将首部枢纽处理过的水流按照要求输送分配到各级输配水管道和滴头，滴灌系统的输水管道一般由干管、支管、毛管三级管网组成。

滴头是滴灌系统中最关键的部件，是直接向作物施水肥的设备。滴头从水力学上讲是一个降压消能装置，其作用是利用滴头的微小流道或孔眼消能减压，使水流变为水滴均匀地施入作物根区土壤中。在一定的压力范围内，每个滴水器的出水口流量在 2～8L/h 之间。滴头的流道细小，直径一般小于 2mm，流道制造的精度要求也很高，细小的流道差别将会对滴水器的出流能力造成较大的影响。同时水流在毛管流动中的摩擦阻力降低了水流压力，从而也就降低了末端滴头的流量。

按滴水器的消能方式不同通常有长流道式、孔口式、涡流式等多种形式：

（1）长流道式消能滴水器。长流道式消能滴水器主要是靠水流与流道壁之间的摩擦耗能，来调节滴水器出水量的大小，如微管、内螺纹及迷宫式管式滴头等，均属于长流道式消能滴水器。

（2）孔口消能式滴水器。以孔口出流造成的局部水头损失来消能的滴水器，如孔口式滴头、多孔毛管等均属于孔口式滴水器。

（3）涡流消能式滴水器。水流进入滴水器的流室的边缘，在涡流的中心产生一低压区，使中心的出水口处压力较低，因而滴水器的出流量较小。

滴灌系统属于压力管道系统，与我们前面介绍的电力生产过程中的热力循环管道系统一样，都遵循流体力学的基本规律。滴灌系统的管网设计也需以连续方程、伯努利方程及动量方程等为基础进行水力计算，方法类似，所不同的是滴灌系统压力较低，系统相对简单，并合理利用流动阻力控制系统流量。

任务五　超声速气流中的激波

◁**【教学目标】**

知识目标：

（1）掌握气体流动的基本概念，包括声速、马赫数。

（2）了解微弱扰动波的传播特点。

（3）掌握超声速气流的激波现象。

（4）理解超声速气流的激波阻力损失。

能力目标：

（1）能理解声速、马赫数的概念。

（2）能解释微弱扰动波的传播特点。

（3）能解释超声速气流的激波生成。

（4）能解释超声速气流的激波阻力损失。

态度目标：

（1）能积极主动学习、独立思考、发现问题、分析问题、解决问题。

（2）以团队协助的方式，与小组成员共同完成本学习任务。

💬 **【任务描述】**

探讨汽轮机内蒸汽流动中激波损失产生的条件：超声速气流的激波和激波阻力损失。认识气体流动的基本概念、基本特点，学习气体动力学基础知识。

⚓ **【任务准备】**

（1）了解汽轮机内蒸汽流动的特点。

（2）了解气体流动的特点，对比水力学知识，学习有关气体动力学的知识，独立思考并回答下列问题：

1）水力学与气体动力学是否遵循相同的规律？有什么区别？

2）气体流动什么情况下可以按不可压缩流体处理？什么情况下必须考虑气体的可压缩性？

3）声速、马赫数与气体压缩性有何关系？

4）激波是如何形成的？

5）什么是激波阻力损失？它对物体有什么影响？

🌊 **【任务实施】**

讨论超声速气流中形成的激波、爆炸形成的激波、汽轮机内产生的激波，学习气体动力学基础知识，学习超声速气流的激波阻力损失及对汽轮机工作的影响。

📖 **【相关知识】**

知识一：气体流动基础知识

激波又称冲波、冲激波。激波具有巨大的力量。爆炸物爆炸时会在四周形成冲激波，爆炸形成的激波可以劈开坚硬的岩石。激波在超声速气流中也会产生。例如，超声速飞行器飞行时会形成激波，锅炉炉膛内煤粉爆燃产生的冲激波甚至会使炉膛炸裂，所以要设置防爆门及时降压。热力发电厂中超声速汽流在汽轮机内绕流叶栅时也会形成激波，在激波形成时，伴随着阻力的产生，这就是激波阻力损失。汽轮机内部叶栅的激波损失就是超声速气流的激波阻力损失造成的。

在讨论超声速气流的激波流动现象之前，先来了解有关气体流动的基本规律。这是气体动力学研究的内容。大家知道所有流体都是可以压缩的，不同之处仅在于不同种类的流体，在不同的环境中（主要是压力、温度环境），可压缩的程度不同。通常而言，液体较难以压缩，密度变化比较小，而气体压缩性比较大，相应密度变化也比较大，所以，在工程上为简便起见，常常将压缩性比较小的液体当作不可压缩流体对待，忽略其密度的变化，将压缩性比较大的气体当作可压缩流体处理，考虑其密度的变化。当然，这是就一般问题而言，有些特殊情况除外，例如水击中液体的压缩性就不能不予以考虑，否则无法分析该现象，而对于常温下的低速气体流动，事实证明，当速度小于 70m/s 时，可忽略密度的变化，所以常被当作不可压缩流体来处理。

前面几个学习任务中主要以不可压缩流体为研究对象，讨论了流体运动的基本规律，如连续性方程、伯努利方程等。这是流体力学重要分支——水力学的研究内容。与不可压缩流体运动相比较，可压缩流体的运动在本质上遵循着同样的力学规律，所不同的是，不可压缩流体运动中的主要参数变量是流速和压力，而可压缩流体运动中除了流速、压力以外，又多了流体密度、温度等变量，所以其运动就表现出不同于前者的形式。流体力学的另一分支——气体动力学就是专门研究以空气为代表的可压缩流体的流动规律。

1. 声速

众所周知，声音来源于物体的振动。当物体振动时，带动周围的空气发生微弱变化，使空气的压力、密度周期性地变化，这种变化依次向外传播，一般称为扰动波。变化到达的位置称为波面。因为此类扰动波中的变量（如压力等）变化很小，所以称之为微弱扰动波。微弱扰动波会以一定的速度向四周传播，其速度就是**声速**，用符号 a 表示。

声速的基本计算公式为

$$a = \sqrt{\frac{\mathrm{d}p}{\mathrm{d}\rho}} \tag{3-94}$$

可以看出，声速 a 的大小并不仅仅取决于压力或密度变化的绝对值，而且由两者变化的比值来决定。

进一步分析还可看出，声速 a 与流体的压缩性有一定的联系。在相同的压力变化 $\mathrm{d}p$ 的作用下，压缩性大的流体，其体积变化也较大，相对应地，流体密度也发生较大变化，也就是说，声速 a 会比较小；相反，压缩性小的流体，其声速 a 则比较大。所以，可以用声速来表示流体压缩性的大小。

例如，20℃时，空气中的声速为 343m/s，而水中的声速是 1478m/s，这表明水的压缩性比空气小得多。对于不可压缩流体，在任何情况下，$\mathrm{d}\rho = 0$，则 $a = \infty$，表明微弱扰动在不可压缩流体中的传播速度无穷大，实际上这是不可能的，这也说明了任何流体都是可压缩的，不可压缩的流体在实际中是不存在的。

微弱扰动在传播过程中引起流体状态参数发生较小的变化，所以可以看作是一个可逆过程，同时传播速度快，来不及与周围进行热量交换，所以又可以看作是一个绝热过程，绝热可逆过程即是等熵过程。由此可知，微弱扰动波的传播使流体按等熵过程发生变化。当声音在气体中传播时，声速公式又可以做进一步推导。

等熵过程，气体的过程方程式为

$$\frac{p}{\rho^\kappa} = c(\text{常数})$$

$$\frac{\mathrm{d}p}{\mathrm{d}\rho} = ck\rho^{\kappa-1} = \kappa\frac{c\rho^\kappa}{\rho} = \kappa\frac{p}{\rho}$$

代入式（3-94），得

$$a = \sqrt{\kappa\frac{p}{\rho}} \tag{3-95}$$

由完全气体的状态方程式得

$$\frac{p}{\rho} = RT$$

则完全气体中声速的计算公式为

$$a = \sqrt{\kappa RT} \tag{3-96}$$

式中 κ——气体的等熵指数；

R——气体常数。

公式（3-96）中气体的绝热指数 κ、气体常数 R 都与气体的种类有关，对于某种气体来说，κ 与 R 均为常数。例如，空气的绝热指数 $\kappa = 1.4$，气体常数 $R = 287\mathrm{J}/(\mathrm{kg \cdot K})$，由此

可得空气中的声速计算公式

$$a = 20.1 \sqrt{T} \tag{3-97}$$

声速不仅与气体的种类有关，还和气体的温度有关，即使在同一种气体中，由于不同地点的温度不同，声速也不同，因此，对于定常流动的气体，声速成为位置的函数，所以又称为当地声速。

总之，声速是气体动力学中一个最基本的参数，它与气体的状态、压缩性等有密切的关系，压缩性越小、温度越高的介质，其中的声速越大。一般用声速来衡量气体流动的快慢。

2. 马赫数

在用声速反映气流速度时，为了叙述方便，气体动力学引入另一个重要参数——马赫数。马赫数是一个无量纲的参数，也用来衡量气流运动的快慢，而且比声速更加方便。

马赫数定义为气体的流动速度与当地声速之比，用 M 表示，即

$$M = \frac{c}{a} \tag{3-98}$$

根据马赫数的大小，通常将气体流动分为三种不同的类型：

(1) $M < 1$，即 $c < a$，称为亚声速流动。

(2) $M = 1$，即 $c = a$，称为临界声速流动。

(3) $M > 1$，即 $c > a$，称为超声速流动。

我们知道，声速 a 可以表示气体压缩性的大小，即 a 大，表示其压缩性小，a 小，表示其压缩性大。气体的压缩量 $d\rho$ 的大小，不仅由压缩性决定，还与气体速度有关（在此不考虑压力的影响）。即使压缩性大的气体，如果其流动速度较低或者是静止状态，即气体的马赫数较小，气体的压缩量仍然较小或者为零；反过来，压缩性小的气体，如果其流动速度较高，即 M 较大，那么气体的压缩量也会比较大。所以，可以用代表气流速度大小的马赫数来反映气体压缩量的大小。当气流的马赫数较小时，气体处于静止或低速流动状态，虽然气体的压缩性比较大，但其压缩量比较小，在工程上可以忽略不计；但气流的马赫数较大时，气流高速运动，其压缩量会比较大，而且对气流其他运动参数产生影响，所以必须予以考虑。因此，工程上又可以根据马赫数的大小，将气体流动分为两种类型：

(1) $M \leqslant 0.2$，气流为不可压缩气体的流动。

(2) $M > 0.2$，气流为可压缩气体的流动。

3. 微弱扰动波在气流中的传播

在静止流场中，有一个振动源固定不动，不断向外发出扰动波，其产生的扰动波以相同的声速 a 向四周传播，便形成了球形的波面，即波面的半径 r 以速度 a 不断向外扩大，如图 3-68 (a) 所示，四个圆分别代表了扰动波自波源发出 1s、2s、3s、4s 后的大小和位置。可以看出，扰动波是以源点为中心的同心球面，最终它将到达静止流场的任何位置。

如果静止流场中气体开始以一定的速度在流动，情况又会是怎么样呢？气体流速改变时对扰动波传播有什么不同的影响吗？

下面讨论不同流动对微弱扰动波传播的影响。与在静止流场中所不同的是：球面波是在流动的气体中不断向外扩展的，即球面波在向四周传播的同时，还被气流带着以流速 c 沿气流方向运动。

(1) 亚声速流动。在亚声速流动的流场中，气体流速 c 小于声速 a。如图 3-68 (b) 所

示，扰动源在 O 点发出扰动波，1s 后，球面波半径为 a，而整个球面波沿气流运动方向移动的距离是 c，此时球面波的中心 O_1 距 O 点的距离也是 c；2s 后，球面波半径为 $2a$，而整个球面波沿气流方向又移动 c 距离，这时球面波中心 O_2 距 O 点的距离是 $2c$；3s 后，球面波半径为 $3a$，而整个球面波沿气流方向又运动了一个 c 的距离，这时球面波中心 O_3 距 O 点的距离是 $3c$；球面波如此传播下去。球面波的传播速度可以用矢量叠加的方法求得，在气体流动方向上，波面传播速度为 $a+c$，而在相反方向上，传播速度则为 $a-c$，最终它可以到达整个流场。

（2）临界声速流动。气体流动速度刚好等于声速，所以扰动波以声速向外传播的同时，还随气流一起以声速 a（$M=1$）运动。如图 3-68（c）所示，在气体流动方向上，波面传播速度 $a+c=2a$，而在相反方向上，传播速度为 $a-c=0$，所以，在作声速流动的流场中，波面只能沿流动方向传播，而不能逆流动方向传播。这样，整个流场被一分为二，以过 O 点的与流动方向垂直的平面为分界面，分界面右边的空间将受到扰动波的影响，而分界面左边的空间将永远不会受到扰动，一般称之为寂静区。也就是说，假如扰动源是声源，那么寂静区内永远听不到声音。

（3）超声速流动。此时流场中气体的流动速度超过声速，扰动波在以声速向四周传播的同时，还将以超声速随气流一起运动。如图 3-68（d）所示，在气流流动方向上，波面传播速度为 $a+c>2a$，而在相反方向上，传播速度为 $a-c<0$，传播速度为负值，说明传播方向仍指向气体流动方向，因此，当气体作超声速流动时，扰动波将被气流带向下游。可以看出，寂静区的范围更加扩大，扰动波只能在如图 3-68（d）所示的圆锥内传播，而不可能传播到圆锥区域以外，所以圆锥以外均为寂静区，也就是说，声源发出的声音在圆锥以外接收不到，即使位置离声源很近。

这个圆锥称为马赫锥，马赫锥以扰动源为顶点，其中心轴线与气体流动方向重合，它与马赫锥母线之间的夹角 θ 称为马赫角，其计算公式为

$$\sin\theta = \frac{at}{ct} = \frac{a}{c} = \frac{1}{M} \tag{3-99}$$

可见，马赫角的大小取决于马赫数 M。气体流速越大，马赫数就越大，而马赫角就越小；反之，马赫角越大。所以，超声速气流速度的快慢决定了扰动波传播的范围：气流速度越快，扰动波传播的范围越小；气流速度越慢，扰动波传播的范围越大；当气流作临界声速流动时，即 $M=1$ 时，马赫角 $\theta=90°$，即分界面由圆锥面变为平面。

以上就是微弱扰动波的传播特性，气体受到微弱压缩后，包括压力在内的一系列参数发生微小的变化，这种微小变化即微弱扰动波以声速向前传播，传播过程为等熵过程，在不同流速的气流中传播范围会有所不同。那么，如果气体受到强烈压缩后，它会引起气体的强扰动波吗？这种扰动波又有什么流动特征呢？下面来讨论这个问题。

知识二：超声速气流中激波的形成与阻力损失

理论和事实都证实，当超声速气流流过障碍物时，气流在障碍物前将受到急剧的压缩，气体的压强、温度和密度都将急剧地升高，从而形成强压缩扰动波。一般称这种气体参数发生急剧突跃性变化的强压缩扰动波为激波（或冲波）。激波有不同于微弱扰动波的流动特征。

根据激波形状及与气流方向之间的关系，激波一般分为三种类型。

（1）正激波。如图 3-69（a）所示，激波面与气流方向垂直，激波面为平面，气流通过正激波后不改变原来的流动方向。

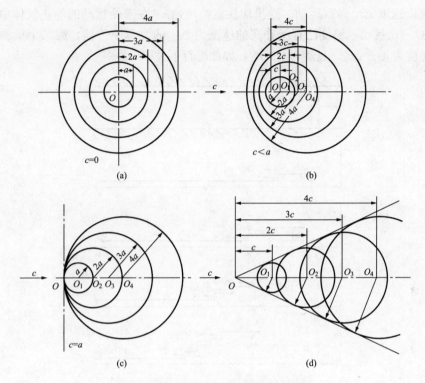

图 3-68　微弱扰动在气流中的传播

（2）斜激波。如图 3-69（b）所示，激波面与气流方向不垂直，激波面为平面，气流通过斜激波后会改变原来的流动方向，一般超声速气流流过尖锐的楔形物时会出现斜激波。

（3）脱体激波。如图 3-69（c）所示，一般超声速气流流过钝体时会出现脱体激

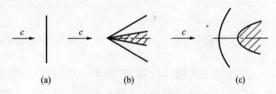

图 3-69　激波的种类
（a）正激波；（b）斜激波；（c）脱体激波

波，脱体激波面为曲面，并且脱离物体表面，形成在物体的前方。

下面通过一个例子来说明正激波的形成过程。假设一根等直径的长管内有一个活塞（见图 3-70），开始时静止气体的压力为 p、密度为 ρ、温度为 T，活塞由原来的静止状态开始作连续的加速运动，把这个连续的加速运动看作是一个一个依次发生的微小加速。如同前面所介绍过的，每一次微小加速都形成一次微弱扰动，并以声速沿管道向前传播，一个一个微弱扰动波最终叠加形成强扰动波。

微弱扰动波叠加的过程是这样的：首先，活塞由静止突然加速，第一次微小加速使活塞获得速度 Δc_1，它压缩周围的气体使其压力、密度、温度都产生一个微小的增量，从而形成第一个微弱扰动波，微弱扰动波在静止的气体中开始以声速 a_1 向右传播，同时静止的气体也以速度 Δc_1 开始向右运动；紧接着活塞作第二次微小加速，活塞提速到 Δc_2，它压缩周围的气流，使其压力、密度、温度在第一次升高的基础之上再次产生微小增量，从而形成第二个微弱扰动波，第二个微弱扰动波在流速为 Δc_1 的气流中开始以声速 a_2 向右传播，同时气

流再次提速以速度 Δc_2 向右运动。这里应注意，声速 a_1 在未受扰动的静止气体中传播，声速 a_2 在受过一次扰动，温度已有所升高的速度为 Δc_1 的气流中传播。第二个微弱扰动波的实际传播速度为 $a_2 + \Delta c_1$。显然，$a_2 > a_1$，如此进行下去……

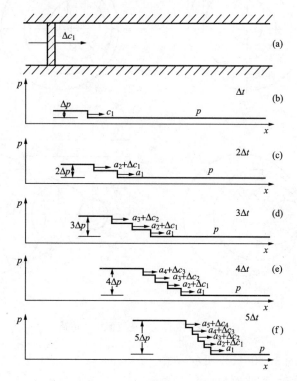

图 3-70　正激波形成过程

　　随着每一次微小加速都产生一个比上一次传播声速更快的微弱扰动波，气体的运动速度、压力、密度、温度也同时得到一次增加，最终必然导致在某一时刻后产生的微弱扰动波一个一个追赶上前面的扰动波，波形变得越来越陡，如图 3-70 所示。最后在某个断面上所有微弱扰动波叠加在一起，使气流参数发生急剧的突跃的变化，形成一个强扰动波，这个强扰动波波面与流动方向垂直，称为正激波。

　　如果活塞不再加速，正激波会以某一速度 c_s 继续向前传播。波面经过之处，气体的压力、密度、温度均突然升高，这种参数的急剧变化是在一个极小的激波面厚度（相当于分子平均自由行程的数量级）内完成的。一般情况下视其为没有厚度的不连续的间断面，这里的不连续指的是参数的突跃。

　　激波使气体受到突然地急剧地压缩，这个过程所耗时间非常短，来不及与外界进行热交换，所以可看作是绝热过程。但激波两侧气流参数的变化非常大，气体的黏性作用和热传导作用不能忽略，所以必然伴随有不可逆损失，即有熵增出现，因此激波的传播是一个非等熵过程。

　　当超声速气流流过物体时，产生的激波使气流速度降低，可以证明，超声速气流通过正激波后，气流降为亚声速流动。其原因是部分动能将转变成热能，使气流的熵增加，这部分能量成为不可逆损失。也就是说，超声速气流与物体之间因为激波的原因各自形成作用于对方的阻力，阻碍两者之间的相对运动，它与摩擦阻力不同，完全是由激波造成的，称之为激波阻力损失，简称波阻。在各种形式的激波中，正激波中的熵增是最大的，因此正激波中的激波阻力损失最大。

汽轮机内部叶栅的激波损失就是超声速气流的激波阻力损失造成的，如果汽轮机斜切喷嘴流出的是超声速气流，向后流入动叶片时，在动叶片头部受到压缩，可能会形成正激波或脱体激波，从而产生激波的阻力损失，降低流动效率。为避免叶栅内出现激波阻力损失，汽轮机应选用头部呈楔形的动叶片。

任务六　分析不可压缩流体流动时对弯管的作用，阐明流体流速与壁面所受作用力间的变化规律及应用

◁ 【教学目标】

知识目标：

（1）理解定常流动的动量方程式和应用时应注意的问题。

（2）掌握动量方程式的应用。

（3）了解水击的基本概念和危害。

（4）理解水击的产生过程。

（5）掌握减弱水击的措施。

能力目标：

（1）能描述动量定理。

（2）能说出应用动量方程解题的步骤。

（3）能解释应用动量方程式时应注意的问题。

（4）能应用动量方程求解不可压缩流体流动时对固体壁面的作用力。

（5）能解释水击的基本概念。

（6）能描述水击的产生过程。

（7）能说出减弱水击的措施。

态度目标：

（1）能积极主动学习、独立思考、发现问题、分析问题、解决问题。

（2）以团队协助的方式，与小组成员共同完成本学习任务。

◉ 【任务描述】

通过分组讨论复习中学物理中动量定理的内容及解决的问题，举出流体流动时对固体壁面产生作用力的实例，学习不可压缩流体的动量方程式并应用于水击问题，了解水击的产生过程及特点，认识其危害。学习应用动量方程解题的方法，能应用动量方程求解不可压缩流体流动时对弯管等固体壁面的作用力，并分析提出减弱水击的措施。

⚓ 【任务准备】

课前预习相关知识部分，独立思考并回答下列问题：

（1）中学物理中动量定理的内容及解决的问题是什么？

（2）举出流体流动时对固体壁面产生作用力的实例。

（3）如何选取控制体？

（4）应用动量方程解题时有哪些步骤？

（5）应用动量方程式时应注意哪些问题？

（6）水击产生的原因是什么？有何危害？过程如何？

（7）可采取什么措施减弱水击的危害？

【任务实施】

（1）学习定常流动的动量方程。

1）分组讨论，复习中学物理中动量定理的内容及解决的问题，举出流体流动时对固体产生作用力的实例，分组进行动量方程实验，学习不可压缩流体定常流动的动量方程式。

2）分析应用动量方程解题的步骤和应注意的问题，并应用于工程实例，计算不可压缩流体流动时对弯管等固体壁面的作用力。

（2）分析水击的产生、危害、过程，提出减弱水击的措施。

1）应用不可压缩流体的动量方程于水击问题，了解水击的特点及危害。

2）了解水击的产生过程，学习减弱水击的措施。

【相关知识】

知识一：动量方程实验

如图 3-71 为动量方程实验仪，水箱为实验提供稳压水源，水箱的溢流板上开设若干出流孔。开、闭这些出流孔可以控制水位的高低。

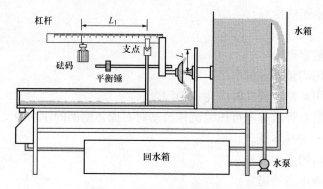

图 3-71　动量方程实验仪

实验时，让水流从设在水箱底部的管嘴射击，冲击一个轴对称曲面挡板，挡板将射流冲击力传递给杠杆，杠杆失去平衡。移动砝码到某一位置，可使杠杆保持平衡。

本实验说明了从水箱底部的管嘴射击的射流水对挡板存在作用力，根据作用与反作用的原理，同时，挡板对射流水存在反作用力，即两者间存在相互作用力，这个相互作用力，可通过动量定理求解。

知识二：不可压缩流体定常流动的动量方程及应用

当流体流速的大小或方向发生改变，或大小和方向同时改变时，流体与约束它的固体边界壁面之间就有力的相互作用，如弯管中流动的流体与弯管之间的相互作用力，水蒸气与汽轮机动叶片之间的相互作用力，水流与水轮机动叶片之间的相互作用力等，这些相互作用力需要应用动量定理来求解。

一、不可压缩流体定常流动的动量方程

动量定理指出，作用在物体上的合力等于物体动量的变化率，即

$$\sum \vec{F} = \frac{\mathrm{d}(mc^2)}{\mathrm{d}t}$$

如图 3-72 所示，以流体流经弯管为例，分析不可压缩流体流动时对弯管的作用力，得到不可压缩流体定常流动的动量方程。

在如图 3-72 所示的不可压缩流体定常流动时，选取过流断面 1-1、2-2 和弯管内壁所包围的流体为控制体（即研究对象），所选控制体为流体流速有突变的区域，即为流体动量有变化的区域。通过对控制体的研究，了解流体动量变化与作用力的关系。

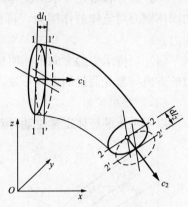

图 3-72 动量方程式推导用图

该部分的流体简称流段，在质量力、两断面上的压力和弯管内壁作用力的共同作用下，经 $\mathrm{d}t$ 时间后，流段从位置 1-2 流到 1'-2'。流段的动量变化等于 1'-2' 控制体内与 1-2 控制体内流体的动量之差。由于定常流动中流管内各空间点的流速不随时间变化，1'-2' 内流体的动量没有改变，所以在 $\mathrm{d}t$ 时间内，流体的动量变化就等于 2-2' 段（对应管段长度为 dl_2）的动量和 1-1' 段（对应管段长度为 dl_1）的动量之差，即

$$\mathrm{d}(m\vec{c}) = \rho q \mathrm{d}t \vec{c_2} - \rho q \mathrm{d}t \vec{c_1}$$

故有

$$\sum \vec{F} \mathrm{d}t = \rho q \mathrm{d}t \vec{c_2} - \rho q \mathrm{d}t \vec{c_1}$$

两端同除去 $\mathrm{d}t$，得动量方程为

$$\sum \vec{F} = \rho q (\vec{c_2} - \vec{c_1}) \tag{3-100}$$

其意义是：作用在控制体上流体的合外力，等于单位时间内流出控制体的动量减去流入控制体的动量。

式（3-100）为矢量方程，在实际计算中，常采用其坐标轴向分量形式，即

$$\sum F_x = \rho q (c_{2x} - c_{1x})$$
$$\sum F_y = \rho q (c_{2y} - c_{1y}) \tag{3-101}$$
$$\sum F_z = \rho q (c_{2z} - c_{1z})$$

在推导动量方程过程中，由于不需要了解流体内部的流动形式，所以不论对理想流体还是实际流体，可压缩流体还是不可压缩流体，动量定理都能适用。

二、动量方程的应用

（一）应用动量方程解题的步骤

（1）选择控制体。控制面上要有已知参数和未知参数，且较集中。

（2）建立坐标系。为使计算简便，应至少使一个坐标轴的方向与流体的一个速度方向一致。

（3）分析作用在控制体上的合外力 $\sum \vec{F}$。

（4）列方程求解。有时还要结合伯努利方程、连续性方程。

（5）分析结果，确定所求力的大小和方向。

（二）应用动量方程式应注意的问题

（1）流体受到的合外力 $\sum \vec{F}$ 一般有两大类：一是质量力，常见的是重力；二是表面力，

主要是控制体两端过流断面上的总压力（一般用相对压力）及固体壁面对流体的作用力。

（2）力、速度是矢量，有正、负之分。当它们的投影与坐标轴方向一致时为正，反之为负。

（3）该方程常用于求解流体与固体壁面上的相互作用力的问题。一般我们先求约束流体的固体壁面对流体的作用力，再根据作用与反作用的原理，则可求出流体对固体壁面的作用力。

（4）当待求力的方向不能明确时，可先假设一个方向。若求出结果为正值，则说明所求力的方向与原先假设的方向一致，否则即为反方向。

（三）应用实例

以不可压缩流体定常流动时对弯管的作用力为例。

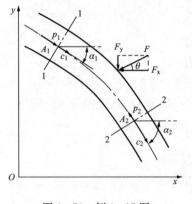

图 3-73　例 3-17 图

【例 3-17】　一水平放置的弯管，如图 3-73 所示。已知水流流量 q，断面 1-1 和 2-2 上的流体压力、平均流速、管轴和 x 轴的夹角分别为 p_1，p_2，c_1，c_2，α_1，α_2。试导出水流对弯管的作用力的计算式。

解　取断面 1-1、2-2 和弯管内壁围成的水流空间为控制体，建立如图 3-73 所示的坐标系。假设弯管对水流的作用力为 F（由于 F 未知，方向可任意假设，最终由计算结果决定），在 x 和 y 轴的分力分别为 F_x 和 F_y。

对控制体进行受力分析：

x 方向的受力分析为

$$\sum F_x = p_1 A_1 \cos\alpha_1 - p_2 A_2 \cos\alpha_2 - F_x$$

y 方向的受力分析为

$$\sum F_y = -p_1 A_1 \sin\alpha_1 + p_2 A_2 \sin\alpha_2 - F_y$$

列 x、y 坐标轴的动量方程

$$p_1 A_1 \cos\alpha_1 - p_2 A_2 \cos\alpha_2 - F_x = \rho q (c_2 \cos\alpha_2 - c_1 \cos\alpha_1)$$
$$-p_1 A_1 \sin\alpha_1 + p_2 A_2 \sin\alpha_2 - F_y = \rho q (-c_2 \sin\alpha_2 + c_1 \sin\alpha_1)$$

解得

$$F_x = p_1 A_1 \cos\alpha_1 - p_2 A_2 \cos\alpha_2 - \rho q (c_2 \cos\alpha_2 - c_1 \cos\alpha_1)$$
$$F_y = -p_1 A_1 \sin\alpha_1 + p_2 A_2 \sin\alpha_2 + \rho q (c_2 \sin\alpha_2 - c_1 \sin\alpha_1)$$

则弯管对水流的作用力

$$F = \sqrt{F_x^2 + F_y^2}, \quad \tan\theta = \frac{F_y}{F_x}, \quad \theta = \arctan\left(\frac{F_y}{F_x}\right)$$

根据作用与反作用的原理，水流对弯管的作用力大小与 F 相同，方向与 F 相反。

【例 3-18】　如图 3-74 所示流体从渐缩喷嘴流入大气，已知喷嘴进口直径 $d_1 = 150\text{mm}$，出口直径 $d_2 = 50\text{mm}$，流量 $q = 60 \times 10^{-3}\,\text{m}^3/\text{s}$，不计流动损失，试求渐缩喷嘴与管道连接的螺栓所受的拉力。

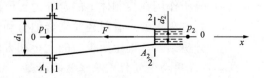

图 3-74　例 3-18 图

解 取喷嘴进口断面 1-1 和出口断面 2-2 为控制面，取喷嘴轴线为基准面 0-0，列出1-1 和 2-2 断面的伯努利方程

$$\frac{c_1^2}{2g} + \frac{p_1}{\rho g} = \frac{c_2^2}{2g} + \frac{p_2}{\rho g}$$

其中

$$c_1 = \frac{q}{A_1} = \frac{4q}{\pi d_1^2} = \frac{4 \times 0.06}{3.14 \times 0.15^2} = 3.4 \text{m/s}$$

$$c_2 = c_1 \frac{d_1^2}{d_2^2} = 3.4 \times \frac{0.15^2}{0.05^2} = 30.57 \text{m/s}$$

两断面上流体压力用相对压力表示，则 $p_2 = 0$。代入数据求得喷嘴进口断面 1-1 处的相对压力为

$$p_1 = \frac{\rho g(c_2^2 - c_1^2)}{2g} = \frac{1000 \times 9.807 \times (30.5^2 - 3.40^2)}{2 \times 9.8} = 461.48 \text{kPa}$$

取喷嘴进口、出口断面和内壁面所围的空间为控制体，以喷嘴轴线为 x 轴，如图 3-74 所示。

对控制体中的流体进行受力分析。流体受到的力有：断面 1-1 上受到上游流体对它的压力 $p_1 A_1$，断面 2-2 上受到周围大气压力的作用（以相对压力表示，则为 0），流体自身重力垂直于 x 轴向下。设喷嘴壁面对流体的作用力为 F，方向水平向左（先假设一个方向）。列 x 轴方向的动量方程

$$p_1 A_1 - F = \rho q(c_2 - c_1)$$

则

$$F = p_1 A_1 - \rho q(c_2 - c_1)$$
$$= 461.48 \times 10^3 \times \frac{3.14 \times 0.15^2}{4} - 1000 \times 0.06 \times (30.57 - 3.4) = 6520 \text{N}$$

计算结果 F 为正，表明力 F 的方向与假设的方向一致，即喷嘴对流体的作用力 F 的方向水平向左。根据作用与反作用的原理，其反作用力 F' 即流体对喷嘴的作用力，与 F 大小相等，方向相反，这个 F' 力也就是喷嘴作用在与管道连接螺栓上的拉力，方向向右。

动量方程可以用来解决工程中很多类似的流体流动时与固体壁面间的相互作用问题，解释相关的流动现象，人们利用它设计出许多依靠射流反作用力运动的诸如喷气式飞机、火箭等高速运动的飞行器。下面来了解动量方程在水击现象研究中的应用。

知识三：水击

前面讨论的都是不可压缩流体的流动，即都没有考虑流体的压缩性和膨胀性。但探讨液体在压力管道内的某些特殊流动（如水击）时，必须要考虑流体的压缩性和膨胀性。

一、水击现象及产生的原因

1. 水击现象（或水锤）

液体在有压管道中流动时，由于某些外界扰动（如阀门突然启、闭，水泵突然启、停等），液体的流速突然改变，引起管道中压力产生反复、急剧的变化，这种现象称为水击现象。因水击中压力波动所产生的压缩波和膨胀波（统称为水击压力波）交替在管中传播，对管道产生犹如锤击一样的作用，故又称为水锤现象。

2. 水击产生的原因

水击产生的内因是液体的可压缩性和液体高速流动的惯性，外因是液体突然受到外力的作用使其动量发生了突变。如图 3-75 所示，以一储液池向某处供水的管道系统为例来分析水击产生的原因。在液面能头 H 的驱动下，液体以 c 的速度向管内流动，当阀门 F 突然关

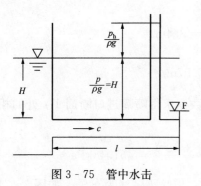

图 3-75　管中水击

闭切断水流时，瞬间液体流速由原来的 c 变为零，动量发生了急剧变化。根据动量定理，液体受到阀门给予的外力，液体压力突然升高。若原来的液体压力为 p，阀门突然关闭后液体压力突然升高到 $p+p_h$，突然增加的压力 p_h 即为水击压力。假设阀门和管壁是绝对刚体，根据动量方程，水击压力的计算式为

$$p_h = \rho c a_0 \tag{3-102}$$

式中　ρ——液体的密度；

　　　c——液体流动速度；

　　　a_0——压力波在液体中的传播速度。

考虑到管壁在高压作用下会变形，在弹性管道内压力波在液体中的传播速度受到影响会有所降低，所以实际传播速度 a 小于理想情况下的传播速度 a_0，实际的水击压力为

$$p_h = \rho c a \tag{3-103}$$

式中　a——压力波在液体中的实际传播速度。

二、水击的传播过程

当水击压力较大时，液体受到高压作用，体积被压缩，通常情况下被忽略的液体压缩性在水击现象中必须给予考虑，否则无法解释水击过程中出现的流动特征。这时可将液体看作是一种弹性体，弹性体突然受力压缩，会像弹簧一样发生周期性的振动，每个周期经历压缩、压缩恢复、膨胀、膨胀恢复四个过程，循环反复。下面以连接在水池上的排水管道为例分析水击的全过程，如图 3-76 所示。

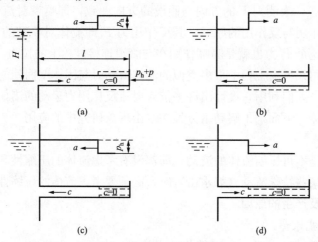

图 3-76　水击的传播过程图

1. 压缩过程

当管道下游的阀门突然关闭（$t=0$），首先紧贴阀门处的液体停止了流动，液体压力突

升了 p_h，液体受到压缩。紧接着相邻的液体也停止了流动，液体压力也突升 p_h。这种变化逆水流而发展，形成的压缩波以波速 a 一层一层地向上游传播，经时间 $t_1=l/a$ 后，压缩波传到了管道进口。整个管道内液体的压力均升高了 p_h，液体受到压缩，管壁膨胀。

2. 压缩恢复过程（卸压过程）

压缩过程结束后，管内液体压力 $p+p_h$ 大于水池内液体压力 p，液体从管道向水池内回流，管内压力恢复，即液体受压缩恢复，原先被压缩的液体得到膨胀。这种膨胀波也是以波速 a 一层一层地向下游传播，经时间 $t_2=2l/a$ 后，膨胀波传到了阀门，整个管道内液体的压力恢复到原压力值 p，管道断面也恢复到原来状态（没有膨胀了），这个过程也称为卸压过程。

3. 膨胀过程

卸压过程结束后，由于液体流动惯性的作用，管内液体继续向水池内流去，使液体的压力降低了 p_h，低压使液体体积更加膨胀，管壁收缩。这种膨胀波继续以波速 a 一层一层地向上游传播，经时间 $t_3=3l/a$ 后，膨胀波传到了管道进口，整个管道内的液体都处于膨胀状态。

4. 膨胀恢复过程

由于水池内的液体压力大于管道内的液体压力，因此液体向管内流去，使管内液体的压力恢复，液体膨胀恢复。这种压缩波仍以波速 a 一层一层地向下游传播，经时间 $t_4=4l/a$ 后，压缩波传到了阀门，整个管道内液体的压力恢复到阀门关闭前的状态，结束一个循环。

在不计水击传播过程能量损失的情况下，压力的变化会周期性地重复下去，四个阶段为一个完整的水击周期 T，其计算式为

$$T = 4t = 4\frac{l}{a} \tag{3-104}$$

实际上，由于液体的黏性和管壁变形消耗了能量，水击压力将逐渐衰减，直至水击完全消失，如图 3-77 所示。

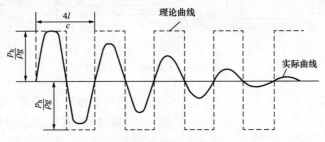

图 3-77　水击的衰减过程

当阀门突然开启时，所产生的水击压力波的传播情况与上述相似，只是每一个周期中的第一个阶段是膨胀阶段，第三个阶段是压缩阶段，第二、第四阶段仍是恢复阶段。

三、水击的类型

前面讨论阀门是突然关闭或开启的情况，但实际上阀门是不可能突然完全关闭或开启的，而是需要一定的时间，因此可将整个阀门关闭或开启过程看成是无数个微小关闭或开启的累加，每一个微小关闭或开启都产生一个水击波，并按上述过程进行传播。

若管路中的阀门不是突然关闭，而是缓慢关闭的话，则水击产生的压力升降值 p_h 将会

大大削弱，因此可根据阀门关闭时间长短将水击分为直接水击和间接水击两种类型。

直接水击：阀门关闭时间 $t_s < 2l/a$，即第一道反射的膨胀波还没有到达阀门时阀门已经完全关闭，阀门处将产生最大的水击压力 p_h。

间接水击：阀门关闭时间 $t_s > 2l/a$，即反射的膨胀波陆续到达阀门时，阀门还没有完全关闭，阀门处的压力将达不到水击的最大压力 p_h，而只能达到某一水击压力 p_h'（$p_h' < p_h$）。阀门关闭时间 t_s 比 $2l/a$ 大的越多，阀门处的水击压力越低。

四、水击的危害和减弱水击的措施

1. 水击的危害

发生轻微水击时引起噪声和管路振动；严重时由于水击产生的液体压力升高值 p_h，可能是正常液体工作压力 p 的几十倍甚至几百倍，会造成阀门损坏，管路接头断开，甚至引起管路爆裂；水冲击到水泵叶轮时，会使叶片振动，轴扭伤、弯曲，轴承、轴封损坏；水冲击常使压力表产生塑性变形或破裂损坏。另外水击引起的压力降低，使管内形成真空，有可能使管路瘪塌而损坏。

2. 减弱水击的措施

（1）运行中在条件允许的情况下，延长阀门的启、闭时间。

（2）尽量缩短管长，以避免发生直接水击。

（3）适当加大管径，限制流速 c，以降低水击压力 p_h。

（4）在管道中的阀门前安装溢流阀（液体安全门）、调压塔、蓄压器、贮气罐（储能器）。如图 3-78 中（a）、（b）、（c）所示。

（5）在低压管路中接一橡胶管段以缓冲水击压力，如图 3-78（d）所示。

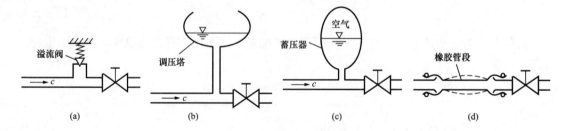

图 3-78　减弱水击的措施

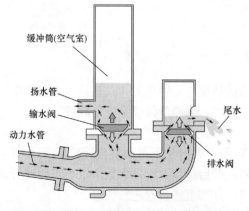

图 3-79　水锤泵工作原理示意图

认识水击现象的规律，采取合理的防范措施，可以减轻或避免水击带来的危害。水击也有可利用的一面，如水锤泵，或称水锤扬水机，就是利用水击能量泵水的一个例子，如图 3-79 所示。利用流动中的水被突然制动时所产生的能量，使其中一部分水被压升到一定的高度。

在水锤泵的工作原理示意图中，沿动力水管进入的水流至排水阀时，水流冲力（取决于水的流动速度，可用动量方程计算）使阀门迅速关闭。水流突然停止流动，形成水击，当水击压力 p_h 传播到输水阀时，输水阀在压力作用下向上抬起，水即可进入缓冲筒（空气室），当水在缓冲筒内上升到一定的高度（同时水沿扬水管输送至目的地），动力水管中水压随之下降，排水阀在重力作用下自动落下，回复到开启位置。缓冲筒内由于空气被压缩，压力升高，输水阀随即关闭，整个过程遂又重复进行。水锤泵的优点是没有运动部件，不需要外部动力源。

思考题

3-1　管道设计中，当流量一定时，如何控制管内流速？

3-2　连续性方程式、伯努利方程式的物理意义是什么？

3-3　伯努利方程与流体静力学方程有什么关系？在本质上有区别吗？

3-4　什么是流体流动的总能头线、测压管能头线和位置能头线？画图表示伯努利方程的几何意义。

3-5　举例说明伯努利方程在生活和工程中的应用。

3-6　如图 3-80 所示，在一水平管道上两支测压管。试讨论当流量增加或减少时，两支测压管液面高度 h_1 和 h_2 如何变化？

3-7　常用的节流式压差流量计有哪些？其测量原理是什么？

3-8　如图 3-81 所示，在倾斜管道上，用孔板流量计测量管道内的流体流量，当管道倾斜角度 α 改变时，流量计的读值 Δh 会发生改变吗？为什么？

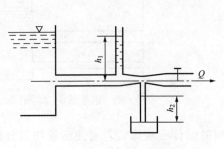

图 3-80　思考题 3-6 图

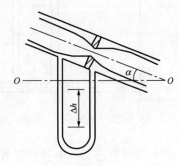

图 3-81　思考题 3-8 图

3-9　项目二任务二中，测出输水管道上阀门前后的压差是水流经阀门的流动阻力损失，那么输水管道上文丘里流量计测量出的压差是水流经文丘里流量计的流动阻力损失吗？为什么？

3-10　毕托管测速仪测量的是断面平均流速吗？为什么？

3-11　射水（汽）抽气器是如何建立凝汽器内的真空的？

3-12　水泵的吸水管道系统为什么布置越简单越好？

3-13　什么是流动阻力损失、全压损失？它们有什么区别？

3-14　实验室内如何方便地测量流体流动阻力损失？

3-15　什么是层流和紊流？判别层流和紊流的标准是什么？层流与紊流的流动特征分别是什么？

3-16　当管道内流量一定时，随着管径的增加，雷诺数是增加还是减少？

3-17　水力粗糙管与水力光滑管有什么区别？怎样将水力粗糙管转换为水力光滑管？

3-18　尼古拉兹实验的结论是什么？每个流动区域能量损失的规律是什么？

3-19　对紊流的水力光滑区、水力粗糙区和过渡区，沿程阻力系数的影响因素有什么不同？

3-20　流速增加，水力粗糙管区的沿程阻力系数是否增大？沿程阻力损失是否增大？为什么？

3-21　解释莫迪图的用途，描述莫迪图的特征。

3-22　两条长度相等，断面积相同的风管，其一为圆形断面，另一为方形断面。如果它们的沿程损失相等，而且流动都处于平方区，试问哪条管道的流量更大？大多少？

3-23　保持水箱水位不变（见图 3-82）。若将阀门的开度减小，问阀门前后测压管中水面差 Δh 将会如何变化？为什么？

3-24　管道系统有哪些类型？管道水力计算可以解决工程中哪些问题？

3-25　虹吸管流动需要满足的条件是什么？

3-26　两个容器用两条液面下的管道连接起来，假定两条管道的沿程阻力系数和局部阻力系数相同，管道长度也一样（见图 3-83），试问：

（1）若直径 d_1 和 d_2 相等，q_1 与 q_2 相等吗？为什么？

（2）若直径 $d_1 = 2d_2$，q_1 与 q_2 的比值应为多少？

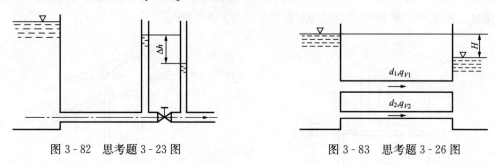

图 3-82　思考题 3-23 图　　　　　　　　图 3-83　思考题 3-26 图

3-27　并联管道系统中各分支管道流量分配遵循什么规律？若要使流量均匀分配，应如何设计管道系统？

3-28　有两长度相同的支管并联，如图 3-84 所示。如果在支管 2 中加一个调节阀（阻力系数为 ζ），则 q_1 和 q_2 哪个大些？阻力损失 h_{w1} 和 h_{w2} 哪个大些？

3-29　一个分支管道系统如图 3-85 所示。三条分支管中的流量分别为 q_1、q_2 和 q_3。保持水箱水位不变，若关掉一条分支管上的阀门，其余两条分支管中的流量及总流量又将如何变化？为什么？

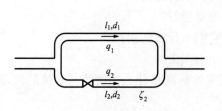

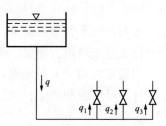

图 3-84　思考题 3-28 图　　　　　　　　图 3-85　思考题 3-29 图

3-30　电力生产过程中需要进行哪些水力计算，目的是什么？

3-31　什么是声速和马赫数？它们与流体的压缩性有什么关系？

3-32　简要叙述固定扰动源产生的微弱扰动波在不同流速气流中的传播特点。

3-33　正激波是怎样形成的？举例说明。

3-34　激波有哪几类？它们各有何特点？

3-35　激波阻力损失对物体有什么影响？

3-36　举例说明动量方程在工程中的应用。

3-37　何谓水击？有什么特点？工程实际中如何防止水击现象？

习　题

3-1　某输水管道设计中，要求输送流量为 50m³/h，如管道直径为 100mm，管内水的流速是多少？若将管道直径增大一倍，那么水的流速变为多少？

3-2　渐缩喷嘴进口直径为 80mm，进口水流速度为 1.4m/s，如果要求喷嘴出口水流速度为 10m/s，出口直径应为多少？

3-3　某电厂的循环水向凝汽器提供的冷却水流量为 $q_m = 13\ 750$t/h，如果循环水流速分别选择为 1.5m/s 和 1m/s 时，循环水管道直径应为多少合适？

3-4　汽轮机的部分抽汽经一直径 $d = 100$mm 的蒸汽管道进入母管中（见图 3-86），流量 $q_m = 1999$kg/h。蒸汽沿两只管的平均流速均为 25m/s，流量 $q_{m_1} = 500$kg/h，$q_{m_2} = 1499$kg/h。蒸汽自汽轮机流出时的比体积 $v = 0.38$m³/kg。求蒸汽管道中的平均流速，并确定两只管的直径 d_1 及 d_2。

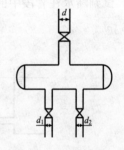

3-5　如图 3-87 所示，直立圆管管径为 10mm，一端装有直径为 5mm 的喷嘴，喷嘴中心离圆管的①截面的高度为 3.6m，从喷嘴排入大气的水流的出口速度为 18m/s。不计摩擦损失，计算截面①处所需的计示压力。

图 3-86　习题 3-4 图

3-6　如图 3-88 所示，水从一水箱底部经管径为 $d = 100$mm 的管道排出，水箱自由表面至管道出口中心 $H = 5$m，整个管道的流动损失 $h_w = 1.5$mH₂O，求管道出口流速和每小时出水量分别为多少？

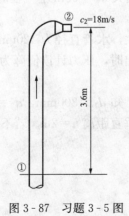

图 3-87　习题 3-5 图

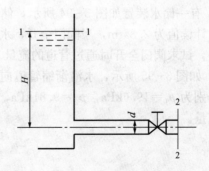

图 3-88　习题 3-6 图

3-7 如图3-89所示,测量管道中的流速,已知测压管内工作介质的相对密度为0.8,测压管读值$H=300mm$,求水的流速c。

3-8 如图3-90所示,水池中的水沿一变径管道排出,质量流量$q_m=14kg/s$。若$d_1=100mm$,$d_2=75mm$,$d_3=50mm$,不计阻力损失。求所需的水头H及第二管段中央M点的压力。

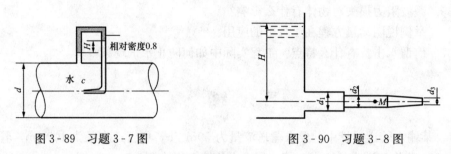

图3-89 习题3-7图   图3-90 习题3-8图

3-9 如图3-91所示,两水箱水面高度差$H=4m$,用直径$d=200mm$的管道将两水箱连通,若管道内流动损失$h_w=4c^2/2g$,求通过管道的流量。

3-10 如图3-92所示,一变径管段,断面A处$d_A=200mm$,$p_A=70kPa$,断面B处$d_B=400mm$,$p_B=40kPa$,AB间高度差$\Delta h=1.0m$,流量计测得管道内流量为$q=0.2m^3/s$,试判断水在管段中的流动方向。

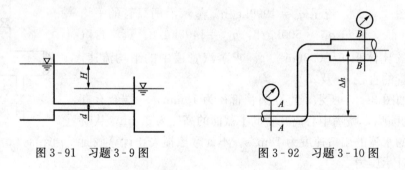

图3-91 习题3-9图   图3-92 习题3-10图

3-11 如图3-93所示,锅炉送风机的吸入管直径$d=1600mm$,如果U形管压力计中水柱读值$\Delta h=0.234mH_2O$,空气温度$t=20℃$。求:①不计阻力损失时,风机的体积流量和质量流量;②如果吸入管入口至压力计测点处的阻力损失$h_w=55m$空气柱时,风机的体积流量和质量流量。

3-12 有一储水装置如图3-94所示,储水池足够大,水管直径为120mm,当阀门关闭时,压力计读值为2.8atm,当阀门全开,水从管中流出时,压力计读值降为0.6atm,不计阻力损失,试求阀门全开时通过管道的流量q。

3-13 如图3-95所示,水沿渐缩管道向上流动。已知$d_1=300mm$,$d_2=200mm$,压力表读值分别为$p_1=19.6kPa$,$p_2=9.81kPa$,两测点间垂直距离$h=2m$。若不计摩擦损失,试计算其流量。

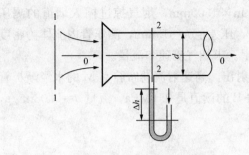

图 3-93　习题 3-11 图

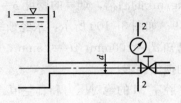

图 3-94　习题 3-12 图

3-14　如图 3-96 所示，离心泵通过直径 $d=150mm$ 的吸水管从一水池中抽水，将水送至压力水箱，管内流量 $q=60m^3/h$。装在水泵与吸水管接头上的真空计指示值为 39.997kPa。不计阻力损失，试求水泵的吸水高度 H_s。

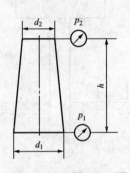

图 3-95　习题 3-13 图

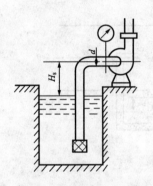

图 3-96　习题 3-14 图

3-15　一条供水管道有两根不同直径的管子组成（见图 3-97），$d_1=100mm$，$d_2=200mm$，水箱的水面高度 $h=4m$，不计阻力损失。试确定两管段中的流速，并绘制管道的测压管能头线。

3-16　如图 3-98 所示，水沿水平管道从水箱出流。已知管道直径 $D=50mm$，管道收缩处 $d=25mm$，差压计中 $h=1mH_2O$，$\Delta h=300mmHg$。不计阻力损失，试求水箱中水面的高度 H。

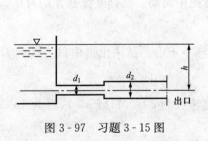

图 3-97　习题 3-15 图

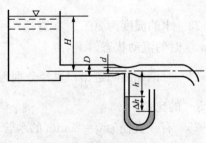

图 3-98　习题 3-16 图

3-17　有一孔板流量计，测得 U 形水银差压计读值 $\Delta h=50mmH_2O$，管道直径 $D=200mm$，孔板直径 $d=80mm$，查手册知流量系数 $\mu=0.61$，求管道内流量是多少？

3-18　一矩形水平烟道，断面尺寸为 2000mm×1500mm，烟气掠过插入烟道的测压管，测压管两个开口的位置较近，如图 3-99 所示，压差值 $h=15$mm，测压管内流体为密度 $\rho_1=900$kg/m³ 的酒精，烟气的密度 $\rho=1.733$kg/m³。求烟气流速和流量。

3-19　如图 3-100 所示，水经渐缩管道高速射出，高速射流卷席腔室 M 的水经渐扩管排出，已知 $d_1=200$mm，$d_2=75$mm，管道压力表 B 的读值是 0.1MPa，流量 $q=0.08$m³/s，不计流动损失。求：

(1) 腔室 M 的绝对压力和真空值。

(2) 若使渐扩管道出口压力提升到一个标准大气压，出口管径至少是多少？

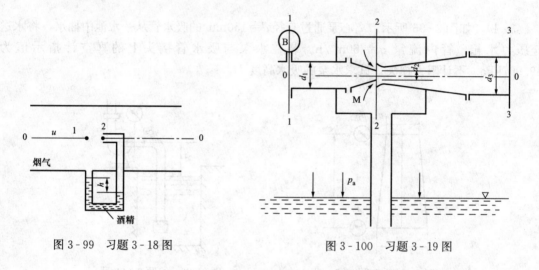

图 3-99　习题 3-18 图　　　　　　　　图 3-100　习题 3-19 图

3-20　水流在直径为 $d=100$mm 的管道内流动，如果流量 $q=4$L/s，水温 $t=15$℃，试确定管道内水的流动状态。同样条件下，若流过运动黏度为 $\nu=0.5$cm²/s 的石油，管道内石油的流动状态如何？

3-21　用管道输送比重为 0.9，动力黏度为 0.045Pa·s 的原油，维持平均流速不超过 1m/s，若要始终保持在层流状态输送，试确定管径不超过多少？

3-22　在换热器管道中，为保证传热效果，要求水流处于紊流状态。若已知管道直径 $d=20$mm，水温为 $t=90$℃。如果要求雷诺数 $Re>10^5$。试求管道中通过的最小流量应是多少？

3-23　水的温度为 20℃，在直径 $d=80$mm 的管道中流动，试判断流速分别为 0.25m/s 和 1.0m/s 时的流动状态。

3-24　一渐缩喷嘴进出口直径分别为 d_1、d_2，且 $\dfrac{d_2}{d_1}=\dfrac{1}{2}$，试求出进出口流动的雷诺数 Re_1 与 Re_2 的比值。

3-25　有一直径为 $d=20$mm 的水管，管中水流速度为 $c=0.11$m/s，水温为 15℃，求管长 $l=100$m 水流产生的沿程阻力损失是多少？

3-26　在直径 $d=25$mm 的管道上做沿程阻力实验，测得相距 10m 的两测点测压管内的高度差为 2m，流量计读值为 $q=1.0$L/s。求沿程阻力系数 λ。

3-27　用无缝钢管输送石油，钢管直径为 $d=200$mm，输送长度为 2000m。管内平均

流速为 $c=0.8\text{m/s}$，夏季该石油的平均运动黏性系数 $\nu=0.355\times10^{-4}\text{m}^2/\text{s}$。求夏季石油在管道中的沿程阻力损失。

3-28　有一旧铸铁管（管壁当量绝对粗糙度 $\varepsilon=1.5\text{mm}$），管径 $d=100\text{mm}$，管长 $l=600\text{m}$，水温为 $t=10℃$，通过的流量为 $q=60\text{m}^3/\text{h}$，求该管段沿程水头损失 h_f。

3-29　一台汽轮机组使用 30 号汽轮机油润滑。这种油在 50℃时运动黏度为 $\nu=30\times10^{-6}\text{m}^2/\text{s}$，在 25℃时 $\nu=200\times10^{-6}\text{m}^2/\text{s}$。汽轮机启动之前，我们用电动辅助油泵先向各轴承供油（25℃），汽轮机正常运行后，由注油器供油，由于轴承耗功和汽轮机主轴传来的热量，油温上升，因此正常工作时润滑油温在 50℃左右。设此汽轮机组的油管直径 $d=180\text{mm}$，管道长度 $L=30\text{m}$，粗糙度 $\varepsilon=0.02\text{mm}$，设计流速 $c=2\text{m/s}$。求：

（1）启动前后管内油流的 Re 值，并判断其流动状态。

（2）启动前后油管的沿程阻力系数 λ 及沿程阻力损失 h_f。

3-30　某锅炉风道是由钢板组成的矩形管道，管道断面尺寸 $400\text{mm}\times200\text{mm}$，长度为 100m。空气平均流速 $c=10\text{m/s}$，钢板的绝对粗糙度 $\varepsilon=0.15\text{mm}$，空气温度 $t=20℃$，求空气通过该管道时的压降损失。

3-31　锅炉钢制烟囱直径 $d=500\text{mm}$，通过的烟气量 $q=3600\text{m}^3/\text{h}$，若烟气的密度 $\rho_1=0.71\text{kg/m}^3$，周围空气的密度 $\rho=1.30\text{kg/m}^3$。烟囱的沿程阻力系数 $\lambda=0.023$。为了保持烟囱底部的真空不小于 100Pa，问烟囱的高度至少应为多少？

3-32　水泵吸水管的直径 $d=250\text{mm}$，其中水的流量为 $q=500\text{m}^3/\text{h}$，吸水管的沿程阻力系数 $\lambda=0.024$，吸水管上底阀的局部阻力系数 $\zeta=8$。求底阀的当量长度 l_e 及局部阻力损失 h_j 是多少？

3-33　如图 3-101 所示，在直径 $d=300\text{mm}$ 的管道上做阀门阻力实验，测得 $q=0.23\text{m}^3/\text{s}$，U 形水银差压计读数为 $h=100\text{mm}$，求阀门的局部阻力系数。

3-34　为了测量离心风机的进口风量，在直径 $D=100\text{mm}$ 的管道中安装一孔板流量计，孔板的孔径 $d=50\text{mm}$，管道内的空气速度 $c=20\text{m/s}$，空气温度 $t=20℃$，求空气通过孔板时的压降损失。

3-35　如图 3-102 所示用三支测压管测量直径为 $d=120\text{mm}$，流量 $q=9\text{L/s}$ 的管道内的沿程损失系数和局部损失系数。已知 1、2 测压管间距离 $l_1=2\text{m}$，2、3 测压管间距离 $l_2=3\text{m}$，三支测压管读值分别为 $h_1=210\text{mm}$，$h_2=194\text{mm}$，$h_3=128\text{mm}$，求沿程损失系数 λ 和阀门的局部损失系数 ζ。

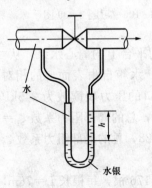

图 3-101　习题 3-33 图

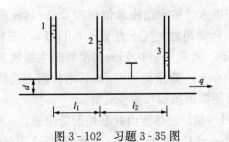

图 3-102　习题 3-35 图

3-36 如图3-103所示，直径为$d=50$mm的管道内水（$\nu=1.51\times10^{-6}\text{m}^2/\text{s}$）流经90°弯管时的流量为$q=15\text{m}^3/\text{h}$，管壁绝对粗糙度$\varepsilon=0.2$mm。设水银差压计连接点之间的距离$l=0.8$m，差压计中水银面高度差$h=20$mm。求弯管的损失系数。

3-37 如图3-104所示，两容器用两段新的低碳钢管连接起来，已知$d_1=200$mm，$l_1=30$m，$d_2=300$mm，$l_2=60$m，$\varepsilon=0.1$mm，阀门的阻力系数为$\zeta=3.5$。当流量$q=0.2\text{m}^3/\text{s}$时，求所需的总水头H。

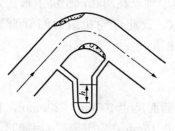

图3-103 习题3-36图

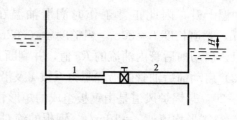

图3-104 习题3-37图

3-38 如图3-105所示一台离心水泵从水池中抽水。流量$q=15\text{L/s}$，已知：吸水管直径$d=100$mm，管道长度$l=20$m，沿程阻力系数$\lambda=0.03$，底部滤网的局部阻力系数$\zeta_1=6$，90°弯头一个（$R=100$mm）。如果水泵入口的最大允许真空值$h_v=6\text{mH}_2\text{O}$，求离心泵的安装高度H_s。

3-39 已知油的密度$\rho=800\text{kg/m}^3$，动力黏度$\eta=0.069\text{Pa·s}$，如图3-106所示，油在连接两容器的光滑管中流动，已知$H=3$m。当计沿程和局部损失时，管内的流量是多少？

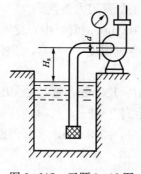

图3-105 习题3-38图

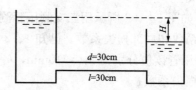

图3-106 习题3-39图

3-40 如图3-107所示，一装设在标高$\triangledown_2=4$m的平台上的离心水泵，从$\triangledown_1=2$m的吸水池中吸水，将水送往水位标高$\triangledown_3=14$m的水箱中。水箱自由表面上的相对压力$p_3=118$kPa。已知当地大气压力$p_a=0.1$MPa，安装在泵出口的压力表读数为245kPa，吸入管长$L_1=6$m，管径$d_1=100$mm，沿程阻力系数$\lambda_1=0.025$，总的局部阻力系数$\zeta_1=7.0$。压出管长$L_2=60$m，管径$d_2=80$mm，沿程阻力系数$\lambda_2=0.028$，总的局部阻力系数$\zeta_2=8.0$。试求离心泵所需的扬程和输水流量。

3-41 锅炉过热器由并联蛇形管组成，共有并联管176根，每根长$L=76$m，通过蒸汽质量流量$q_m=176\times10^3\text{kg/h}$。蛇形管管材是合金钢，直径为$D=28$mm，粗糙度$\varepsilon=0.1$mm，各种局部阻力系数之和 $\sum \zeta = 3.92$。通过的蒸汽密度 $\rho = 50.5 \text{kg/m}^3$。动力黏度 $\mu = 22.95 \times 10^{-6} \text{Pa·s}$。设每根管内流量相等，求过热器的压力损失 A_p。

3-42　如图 3-108 所示，有一中压为 $130 \times 10^3 \text{kg/h}$ 的锅炉过热器，已知过热器出口蒸汽压力为 3.923MPa，温度为 423℃，管径为 $\phi 42 \times 3.5$（其中 42mm 为管外径，3.5mm 为管壁厚），共 108 根，管壁绝对粗糙度 $\varepsilon = 0.08 \text{mm}$，若每根管子总长 $l = 24\text{m}$，每个弯头局部阻力系数 $\zeta_1 = 0.2$，由联箱进入管子的局部阻力系数 $\zeta_2 = 0.7$，由管子进入联箱的局部阻力系数 $\zeta_3 = 1.1$，若过热蒸汽的平均密度约为 $\rho = 13 \text{kg/m}^3$，运动黏度 $\nu = 1.98 \times 10^{-6} \text{m}^2/\text{s}$，求蒸汽流经过热器的压力降，以及过热器的进口压力。

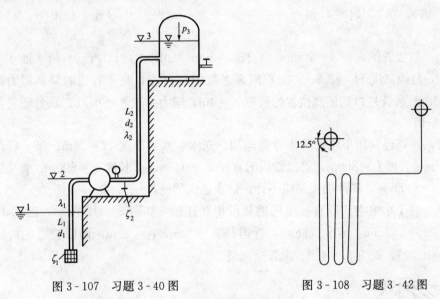

图 3-107　习题 3-40 图　　　　　图 3-108　习题 3-42 图

3-43　一个钢管换热器，在进水室管板和出水室管板上，共并列安装了长度 $L = 5\text{m}$，内径 $D = 16\text{mm}$ 的钢管 250 根。水从进水室流入钢管，后流至出水室，水流量 $q = 360 \text{m}^3/\text{h}$，设每根管中流量相等，试求水通过换热器的压降 Δp。已知水的密度 $\rho = 998 \text{kg/m}^3$，运动黏度 $\nu = 9 \times 10^{-7} \text{m}^2/\text{s}$，钢管管壁粗糙度 $\varepsilon = 0.1 \text{mm}$。

3-44　蒸汽锅炉尾部受热面的省煤器蛇形管如图 3-109 所示。上、下联箱之间并联着内径 $D = 28\text{mm}$ 的无缝钢管共 59 根，管壁粗糙度 $\varepsilon = 0.12 \text{mm}$，每根蛇形管长 $L = 36\text{m}$。有 $R/D = 2$ 的 $\theta = 30°$ 弧形弯头一个（$\zeta_1 = 0.07$）；$\theta = 90°$ 的弧形弯头一个（$\zeta_2 = 0.145$）；管入口一个（$\zeta_3 = 0.8$）；管出口一个（$\zeta_4 = 1$）；$\theta = 180°$ 的弯头六个（$\zeta_5 = 0.21$）；$R/D = 6$ 的 $180°$ 弯头一个（$\zeta_6 = 0.12$）。设省煤器蛇形管内水的平均密度 $\rho = 833 \text{kg/m}^3$，动力黏度 $\eta = 106.93 \times 10^{-6} \text{Pa·s}$。各蛇形管流量分配相等，省煤器总流量 $q_m = 90\,000 \text{kg/h}$。求该省煤器的压损 Δp。

3-45　如图 3-110 所示，水箱 A 通过一个虹吸管向水箱 B 供水，虹吸管的最高点距水箱 A 的水面 $h_1 = 2\text{m}$，虹吸管内水的流速为 $c = 1.0 \text{m/s}$，虹吸管管道的总阻力损失为 $3 \text{mH}_2\text{O}$（其中弯管顶点以前管段的阻力损失为 $1.2 \text{mH}_2\text{O}$）。求虹吸管最高点的绝对压力和两水箱水面高度差 H。

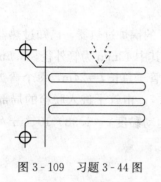

图 3-109 习题 3-44 图

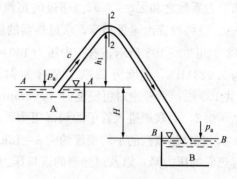

图 3-110 习题 3-45 图

3-46 虹吸管的直径 $d=50$mm，总长 $l=30$m，如图 3-111 所示。两水池水面高度差 $H=4.5$m，虹吸高度 $H_s=2.5$m，沿程阻力系数 $\lambda=0.028$，整个管道的局部阻力系数之和 $\sum\zeta=2.26$。虹吸管进口到最高位置的长度 $l_1=4$m，阻力系数 $\zeta_0=0.76$。求虹吸管中最高位置处的真空值。

3-47 水塔经两段串联的输水管道向用户送水，水塔高度 $H=20$m，第一管段的直径 $d_1=150$mm，长度 $l_1=800$m，第二管段的直径 $d_2=125$mm，长度 $l_2=600$m，管壁的绝对粗糙度都为 $\varepsilon=0.5$mm。局部损失忽略不计。试求输送的流量 q。

3-48 两个水池由两段直径不同的管段串联连接，如图 3-112 所示，已知 $H_1=7$m，$H_2=2$m，$d_1=150$mm，$d_2=125$mm，管道长 $l_1=40$m，$l_2=20$m，两段管道的沿程阻力系数均为 $\lambda=0.025$，阀门 $\zeta_2=4.0$。求管道流量。

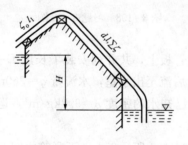

图 3-111 习题 3-46 图

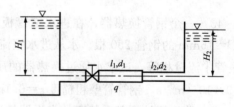

图 3-112 习题 3-48 图

3-49 在两个容器之间用两根并联的管道连接起来，两根管道处在同一水平高度，$d_1=1.2$m，$l_1=2500$m，$d_2=1$m，$l_2=2000$m，$\lambda_1=\lambda_2=0.035$，已知两容器间的总水头高度差 $H=3.6$m。不计局部阻力损失，求两个容器之间总的输水量 q。

3-50 在总流量为 $q=25$L/s 的输水管中，接入两并联管道，如图 3-113 所示，已知 $d_1=100$mm，$l_1=50$m，$\lambda_1=0.02$，$\sum\zeta_1=5$；$d_2=150$mm，$l_2=90$m，$\lambda_2=0.025$，$\sum\zeta_2=7$。试求两并联管道中流量各是多少？在并联管道入口和出口间的能头损失是多少？

3-51 循环水系统为凝汽器提供冷却水，如图 3-114 示，循环水量为 4750t/h。循环泵从淋水塔下的水池吸水，压入凝汽器下水室，通过下半凝汽器铜管簇进入左水室，折转入上半铜管簇，经右上水室流出后，送到淋水塔上部喷出落入水池中。

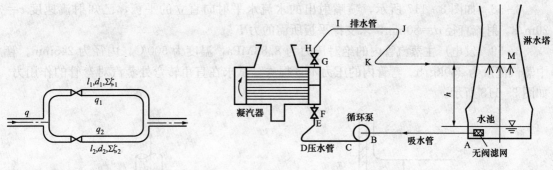

图 3-113　习题 3-50 图　　　　　　　　　　图 3-114　习题 3-51 图

已知：凝汽器两流程共有铜管 2984 根，每根铜管长 6.5m，内径 $d=25\text{mm}$，$\varepsilon=0.005\text{mm}$，进出口尖角凸边涨接于管板，管壁厚 $\delta=1.5\text{mm}$，凸边高 $b=1.25\text{mm}$。上、下水室过流断面为压、排水管断面面积的 4 倍。进出口阀门 F、G 为闸阀，运行时全开。淋水塔喷头高于池面 $h=16\text{m}$。

吸水管 AB 长 $L_1=300\text{m}$，直径 $D_1=1000\text{mm}$，$\varepsilon=0.1\text{mm}$，进口有滤网（无底阀）。

压水管 CE 长 $L_2=5\text{m}$，直径 $D_2=820\text{mm}$，$\varepsilon=0.1\text{mm}$，有 D、E 两个 90°弯头。

排水管 GM 长 $L_3=350\text{m}$，直径 $D_3=820\text{mm}$，$\varepsilon=0.1\text{mm}$，有 H、I、J、K 四个 90°弯头。在出水端 M 处，动能全部损失。

求此时循环水泵的扬程和功率。

3-52　过热蒸汽的温度是 450℃，等熵指数 $\kappa=1.3$，气体常数 $R=462\text{J}/(\text{kg}\cdot\text{k})$。求过热蒸汽中的声速。

3-53　空气温度为 20℃，并以 100m/s 的速度流动，求空气的当地声速和马赫数。

3-54　飞机在 20 000m 高空（−56.5℃）中以 2400km/h 的速度飞行，求气流相对于飞机的马赫数。

3-55　飞机在温度为 20℃的静止空气中以 530m/s 的速度飞行，求飞机飞行的马赫数与马赫角。若飞机在人头顶 800m 高处飞过，试确定飞机从人头顶飞过多远时人才能听到声音。

3-56　如图 3-115 所示，直径为 $d_1=200\text{mm}$ 的管道末端连接一渐缩喷嘴，水从喷嘴处出流，喷嘴出口处直径为 $d_2=50\text{mm}$，不计阻力损失，当流量 $q=0.1\text{m}^3/\text{h}$ 时，水流对喷嘴的作用力是多少？

3-57　有一渐扩管（见图 3-116），其进口和出口断面的直径分别为 $d_1=250\text{mm}$ 和 $d_2=500\text{mm}$。水由渐扩管流入水箱，流量 $q=0.4\text{m}^3/\text{s}$，水箱保持水位 $h=4\text{m}$ 不变。不计阻力损失，试确定水作用在渐扩管上的轴向力。

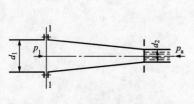

图 3-115　习题 3-56 图

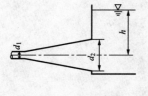

图 3-116　习题 3-57 图

3-58 如图 3-117 所示，喷嘴射出的水流水平射向直立的平板，已知射流速度 $c=$ 20m/s，射流直径 $d=80$mm，求支撑平板所需的力 F。

3-59 发电厂主蒸汽管内的绝对压力为 8.83MPa，温度为 500℃，内径为 245mm。管中蒸汽流量为 230kg/h。弯管内的压力不计损失，试求在直角转弯处蒸汽对弯管的作用力。如图 3-118 所示。

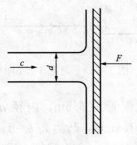

图 3-117 习题 3-58 图

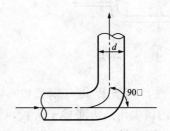

图 3-118 习题 3-59 图

3-60 电厂循环水管道上有一水平弯管，进、出口的直径分别为 $d_1=1000$mm，$d_2=$ 800mm，管道流量 $q=5400$m³/h。压力表测得 $p_1=10$kPa，$p_2=9.5$kPa，$\alpha_1=30°$，$\alpha_2=60°$ （见图 3-119）。试确定水流对弯管的作用力。

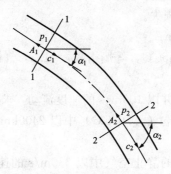

图 3-119 习题 3-60 图

项目四

电力生产过程中流体的平面流动规律及应用

【项目描述】

电力生产过程中存在许多的流体平面流动现象，必须研究两个坐标方向的运动要素与运动规律。通过分析锅炉细煤粉分离器、旋风除尘器的工作原理，蒸汽绕流汽轮机叶栅、烟气绕流锅炉受热面，以及锅炉燃烧器的射流等流动现象，认识流体的平面流动规律：有旋流动、边界层、升力与阻力、自由淹没射流。通过分析各种平面流动现象，培养应用平面流动基本规律解释此类流动现象、分析相关问题的能力。

【教学目标】

能应用流体平面流动基础知识，描述电力生产过程中热力设备的典型平面流动现象，能解释流体的有旋流动基本规律，能运用边界层知识分析绕流现象及对流动的影响，能描述汽轮机工作原理，能解释卡门涡街现象、阻力控制技术，能说出自由淹没射流的特征。

【教学环境】

多媒体教室结合模型室或利用理实一体化教室实施课程教学，需要火力发电厂主要设备锅炉、汽轮机等模型。

任务一　分析锅炉细煤粉分离器、旋风除尘器的工作原理，阐明有旋流动的基本规律

【教学目标】

知识目标：

(1) 掌握有旋流动的基本概念，包括涡线、涡管、涡通量、速度环量。

(2) 了解有旋流动与无旋流动的判别方法。

(3) 理解有旋流动的基本规律，即斯托克斯定律。

(4) 了解有旋流动的基本定理，包括汤姆逊定理、海姆霍兹定理。

能力目标：

(1) 能描述有旋流动的基本概念，包括涡线、涡管、涡通量、速度环量。

(2) 能判别有旋流动与无旋流动。

(3) 能解释有旋流动的基本规律——斯托克斯定律。

(4) 能说出有旋流动的基本定理，包括汤姆逊定理、海姆霍兹定理。

态度目标：

(1) 能积极主动学习、独立思考、发现问题、分析问题、解决问题。

（2）以团队协助的方式，与小组成员共同完成本学习任务。

【任务描述】

火力发电企业现场或模型室参观锅炉细煤粉分离器、旋风除尘器，了解设备结构，认识其工作原理，在学习有旋流动基本概念和基本定律的基础上，分组讨论锅炉细煤粉分离器、旋风除尘器等设备内部的气流流动形态，不同流动状态对设备工作的影响，能应用有旋流动的基本规律分析其工作过程。

【任务准备】

（1）了解锅炉细煤粉分离器、旋风除尘器的结构和工作过程，独立思考并回答下列问题：

1）锅炉细煤粉分离器、旋风除尘器分别有什么作用？如何实现这种作用？

2）细煤粉分离器、旋风除尘器内部是哪种流体介质？属于哪种流动模型？

（2）观察生活和工程中的流体有旋流动，学习有关有旋流动的知识，独立思考并回答下列问题：

1）平面流动有哪些特点？与一元流动有什么区别？

2）有旋流动有哪些基本规律？

3）利用有旋流动的基本规律解释锅炉细煤粉分离器、旋风除尘器的工作过程。

4）环流、圆周运动与有旋流动是一回事吗？为什么？

5）举出两例有旋流动的实例。

【任务实施】

（1）分析锅炉细煤粉分离器、旋风除尘器工作原理，认识平面有旋流动的特点。

1）通过参观火力发电企业现场或模型室，观察锅炉细煤粉分离器、旋风除尘器的结构，结合结构图认识设备的工作原理。

2）分组讨论分离装置的作用，常用的有哪些类型？电厂中还有哪些分离装置？通过什么途径可以实现气固分离、气液分离、固液分离？

（2）学习流体有旋流动的基本概念和基本规律。分组讨论，应用流体有旋流动基本规律分析设备工作过程。

（3）以学生自荐或教师指定的方式选择 $1 \sim 2$ 组，对本次任务进行总结汇报，并完整描述有旋流动的基本规律以及在工程中应用等相关内容。

【相关知识】

知识一：锅炉细煤粉分离器、旋风除尘器的工作原理

在火力发电生产过程中，有各种气液、气固、固液两相流动，例如：磨制的煤粉由空气输送，烟气中含有细灰，水冷壁内流动的是汽水混合物，灰浆泵输送锅炉产生的灰渣等。按照生产流程的要求，这些两相流中的介质都需要进行分离，在各种分离装置中，有一类设备是利用旋转运动的惯性离心力分离出两相流中比重较大的介质，旋转作用越强，分离效果越好。电厂常见的汽水分离器、煤粉分离器、旋风除尘等就属于这种类型。

一、锅炉细煤粉分离器工作原理

锅炉细（煤）粉分离器在中间储仓式制粉系统中，布置于粗粉分离器之后，细粉分离器的作用是把煤粉从煤粉气流中分离出来，储存在煤粉仓中。细粉分离器又称双旋风分离器，如图 4-1 所示。

从粗粉分离器出来的气粉混合物从切向进入细粉分离器，如图 4 - 2 所示，在筒内形成高速的外旋运动，在惯性离心力作用下煤粉甩向外筒壁，沿筒壁落下，由下部出口排出，当气流折转向上进入内套筒时，形成上升的内旋，煤粉在惯性力作用下再次分离，分离出来的煤粉经出口进入煤粉仓，气流经上部出口引出。细粉分离器的工作原理是利用煤粉自身的重力从气流中分离出煤粉，同时，旋转运动的惯性离心力使比重较大的煤粉颗粒自气流中分离出来。其中，惯性离心力的分离作用借助的就是气流的旋转运动，即本次任务中的有旋流动。

图 4 - 1　细粉分离器

图 4 - 2　细粉分离器结构示意图

二、锅炉旋风除尘器工作原理

旋风除尘器是利用旋转气流所产生的惯性离心力，将尘粒从含尘气流中分离出来的除尘装置。如图 4 - 3 所示。

旋转气流的绝大部分沿器壁自圆筒体呈螺旋状自上而下向圆锥体底部运动，形成下降的外旋含尘气流，在强烈旋转过程中所产生的离心力将密度远远大于气体的尘粒甩向器壁，尘粒一旦与器壁接触，便失去惯性力而靠入口速度的动量和自身的重力沿壁面下落，进入集灰斗。旋转下降的气流在到达圆锥体底部后，沿除尘器的轴心部位转而向上，形成上升的内旋气流，气流中残存的尚未分离的尘粒再次在离心力作用下分离出来，除过尘的气流由除尘器的排气管排出，如图 4 - 4 所示。

图 4 - 3　旋风除尘器

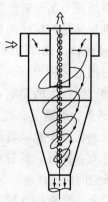

图 4 - 4　旋风除尘器结构示意图

　　自进气口流人的另一小部分气流，则向旋风除尘器顶盖处流动，然后沿排气管外侧向下流动，当达到排气管下端时，即反转向上随上升的中心气流一同从排气管排出，分散在其中的尘粒也在离心力作用下被分离后经底部出口排出，进入集灰斗。

　　锅炉中的细粉分离器和旋风除尘器都是利用气流的有旋流动来实现气固两相流的分离。有旋流动不同于管道流动，管道中流体主要沿管道方向流动，可以利用流体一元流动的基本运动规律——连续方程、伯努利方程、动量方程等来分析流动中的现象，借助一元方程解决工程中遇到的问题。有旋流动在平面上展开，流体运动要素在两个方向上均有较大变化，必须建立平面坐标，用流体的平面流动基本规律加以解决。

　　知识二：有旋流动

　　一、有旋流动的基本概念

　　由于流体易变形，流体在运动时除了具有刚体（非弹性体）的平移和旋转运动外，还有线变形和角变形等更为复杂的运动形式。

　　如图 4-5（a）所示，一流体微团若只有位置发生变化，这是平移运动；若发生如图 4-5（b）所示的体积增大，这是线变形运动；同时还可以有旋转运动和形状的改变（角变形运动），如图 4-5（c）、（d）所示。在流体的运动中，普遍存在着这种平移运动、旋转运动、角变形运动和线变形运动四种类型的运动形式。复杂多样的流体运动正是由这四种简单运动形式叠加而成的。

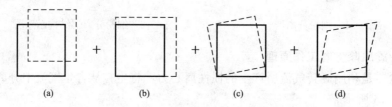

图 4-5　流体微团的基本运动形式
（a）平移；（b）线变形；（c）旋转；（d）角变形

　　1. 有旋流动（即旋转运动）

　　通过对流体微团的运动分析，我们知道流体微团的旋转运动作为基本运动形式之一，普遍存在于实际流体的运动之中。据此，我们依照流场中是否存在有旋转运动，把流场分为有旋流场和无旋流场两大类。有旋流场中流体作有旋流动，无旋流场中流体作无旋流动。需要注意的是，判别流体是否旋转的依据是流体微团本身是否旋转，如果流体微团本身并无旋转（即 $\omega=0$），即使流体微团作圆周运动，也不能称之为有旋流动。

　　有旋流动习惯上又称为旋涡流动。它大量存在于各种自然界和工程中的实际流动中，对流体的运动规律产生巨大的影响，是工程中必须解决的一个重要问题。

　　2. 涡线、涡管、涡通量、速度环量

　　在有旋流动的流场中充满着作旋转运动的流体微团，这样的流场又称为涡量场。描述涡量场的主要概念有：涡线、涡管和涡通量等。

　　涡线是一条空间曲线，在某一瞬时，位于该曲线上每一点的切线均与该点处流体微团的角速度 $\vec{\omega}$ 的方向重合，如图 4-6 所示，所以，涡线是某一时刻曲线上所有流体微团的转动轴线。

　　显然，在定常流动中，涡线的形状和位置保持不变，而在非定常流动中，涡线的形状和位置随时间而变化。涡线一般不与流线重合，而与流线相交，但涡线本身不能相交。

在某瞬时，通过涡量场中的任一封闭曲线（不是涡线）上每一点作涡线，形成一个管状表面，称为涡管。涡管断面面积无限小时称为微元涡管。涡管内充满着作旋转运动的流体微团，称为涡束，如图 4-7 所示。

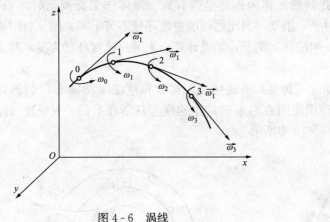

图 4-6 涡线

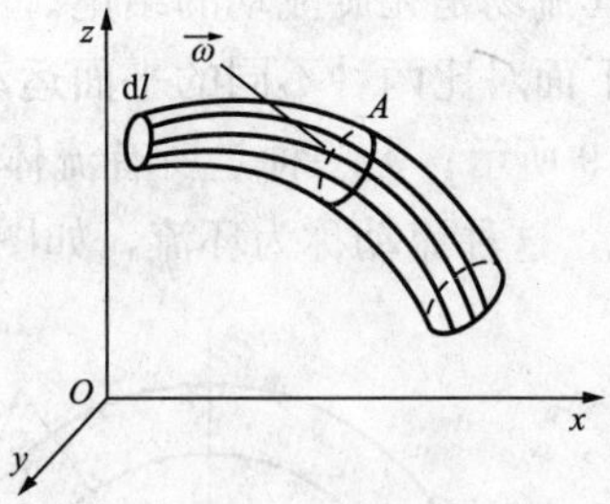

图 4-7 涡束

在涡量场中，选取一微元面积 dA，其法向为 $\vec{n}$，该流体微团的旋转角速度矢量为 $\vec{\omega}$，定义该微元面积 dA 上的涡通量为

$$dI = 2\vec{\omega}d\vec{A} = 2\omega dA\cos(\vec{\omega},\vec{n}) = 2\omega_n dA$$

面积 A 上的涡通量为

$$I = 2\iint \omega_n dA \tag{4-1}$$

式中　ω_n——微元涡管的旋转角速度在断面法线方向的分量。

涡量场中的涡线、涡管、涡束、涡通量（又称旋涡强度）分别与流场中的流线、流管、流束、流量的概念相似。涡通量定义中的系数 2 仅是为了方便计算而引入的。流量反映流体流动的强弱，涡通量反映流体旋转的强弱。

流场中的流量可以很方便地利用各种流量计直接测量，但涡量场中的涡通量很难直接测出，而且旋涡运动的旋转角速度也没有线速度测量方便。为了解决这个问题，引入一个新的概念——速度环量 Γ。

在流场中，如图 4-8 所示，任取一封闭曲线 $abcda$，定义速度环量为：

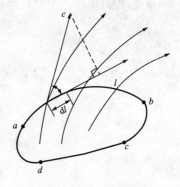

图 4-8 速度环量

$$\Gamma_{abcda} = \oint_{abcda} c\cos\alpha dl = \oint(udx + vdy + wdz) \tag{4-2}$$

式中　α——c 和 dl 之间的夹角。

速度环量的正负规定如下：沿封闭曲线逆时针积分时，Γ 为正。

二、有旋流动的基本规律

1. 斯托克斯定理

速度环量与涡通量之间有密切的关系，斯托克斯定理揭示了两者之间的关系。

斯托克斯定理的内容是：沿任一封闭曲线的速度环量等于该封闭曲线内的所有涡束的涡通量之和，即

$$\Gamma = I \qquad\qquad (4-3)$$

斯托克斯定理常用来解决涡通量的计算问题，也就是通过计算较为简单的速度环量代替计算更为复杂的涡通量，并可依此判断流体的运动是否有旋。流体作无旋流动时，$\omega = 0$，相应地，其速度环量等于零。反过来，沿某一封闭曲线的速度环量不等于零，则该封闭曲线所围区域内的流动必定是有旋的。但应注意的是：如果计算出来某一速度环量为零，并不能得出其流场是无旋流动的结论。

下面对比两种不同的平面运动。一种是所有流体微团都以角速度 ω 绕圆心 O 旋转，如图 4-9 所示；另一种是所有流体微团绕圆心 O 旋转的角速度与其所在半径 r 成反比（原点除外），这种流动称为环流，如图 4-10 中所示。

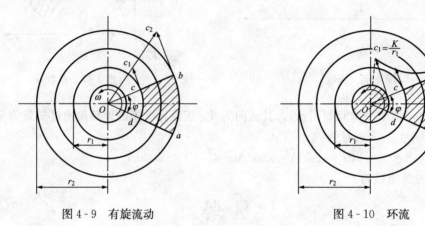

图 4-9　有旋流动　　　　　　　图 4-10　环流

首先计算图 4-9 中沿封闭曲线 $abcda$ 的速度环量。

$$\Gamma = \Gamma_{abcda} = \Gamma_{ab} + \Gamma_{bc} + \Gamma_{cd} + \Gamma_{da}$$

其中

$$\Gamma_{ab} = \int_a^b c_2 \cos 0° \mathrm{d}l = c_2 l = r_2 \omega r_2 \varphi = \varphi \omega r_2^2$$

$$\Gamma_{cd} = \int_c^d c_1 \cos 180° \mathrm{d}l = -\varphi \omega r_1^2$$

$$\Gamma_{bc} = \int_b^c c \cos 90° \mathrm{d}l = 0$$

$$\Gamma_{da} = \int_d^a c \cos 90° \mathrm{d}l = 0$$

即

$$\Gamma = \varphi \omega (r_2^2 - r_1^2)$$

由于各流体微团均以相同的 ω 运动，涡通量为

$$I = 2\iint_A \omega_n \mathrm{d}A = 2\iint_A \omega \cos 0° \mathrm{d}A = 2\omega A = 2\omega \left(\frac{r_2^2}{2} - \frac{r_1^2}{2} \right)\varphi = \varphi \omega (r_2^2 - r_1^2)$$

$\Gamma = I$，斯托克斯定理成立，同时说明图 4-9 中的流体作有旋流动。

再来计算图 4-10 中沿封闭曲线 $abcda$ 的速度环量。

已知

$$cr = K$$

式中　K——常数。

$$\Gamma = \Gamma_{abcda} = \Gamma_{ab} + \Gamma_{bc} + \Gamma_{cd} + \Gamma_{da}$$

其中

$$\Gamma_{ab} = \int_a^b c_2 \cos 0° \mathrm{d}l = c_2 r_2 \varphi$$

$$\Gamma_{cd} = \int_c^d c_1 \cos 180° \mathrm{d}l = -c_1 r_1 \varphi$$

$$\Gamma_{bc} = \Gamma_{da} = 0$$

所以

$$\Gamma = c_2 r_2 \varphi - c_1 r_1 \varphi = K\varphi - K\varphi = 0$$

即

$$\Gamma = I = 0$$

此结论可推广至环流（除原点外）中的其他区域。说明图 4 - 10 中环流（除原点外）是无旋流动。但是如果取半径为 r_1 的圆周线计算速度环量（包括原点在内）

$$\Gamma = \oint c_1 \cos 0° \mathrm{d}l = c_1 2\pi r_1 = \frac{K}{r_1} 2\pi r_1 = 2\pi K = 常数$$

说明包括原点在内的整个运动是有旋的。这似乎与前面的结论是矛盾的，其实不然。在环流的中心处，$r \rightarrow 0$，$c \rightarrow \infty$，此处称为点涡，该点作有旋流动，但是它只存在于理想流体当中，在实际流体中，速度不可能达到无限大。离心式喷油嘴、旋风燃烧室都是流体作环流运动的实例。

2. 汤姆逊定理

汤姆逊定理：理想流体中，沿任一封闭曲线的速度环量不随时间而改变，即

$$\frac{\mathrm{d}\Gamma}{\mathrm{d}t} = 0 \tag{4 - 4}$$

因为理想流体没有黏性，流体运动时流体内部不会产生内摩擦力，因而没有阻力。流体作有旋流动的旋转角速度不随时间而改变，所以理想流体运动中涡通量不变。根据斯托克斯定理可知，其对应的速度环量也不变。

汤姆逊定理表明：理想流体运动中，旋涡即不会产生也不会消失。如果理想流体一开始运动时没有旋涡，以后也永远不会产生旋涡；如果理想流体运动中有旋涡存在，以后也永远不会消失。同时，速度环量不随时间而改变，旋转运动的强度也保持不变。

在实际流体中，由于黏性的作用和绕流固体边界的影响，旋涡不断地生成和变化。因此，要想了解旋涡运动的基本特征，必须深入了解黏性及固体边界的性质。

3. 海姆霍兹定理

海姆霍兹定理是研究理想流体旋涡运动的基本定理。它包括三个基本定理，分别阐述如下。

（1）海姆霍兹第一定理。在同一瞬时，同一条涡管中各断面上的涡通量都相等，即

$$2\iint_A \omega_n \mathrm{d}A = C \tag{4 - 5}$$

如果断面上流体微团以相同的角速度旋转，则

$$\omega A = 常数 \qquad (4-6)$$

在涡管上任意选取两断面，则

$$\omega_1 A_1 = \omega_2 A_2 \qquad (4-7)$$

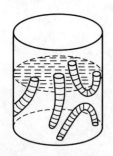

所以在同一条涡管中，涡管断面面积大，流体的旋转角速度就比较小；涡管断面面积小，流体的旋转角速度则比较大。如果涡管的断面面积缩小为零，那么流体的旋转角速度为无穷大，这显然是不可能的，因此可得出结论，涡管不能在流体中开始或终止，而只能在流体的边界上开始或终止，或形成封闭的管涡，如图4-11所示。生活中常见的吸烟者吐出的烟圈，以及始于地面、止于高空的龙卷风都是非常典型的例子。

图 4-11　涡管不能在流体内部中断

（2）海姆霍兹第二定理。涡管永远保持为由相同流体质点所组成。也就是说，由某些流体质点所组成的一根涡管，将永远由这些流体质点所组成。涡管内的流体质点将始终在涡管内，而涡管外的流体质点始终在涡管的外面。流体质点在运动过程中不可能穿过涡管，但是，涡管的形状和位置可发生变化。涡管的这个性质类似于流管。

（3）海姆霍兹第三定理。任何涡管的涡通量都不随时间而变化，即在运动中永远保持定值。这一定理很容易由汤姆逊定理和斯托克斯定理求证。

🛢️【拓展知识】

热带气旋

热带气旋是在地球热带洋面附近区域形成的急速旋转的大气涡旋，如图4-12所示。它的生成和发展需要巨大的能量，热带气旋的能量来自高空水蒸气冷凝时释放的汽化潜热，形成于海水温度高、空气湿度大及气象条件适宜的热带洋面。由于受到地球科氏力（又称地转偏向力，由于地球自转运动而作用于地球上运动质点的偏向力，来自于物体运动所具有的惯性）的影响，热带气旋的气流围绕气旋中心旋转，在北半球，热带气旋沿逆时针方向旋转，在南半球则相反，按顺时针旋转。热带气旋在急速旋转的同时，沿一定的轨迹由东向西向前移动。最终消散于海洋或陆地。热带气旋的移动主要受到科氏力及其他大尺度天气系统的影响，热带气旋是地球大气循环的一个组成部分，能够将热能及地球自转的角动量由赤道地区带往高纬度地区。

图 4-12　热带气旋

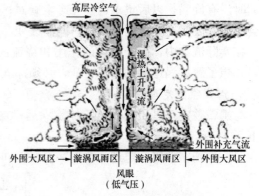

图 4-13　热带气旋结构

结构上来说，热带气旋是一个由云、风、雷暴组成的巨型旋转系统，如图 4-13 所示。国际规定：热带气旋中心附近最大风力为 8~9 级（最大平均风速为 17.2~24.4m/s）的称热带风暴，10~11 级（最大平均风速为 24.5~32.6m/s）的称强热带风暴，热带气旋中心持续风速在 12 级至 13 级（最大平均风速为 32.7~41.4m/s）称为台风。一个发展成熟的台风，通常由外围大风区、旋涡风雨区和台风眼三部分组成。台风眼直径有 2 公里至 370 公里不等，台风眼中心是地面低压区〔地球海平面最低气压记录是 870hPa，产生于有纪录以来最强的热带气旋台风泰培（Tip）中心。气压越低，气旋中心风力越大，1hPa＝100Pa，气象学常用单位〕。旋涡风雨区是台风风力最大、破坏力最强的部分，外围大风区的风速从外向内增加。台风的旋涡半径可达 500~1000km，高度可达 15~20km。

菲律宾以东洋面（即西北太平洋地区）是全球热带气旋生成最多的地方，由于多数热带气旋有固定的路线，其中最常见的路线是向西北方向移动，登陆我国台湾或东南沿海地区，因此，我国是受到热带气旋影响最多的国家。热带气旋是我国的主要灾害性天气系统之一，常年在我国登陆的热带气旋有 7~9 个。热带气旋带来的强风、暴雨、风暴潮是导致巨大破坏力的三个主要因素，但热带气旋也是维持全球热量和动量平衡分布的一个重要机制，在自然生态中起着调节水量和热平衡的作用。

任务二 流体绕流叶型、圆柱体、球体的阻力与升力分析与计算

◁ 【教学目标】

知识目标：

（1）了解汽轮机叶型与叶栅的结构。

（2）掌握流体绕流叶型、圆柱体、球体产生阻力与升力的原理。

（3）了解绕流阻力与升力的计算公式。

（4）理解边界层概念与流动特征。

（5）理解边界层分离现象，了解卡门涡街。

（6）了解减少绕流阻力的常用方法。

能力目标：

（1）能分析流体绕流叶型、圆柱体、球体的阻力与升力产生原因。

（2）能说出阻力与升力的计算方法，并进行简单的计算。

（3）能分析流体绕流常见物体壁面的边界层现象。

（4）能解释卡门涡街现象。

（5）能说出减少绕流阻力的常用方法。

态度目标：

（1）能积极主动学习、独立思考、发现问题、分析问题、解决问题。

（2）以团队协助的方式，与小组成员共同完成本学习任务。

☺ 【任务描述】

在火力发电企业现场或模型室参观锅炉内部结构、汽轮机内部结构，了解流体绕流现象存在的普遍性，认识汽轮机工作原理，学习绕流阻力与升力的基本原理和边界层现象，分组讨论常见固体边界绕流现象的不同流动特征及其影响，分析各种工程中如何应用绕流现象的

阻力与升力原理，实现不同的工程目的。

【任务准备】

（1）了解汽轮机内部结构，认识蒸汽绕流叶栅的流动特点。

（2）了解锅炉内部结构，认识烟气绕流各受热面的流动现象。

（3）观察生活和工程中的绕流现象，学习有关阻力与升力、边界层的知识，独立思考并回答下列问题：

1）总结生活和工程中的绕流现象，按固体边界形状和流动方向可分为哪些主要类型？

2）鸟类、飞机的升空与汽轮机工作原理有相似之处吗？

3）绕流阻力是如何形成的？为什么高速运行的物体都有流线型外形？

4）边界层为什么会分离？边界层分离对流动有何影响？

5）利用绕流现象的基本规律，解释锅炉、汽轮机内各种常见绕流流动现象和出现的问题。

6）风洞实验有什么用途？

【任务实施】

（1）分析汽轮机、锅炉内部的绕流现象，学习绕流现象中的基本规律。

1）通过参观火力发电企业现场或模型室，认识汽轮机内部叶栅的结构，学习汽轮机的工作原理。

2）通过参观火力发电企业现场或模型室，观察锅炉烟道内烟气绕流各受热面的过程，研究烟气与受热面的相互作用，分析边界层现象。

3）学习绕流现象中阻力与升力的基本概念与规律，解释相关工程问题。

（2）搜索网络资源，总结讨论各种绕流现象。分组布置任务，课外收集网络资源，以小组为单位汇报介绍各种绕流现象及工程应用。

【相关知识】

知识一：热力设备中的绕流现象

绕流现象普遍存在于各种流体空间运动当中，如河水流经堤坝，飞行器在空中飞行。在火力发电厂中，绕流现象也普遍存在，如炉膛内高温烟气流过各种受热面，汽轮机、泵和风机内流体绕流叶栅等。绕流流动中流体与物体之间相互作用形成绕流阻力与升力。

绕流阻力总是与流体和物体的相对运动方向相反，阻碍相对运动的进行，因此，一般情况下要尽量减小绕流阻力。绕流升力则往往在其作用力方向对物体做功，如飞机起飞升空，汽轮机叶栅旋转，以及轴流式泵与风机推动流体等，通常希望获得足够的绕流升力。

一、汽轮机内的绕流现象

电厂汽轮机是将蒸汽的热能转换为转子旋转的机械能的原动机。能量的转换是在喷嘴和动叶栅中完成的。喷嘴由叶片按一定的距离和角度排列，形成固定不动的静叶栅，动叶栅由等距离排列的叶片安装在叶轮上形成，同汽轮机转轴一起旋转。具有一定压力和温度的蒸汽先绕流静叶栅膨胀加速，将蒸汽的热能转换成蒸汽的动能，从静叶栅出来的高速汽流进入动叶栅绕流，产生升力，推动转子转动，将动能传递给转子。

汽轮机内的静叶栅、动叶栅都由叶片组成，叶片横切面的形状称为叶型。叶型一般为圆头尖尾的流线型外形，不同的流体机械，其叶型外形会有变化，如图 4-14 所示。叶型的外轮廓线称为型线，如图 4-15（a）所示，叶型的型线直接决定了叶型的空气动力特性。相同的叶型等距离地排列在一条直线上称为叶栅，如图 4-15（b）所示。在认识流体绕流叶型、叶栅的流动规律之前，先来了解叶型、叶栅的基本结构参数。如图 4-16 所示。

（1）中线：叶型内切圆圆心的连线。

（2）叶弦：叶型中线与型线的两个交点分别称为前缘点、后缘点，连接前、后缘点的直线称为叶弦，其长度称为弦长，用 b 表示。

（3）叶展：与流体运动方向相垂直的叶型长度称为叶展，用 l 表示。

（4）叶型弯度：叶型中线与叶弦的距离。

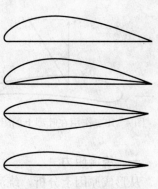

图 4-14　不同形状的叶型

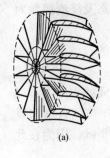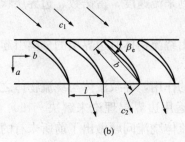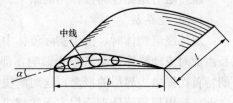

图 4-15　叶栅　　　　　　　图 4-16　叶型的结构参数

（5）冲角：在前缘点，流体来流方向与叶弦之间的夹角，用 α 表示。

取与汽轮机同轴的圆柱面，将圆柱面展开成平面后得到的就是一列叶栅，如图 4-15 所示，叶栅的几何参数包括：

（1）列线：将叶栅中各叶片对应点连接成的一条直线，称为列线。

（2）轴线：垂直于列线的直线为轴线。

（3）栅距：叶栅中叶型相互间的距离称为栅距，用 t 表示。

（4）叶栅稠度：叶型的弦长与栅距之比，称为叶栅稠度。

（5）安装角：叶弦与列线的夹角 β_e 称为叶型的安装角。

二、锅炉内的绕流现象

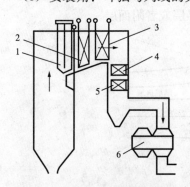

图 4-17　锅炉烟气绕流受热面
1—屏式过热器；2—高温过热器；
3—再热器；4—低温过热器；
5—省煤器；6—空气预热器

锅炉利用燃料在炉膛内燃烧释放的热能加热锅炉给水，生产一定压力和温度的过热蒸汽，去推动汽轮机旋转做功，带动发电机发电输出电能。锅炉加热给水、蒸汽的过程是通过烟气绕流各受热面来完成的，如图 4-17 所示，锅炉内燃烧生成的高温烟气沿锅炉烟道依次流过炉膛、过热器、再热器、省煤器和空气预热器，将热量逐步传递给水、蒸汽和空气。在烟道中，烟气纵向或横向冲刷圆柱形管子外壁，通过绕流各受热面以辐射、对流等方式将烟气的热量传递给受热面管子，管子再将热量传递给管内的水等流体介质，完成能量的交换。锅炉内的绕流流动特征直接影响了热量的交换和传递。

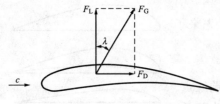

图 4 - 18　作用在叶型上的阻力与升力

知识二：绕流阻力与升力

流体绕流静止物体或物体在静止流体中运动时，物体表面承受法向的压力和切向的摩擦力。沿流动方向的合力，就是物体所受到的绕流阻力 F_D，与流动方向垂直的合力，就是物体所受到的绕流升力 F_L，二力之和为流体作用在物体上的合力 F_G，如图 4 - 18 所示。

一、绕流阻力

从形成原因上分析，绕流阻力包括摩擦阻力和压差阻力两个分力。分别是由流体作用在物体表面上的摩擦切应力和压力形成的。

摩擦阻力是黏性直接作用的结果。它受到来流速度、雷诺数、边界层状态及绕流接触面积等因素的影响。

压差阻力是黏性间接作用的结果。它是由绕流物体时边界层的分离引起的。

（一）边界层

流体绕流物体时，由于实际流体中黏性的作用，导致流体与绕流物体之间的作用力，以及由此对流动流体运动状态的影响，都需要运用边界层理论来解决。1904 年德国科学家普朗特首次提出边界层的概念，这对解决实际流体绕流问题做出了前所未有的贡献。因为在此之前，运用理想流体理论根本无法解决绕流物体的阻力问题。

工程实际中，绕流流体一般均是大雷诺数流动问题，即黏性较小的流体（水、空气、蒸汽等）以较高的流速绕流物体。这种情况下，流体运动主要受惯性力支配，而黏性力的影响主要限于边界层范围以内，这就是绕流现象中的基本力学性质。

下面通过流体绕流机翼来认识边界层的概念，如图 4 - 19 所示，利用微型测速仪测量流经机翼表面的流体流速，可以发现，在紧贴翼型表面非常薄的流层内，流体流速变化非常大，而且速度变化率主要是沿物体边界的法线方向发生的，也就是说，沿物体表面法线方向的速度梯度很大。根据牛顿内摩擦定律，流体内部速度梯度大，必然产生较大的黏性力。进一步分析可知，在该流层区域内，黏性力与惯性力是同一个数量级，它们都对流体运动产生重要的影响，因此，在分析绕流问题时都必须加以考虑。这个在大雷诺数流动中紧贴物体表面且法向速度梯度很大，必须考虑黏性的流体薄层称为边界层或者附面层。

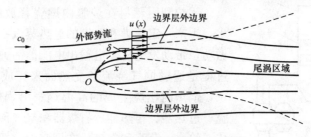

图 4 - 19　机翼翼型上的边界层

实际上，不管流体绕流前速度的大小如何，当流体绕流静止物体时，由于黏性力的影响，紧贴物体表面的流体速度必然为零。随着流体离开物体表面的距离的增大，黏性力的影响逐渐减小，速度梯度也随之减小，直至最终消失。所以，在离开物体表面一定距离之后，黏性力的影响就变得微乎其微，远远小于惯性力对流体运动的影响，这个区域可以不考虑黏性的影响，而把流体视为理想流体，或将此区域内的流体运动视为无旋运动的势流（即有势流动，简单说就是无旋流动）区。

边界层和势流区并没有明显的分界线，因为流体内部速度梯度的变化是连续的，黏性力的影响也是逐渐减小的。但是，明确边界层的大小是做进一步研究的前提，通常把速度由物体表面为零增大至势流区速度的 99％ 处这一范围定义为边界层。根据此定义可划出边界层的外边界，从物体表面沿法线方向至外边界的距离定义为边界层的厚度 δ。

边界层内由于有黏性力的作用，流体作有旋流动，当边界层内的有旋流体离开物体顺游而下时，在物体后形成尾涡区。因此，整个绕流运动过程中，流场可分为边界层、外部势流区、尾涡区三部分。

通过实验测定，边界层厚度非常薄。从图 4 - 20 可知，流体在物体前缘点处流速滞止为零，此处是边界层的起始点，边界层的厚度为零。随着流动的延伸，边界层逐渐变厚，其厚度的大小变化取决于惯性力与黏性力之比，即雷诺数 Re 的大小。Re 越大，黏性作用的影响范围越小，边界层越薄。例如，在汽轮机叶片出汽边上，边界层最大厚度一般在 1mm 以内。边界层厚度通常只有被绕流物体厚度的百分之几或千分之几。虽然边界层很薄，但是它对流动及传热产生很大的影响，流动阻力和传热热阻就主要由边界层的状态决定。在研究锅炉内烟气绕流受热面的流动阻力和烟气对受热面的传热效率时，都要考虑边界层的流动状态。

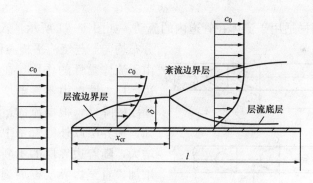

图 4 - 20 边界层内的流态
l—绕流平板长度；x_{cr}—平板绕流中物体前缘点至边界层流态转变位置处的距离

边界层的基本特征包括：

（1）与被绕流物体长度相比，边界层厚度非常小。

（2）边界层沿流动方向厚度逐渐增大。

（3）流体的流速从物体表面为零，沿物体表面法线方向迅速增加，即速度梯度很大。

（4）边界层内黏性力与惯性力是同一数量级。

（5）可近似地认为，边界层内沿物面法线方向压力不变，均等于其外边界处压力值。

（6）边界层内流体的流动也同样有层流和紊流两种流动状态，相对应地分别称之为层流边界层和紊流边界层。判别层流边界层和紊流边界层的标准仍然是雷诺数。

$$Re_x = \frac{cx}{\nu} \qquad\qquad (4 - 8)$$

式中　c——来流速度；

　　　x——物体前缘点至计算位置处的距离；

　　　ν——流体运动黏度。

当 $Re_x \leqslant Re_{cr}$（临界雷诺数）时，边界层内是层流状态；当 $Re_x > Re_{cr}$ 时，边界层内呈紊流状态。在边界层的初始阶段，由于流体运动的速度梯度很大，边界层厚度很小，所以黏性力很大，流体边界层保持层流状态。随着流体向后流动，边界层内黏性力的影响不断向外扩展，边界层外的流体微团进入边界层内，因而边界层不断加厚，到达某一位置处，当雷诺数大于临界雷诺数时，边界层内的流动状态转变为紊流。当然，如果绕流速度较低，边界层会始终保持为层流状态。与流体在管道中的流动一样，层流边界层不会突然转变成紊流边界层，两者之间有一个短暂的过渡区域。在此区域内，部分流体为层流，其余为紊流，在具体解决问题时，一般按紊流处理。与管内紊流结构一样，在紊流边界层内，紧贴物面极薄的一层流体，由于黏性力起主要作用，将始终保持层流状态，并仍将其称为层流底层，如图 4-21 所示。

实验证明，平板绕流中，层流边界层开始向紊流边界层转变的临界雷诺数为

$$Re_{cr} = s\frac{cx_{cr}}{\nu} = 5 \times 10^5 \sim 3 \times 10^6 \qquad (4-9)$$

临界雷诺数的影响因素很多，来流紊流度、物体表面的粗糙度等都会影响到临界雷诺数的数值。事实表明，增加来流紊流度和物体表面粗糙度都会降低临界雷诺数，使紊流边界层提前出现。

边界层的概念同样适用于流体在管道内的流动。如图 4-21 所示，入口处流速在断面上分布均匀。与绕流平板类似，沿流动方向上，由于流体黏性的作用，在圆管内壁开始形成边界层，厚度由零逐渐增加，由于边界层内速度的降低，根据流体运动的连续性方程可知，边界层以外即管子中心部分的流速必然增大，随着边界层的不断加厚，其流速持续增加。直至边界层发展到管轴处，第一阶段结束。通常称这一阶段为管道入口段。管道入口段的长度 L 主要受流动状态影响：圆管内流体呈层流状态时，层流边界层发展比较缓慢，L 较长；如果圆管内流速较高，开始

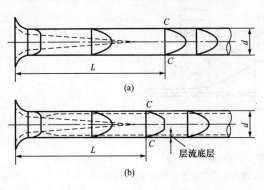

图 4-21　圆管内的边界层

(a) 层流管流；(b) 紊流管流

阶段的层流边界层很快转变为紊流边界层，由于紊流边界层扰动较大，厚度发展较快，因此，入口段 L 较短。从 C-C 断面以后进入第二阶段，圆管内边界层汇交在一起而不再发展。如果是定常流动，此后各断面上的速度分布不再变化，流动特征如项目三任务三中的介绍，称这一阶段为充分发展的管流。

（二）边界层的分离

当物体表面呈曲面时，流体绕流会在某处发生边界层脱离物体表面的现象，并在其后形成回流区，这种现象称为边界层的分离。

边界层分离现象在工程中非常普遍。例如，锅炉内烟气横掠各管束受热面后产生旋涡。

由于边界层分离必然伴随着旋涡的出现，从而导致额外的能量损失，它是管流局部阻力损失产生的主要原因。研究边界层分离现象的目的也就在于如何控制边界层的分离，从而降低流动的能量损耗。

　　电厂锅炉内的各管束受热面普遍采用圆管，管内是水、蒸汽等介质，烟气在管外通过绕流管束将热量传递给圆管内的介质。烟气一般在管外横掠受热面管束，现以流体绕流圆柱形圆管（即圆柱体）为例来说明边界层的分离现象。如图 4-22（a）所示，假定流体以均匀速度绕流圆柱体。在点 A 流速滞止为零，流体在此处分流，进而沿圆柱体上下表面绕流。以 B-B 为界线，整个绕流过程分为两个阶段。流体在 A 至 B 之间流动时，可以看到，流体通流面积逐渐减小，导致流体流速加快，根据能量守恒定律，这必然引起流体压力的下降。流体流过 B 点时，流速达到最大值，而压力则降为最小值。从 B 点开始，流体进入下一阶段，正好与前一阶段相反，由于通流面积逐渐增大，致使流速减慢，压力上升。如果不考虑流体黏性的影响，则流体流至 C 点时，速度降为零，压力上升为最大值。也就是说，BC 阶段的流动是 AB 阶段的一个恢复过程。AB 阶段一般称为顺压区，即升速降压区，BC 阶段一般称为逆压区，即减速升压区。实际上，由于流体黏性的影响，在整个绕流过程中，始终伴随有黏性力所产生的流动损失，所以，在 BC 阶段的流动中，流体流动至 C 点之前的某一位置 S 处便停滞不前，动能已消耗殆尽，如图 4-22（b）所示，后继流来的流体不断堆积于此，最终迫使其脱离物体表面，直接向下游流去。S 点称为分离点，分离点后的流体在逆压的作用下，产生反方向的回流形成旋涡区。

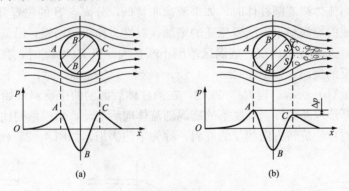

图 4-22　流体绕圆柱体的流动

　　以上分析可以看出，边界层的分离决不会出现在 AB 阶段——顺压区，而只可能出现在 BC 阶段——逆压区，即压力增高、流速降低的区域，逆压区的压力及流速变化如图 4-23 所示。进一步分析可知，边界层分离的根本原因是流体的黏性，以及受物体表面形状和流动状态的影响。流体的黏性消耗流体流动的能量，流体停滞时，便会出现边界层的分离。逆压区压力增高的数值（理想状态下就是流速减少的数值）直接影响到边界层是否会发生分离，而压力增加主要是受到物体表面形状的影响，对比图 4-20 与图 4-23 中不同物体表面形状对流体绕流产生的影响，圆柱体等钝体逆压区内压力急剧升高，细长物体等流线型物体逆压区内压力缓慢升高，显然，压力升高快的更容易出现边界层的分离。所以，高速运动的物体应尽量选择流线型外形。流体边界层流动状态如果是紊流的话，流体质点间相互扰动和动量交换，边界层的分离点会后移，所以，紊流边界层较层流边界层可以接受更高的压力升高而不发生分离。

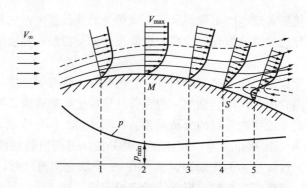

图 4 - 23　逆压区的压力及流速变化

　　此外，流体绕流物体的方向也可能导致边界层的分离。如图 4 - 24 所示，流体绕流叶型，在小冲角时如图 4 - 24（a）所示，叶型表面没有发生边界层的分离。当冲角较大时如图 4 - 24（b）所示，叶型表面开始出现边界层的分离，而且随着冲角的继续加大，边界层的分离点会越来越提前出现，旋涡区不断扩大，导致叶型上表面的流动完全被破坏。这种现象会使流体与叶型间产生的绕流阻力增加，绕流升力下降，严重破坏叶型的正常工作，如飞机机翼上出现这种情况会导致飞机失速而坠毁，因此称这种现象为失速。汽轮机内蒸汽绕流叶栅也要避免这种情况。如何控制边界层不发生分离或分离点后移成为一个重要的问题。

　　工程中常见的卡门涡街现象就是边界层分离的一个典型例子。

　　实验证实，当流体绕流圆柱体时，如果流速非常低，分离点 S 的位置几乎与 C 点重合，边界层分离所形成的旋涡很小。随着流速的增加，黏性力作用的增强，沿流程方向流动损失加大，分离点 S 越来越提前出现，旋涡区范围不断扩大。当 $Re < 40$ 时，在圆柱体后面出现一对旋转方向相反的旋涡，如图 4 - 25（a）所示；当 $40 < Re < 60$ 时，上下分离点的位置不稳定，如图 4 - 25（b）所示；当 $Re > 60$ 时，在圆柱体后面的两个旋涡开始周期性地交替离开，分离点处不断形成新的旋涡，脱落的旋涡随流体向后流动，形成两列比较稳定的、上下交替出现的且非对称、旋转方向相反的旋涡，称为卡门涡街，如图 4 - 25（c）所示。

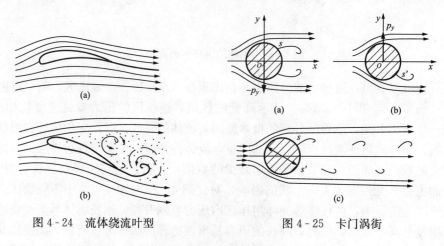

图 4 - 24　流体绕流叶型　　　　　　　图 4 - 25　卡门涡街

　　卡门涡街中的两列旋涡有规则地周期性交替脱落，脱落频率如下

$$f = S_t \frac{c}{d} \tag{4 - 10}$$

式中　　f——卡门涡街脱落频率；

　　　　c——流体来流速度；

　　　　d——圆柱体直径；

　　　　S_t——斯特罗哈系数，只与 Re 有关。

利用卡门涡街的这个性质设计出了卡门涡街流量计，其工作原理是利用卡门涡街脱落频率测量流量。

在卡门涡街的两列反向旋转的旋涡交替脱落时，会在圆柱体上交替出现横向交变力。因为每当旋涡脱落时，会引起圆柱体表面上压力和切应力的相应变化。具体地说，当某一侧旋涡刚脱落时，这一侧绕流情况暂时改善，总压力降低，而此时另一侧的旋涡正在形成中，绕流情况变差，总压力升高，由此形成一个指向刚脱落旋涡一方的合力（即绕流升力）。如图 4-25 (b) 所示。随后，伴随另一侧旋涡的脱落，又形成一个与刚才大小相等，方向相反的合力。这种横向交变力变化的频率与旋涡交替脱落的频率相同，它会引起圆柱体内的交变应力，圆柱体在交变力的作用下会产生横向的振动，称为涡振。涡振的频率等于旋涡脱落的频率。如果涡振的频率与圆柱体的固有频率相同，就会引起圆柱体的共振，严重时造成圆柱体的破坏。

同时，卡门涡街的交替脱落还会引起周围空气振动而产生噪声，发生声响效应。例如，锅炉空气预热器中，流体流过管箱时出现卡门涡街，引起管箱中气柱的振动，如果卡门涡街旋涡的脱落频率恰好与管箱内气体的固有振动频率相同时，就会产生强烈的声学共振。这种共振严重到会使管箱破裂，甚至炉墙倒塌，并伴随有巨大的噪声。因此，在设计管箱结构时要给予充分考虑。另外，常见的风吹过电线发出嘘嘘的响声也属于此类现象。经过大量实践证实，要避免边界层的分离以及卡门涡街的出现，最有效的措施是改善绕流物体的外形，通常采用圆头尖尾的流线型外形。如汽轮机叶栅、泵和风机的叶片、飞机机翼等均采用流线型叶型。

（三）绕流阻力

流体绕流物体产生的绕流阻力由摩擦阻力和压差阻力两部分组成。

摩擦阻力是黏性直接作用的结果。流体绕流物体时，由于黏性的作用，物体表面的流体边界层内产生切向内摩擦力，摩擦阻力即是边界层内切向内摩擦力在来流方向上的合力。

由此可见，摩擦阻力的大小取决于边界层内切向内摩擦力的性质。边界层内切向内摩擦力的大小和分布状态取决于边界层内流体的运动状态。理论分析和实验均证实，层流边界层内切向内摩擦力可直接由牛顿内摩擦定律计算得出。紊流边界层内除了切向内摩擦力以外，还有流体微团掺混所引起的附加切应力，要减小摩擦阻力，应尽量保持物体表面的边界层为层流状态，尽量推迟其向紊流边界层的转变。

压差阻力是黏性间接作用的结果。如图 4-22 (b) 所示，流体绕流圆柱体时，由于黏性的作用，流体在逆压区的速度滞止点不是 C 点，而是提前至 S 点，之后进入旋涡区。旋涡区的压力基本上接近 S 点的大小，所以在 C 至 S 间的压力低于圆柱体前半部分的对称位置的压力，从而形成圆柱体前后的压力差。压差阻力就是作用在物体表面上的压力在来流方向上的合力。

流体作用在物体上的压力的大小主要取决于物体的形状。而直接导致压力差出现的原因是边界层的分离及其后尾涡的大小，尾涡往往伴随有强烈的旋涡，不断消耗流体的机械能。

分离点越靠前，尾涡区域越大，压力差也越大，压差阻力就越大。所以，要减少压差阻力，关键在于物体形状故压差阻力又常称为形状阻力。经验表明，流线型物体表面很少出现边界层分离，尾涡区域很小，如图 4-26（a）所示，绕流阻力以摩擦阻力为主，而像圆柱体等钝体的边界层分离引起的尾涡区域较大，如图 4-26（b）、（c）所示，压差阻力极大地增加了绕流阻力。减少绕流阻力除了应尽量避免边界层分离以外，假如边界层分离是不可避免的，比如圆柱体绕流，则应尽量推迟分离点的到来。最有效的方法是在分离点之前尽量促使层流边界层尽快转变为紊流边界层，通过紊流扰动延迟分离点的到来，这样就可以大大降低压差阻力。这种人为地控制边界层发展，影响其流动结构，旨在减小绕流阻力的技术在工程上叫作边界层控制技术，已广泛应用于航空飞行等各种流体工程中。

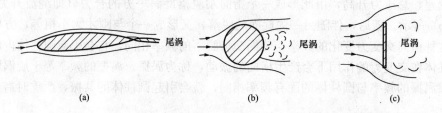

图 4-26　绕流流线型物体与钝体的尾涡区域

工程实际中，经常需要计算流体绕流物体的阻力，如飞机飞行时的阻力大小。但此问题目前还未从理论上解决，实际问题的解决均来自于实验数据。

工程中，常用式（4-11）计算绕流阻力，即

$$F_\mathrm{D} = C_\mathrm{D} \frac{1}{2} \rho c_\infty^2 A \tag{4-11}$$

式中　C_D——无因次阻力系数；

　　ρ——流体密度；

　　c_∞——来流速度；

　　A——物体投影面积。

对于以压差阻力为主的 F_D，A 取物体在垂直于来流速度方向的投影面积；对于以摩擦阻力为主的 F_D，A 取物体在平行于来流速度方向的投影面积。实验证明，C_D 主要与雷诺数、物体形状等有关。

【例 4-1】　高 $H=25\mathrm{m}$，直径 $d=1\mathrm{m}$ 的圆柱形烟囱受到风的推力作用，假设空气温度 $t=10℃$，风横向吹过烟囱的速度为 $c=13.9\mathrm{m/s}$，阻力系数 $C_\mathrm{D}=1.2$，试计算烟囱受到的空气推力大小。

解　温度 $t=10℃$ 时的空气密度 $\rho=1.248\mathrm{kg/m^3}$，烟囱属于钝体，受到的空气推力即是绕流阻力，且以压差阻力为主，公式（4-11）中 A 取物体在垂直于来流速度方向的投影面积，即

$$A = Hd = 25 \times 1 = 25\mathrm{m^2}$$

烟囱受到的空气推力为

$$F_\mathrm{D} = C_\mathrm{D} \frac{1}{2} \rho c_\infty^2 A = 1.2 \times \frac{1}{2} \times 1.248 \times 13.9^2 \times 25 = 3616.89\mathrm{N}$$

由计算可知，空气流动时对烟囱的推力不可忽略，1940 年美国塔科马（Tacoma）大桥

垮塌事件就是因为风力作用所致。由此而发展出来的建筑空气动力学专门研究这类问题，是烟囱、桥梁、建筑物等设计中必须考虑的问题，通常在风洞实验中完成测试。

二、绕流升力

流体绕流物体产生的作用于物体上垂直于来流方向的力称为绕流升力。飞机就是借助于气流作用在飞机机翼上的升力飞行于空中的。在自然界、日常生活中，以及各种流体机械和飞行器中，有许多关于升力的问题，如鸟的飞翔、风筝的放飞，以及轴流式泵与风机、水轮机、汽轮机、涡轮机等流体机械的设计原理。

绕流升力和绕流阻力一样，也是由流体作用在物体表面上的法向力和切向力共同形成的，但是以法向力为主。

（一）绕流叶型的升力

以图 4-18 所示机翼叶型为例说明升力的特性。叶型是典型的圆头尖尾的流线型物体，在设计工况下，流体一般不会发生边界层的分离。这样可以获得较大的升力和较小的阻力。升力的获得与机翼的外形有很大的关系，可以看出，叶型本身结构不对称，上表面呈凸面，下表面呈凹面，这是典型的流体机械叶型（包括飞机机翼、汽轮机叶栅的叶型、轴流式泵与风机的叶片叶型等等）的结构外形。

假定有一均匀流流过叶型，根据边界层理论，在叶型尾部形成一个尾涡，该尾涡以逆时针旋转，一般称它为起动涡。无旋运动的均匀流正是由于起动涡的出现而诱发了绕叶型的环流，从而产生了升力。这可做如下解释：根据汤姆逊定理，开始为无旋运动的来流，沿如图 4-27 所示的封闭周线 $abcda$ 的速度环量应等于零，并在流动过程中始终等于零，所以，当具

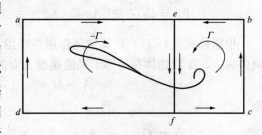

图 4-27 起动涡

有速度环量 Γ（沿封闭周线 $befcb$ 的速度环量）的起动涡出现时，必然在叶型上形成一个与之相抵消的、反向的、速度环量为 Γ'（沿封闭周线 $aefda$ 的速度环量）的旋涡，称之为点涡，再由它诱导出绕叶型的环流，而流体自身是无旋的。包括点涡在内的速度环量等于 Γ'，且 $\Gamma' = -\Gamma$，这样，沿封闭周线 $abcda$ 的总速度环量仍为零。

绕流环流为顺时针旋转，把它叠加于均匀流之上，使得叶型的上表面绕流速度加快，下表面绕流速度减缓，根据伯努利方程，上表面压力降低，下表面压力升高，这样就形成一个垂直于来流方向并指向上的合力，即升力。升力的大小可用库塔—儒可夫斯基公式表示

$$F_L = \rho c_\infty \Gamma \tag{4-12}$$

式中 F_L——理想流体作用在单位长度叶型上的升力；

　　　　ρ——来流密度；

　　　　c_∞——均匀流的来流速度；

　　　　Γ——绕叶型封闭曲线的速度环量。

升力的方向按来流速度方向反环流方向旋转 90°确定。工程上常用式（4-13）计算升力，即

$$F_L = C_L \frac{1}{2} \rho c_\infty^2 A \tag{4-13}$$

$$A = bl \tag{4-13a}$$

式中　C_L——无因次升力系数；

　　A——叶型面积；

　　b——叶型前缘点至后缘点的距离，即弦长；

　　l——叶型长度，即叶展。

实际使用中，升力系数 C_L 和阻力系数 C_D 一般由实验测定，并据此绘制出每种叶型的气动特性曲线。

每种叶型相对应的升力与阻力之比称为升阻比，是判别叶型空气动力特性的一个指标，也是反映叶型优劣的一个重要指标。

【例 4-2】 空气中叶型以速度 $c=100\text{m/s}$ 在运动，叶型的弦长 $b=0.15\text{m}$，叶展 $l=0.3\text{m}$，实验测得升力系数为 $C_L=0.82$，阻力系数为 $C_D=0.023$，分别求出空气作用在叶型上的升力与阻力大小。

解 计算叶型面积

$$A = bl = 0.15 \times 0.3 = 0.045\text{m}^2$$

根据公式（4-13）计算空气作用在叶型上的升力

$$F_L = C_L \frac{1}{2}\rho c_\infty^2 A = 0.82 \times \frac{1}{2} \times 1.293 \times 100^2 \times 0.045 = 238.56\text{N}$$

根据公式（4-11）计算空气作用在叶型上的阻力时，因叶型是流线型外形，F_D 以摩擦阻力为主，A 取物体在平行于来流速度方向的投影面积，即仍为

$$A = bl = 0.15 \times 0.3 = 0.045\text{m}^2$$

则

$$F_D = C_D \frac{1}{2}\rho c_\infty^2 A = 0.023 \times \frac{1}{2} \times 1.293 \times 100^2 \times 0.045 = 6.69\text{N}$$

汽轮机的叶栅是由相同的叶型等距离排列组成的，蒸汽汽流绕流叶栅时，在每个叶型上产生升力，升力的大小可用库塔—儒可夫斯基公式计算。所有叶型上升力的总和就是高速汽流作用在汽轮机叶栅上的推动力，该推动力沿圆周方向作用于整个汽轮机转子，推动汽轮机以 3000r/min 的速度匀速旋转，带动与汽轮机同轴相连的发电机发出电能。

（二）绕流圆柱体、球体的升力

卡门涡街现象中，流体绕流圆柱体，由于两侧尾涡的交替脱落而形成横向交变力，这两个交变力通常垂直于流动方向，其实就是作用在圆柱体上交变的升力。

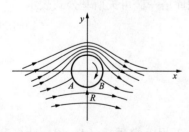

图 4-28　旋转圆柱体的升力

在均匀流中，如果圆柱体绕自身轴线旋转，由于流体具有黏性，会产生绕圆柱体的旋转运动，形成流体绕流圆柱体的环量 Γ。在圆柱体一侧流线变密，流速增加，压力减少，如图 4-28 所示；另一侧流线变疏，流速减小，压力增加，形成圆柱体两侧的压力差，这个压力差就是作用于圆柱体的升力。升力大小仍可用公式（4-12）表示，方向垂直于来流方向，并指向低压一侧。这种现象被称为马格努斯效应。

同样的道理，当流体绕流旋转球体时，旋转球体带动周围流体旋转产生环流，旋转球体

上将受到流体作用的升力，在各种球类运动中，可以利用马格努斯效应使一边向前运动一边旋转的球产生横向漂移，如足球中的"香蕉球"，乒乓球的各种旋转球等。

任务三　锅炉燃烧器的自由淹没射流

◁⒳【教学目标】

知识目标：

（1）理解紊流射流。

（2）掌握自由淹没射流的概念。

（3）了解自由淹没射流的流动特征。

能力目标：

（1）能解释自由淹没射流。

（2）能表述自由淹没射流的流动特征。

（3）能说出自由淹没射流对燃烧的影响。

态度目标：

（1）能积极主动学习、独立思考、发现问题、分析问题、解决问题。

（2）以团队协助的方式，与小组成员共同完成本学习任务。

💬【任务描述】

模型室参观锅炉内部结构，观察不同燃烧器（直流与旋流燃烧器）构造。描述气体从燃烧器喷出的流动状态，探讨气流流动状态对燃烧的影响。总结自由淹没射流流动现象。

⚓【任务准备】

（1）了解锅炉燃烧器结构，认识自由淹没射流流动现象，独立思考并回答下列问题：

1）不同燃烧器布置方式有何不同？

2）直流燃烧器和旋流燃烧器的自由淹没射流有什么不同？

3）自由淹没射流对燃烧有何影响？

（2）观察生活和工程中的射流现象，学习有关自由淹没射流的知识，独立思考并回答下列问题：

1）自由淹没射流的流动特征是什么？

2）直流射流与旋转射流的流动特征有什么不同？

〰️【任务实施】

通过了解锅炉燃烧器的工作过程，分析锅炉燃烧器的自由淹没射流及对燃烧的影响。分组讨论两种燃烧器的不同结构，以及直流射流与旋转射流的区别。学习自由淹没射流的流动特征。

📖【相关知识】

知识一：锅炉燃烧器

锅炉燃烧器的作用是将燃料和空气送入炉膛，组织合理的空气动力工况，保证燃料及时着火、完全燃烧。按出口气流的流动特性分为两大类：直流燃烧器和旋流燃烧器。

直流燃烧器通常布置在炉膛的四角，如图 4-29 所示，由一列矩形或圆形喷嘴组成，煤粉气流和热空气从喷嘴射出后，形成直流射流。直流射流的特点是沿流动方向的速度衰减比

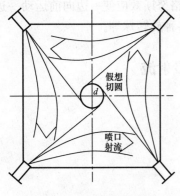

图 4 - 29　直流燃烧器布置

较慢，具有比较定常的射流核心区。旋流燃烧器由圆形喷嘴组成，燃烧器中装有各种形式的旋流发生器，煤粉气流和热空气通过旋流发生器时发生旋转，从喷嘴射出后即形成旋转射流。与直流射流相比，旋转射流同时具有向前运动的轴向速度和沿圆周运动的切向速度，使气流在流动方向上沿轴向与切向的扰动能力增强，因而气流衰减速度较快，射程较短。旋转射流的主要特性表现为旋流强度。

不论是直流燃烧器还是旋流燃烧器，从喷嘴喷出的射流的流动特性，都直接影响燃料和空气的及时、充分地混合，以及燃料能否尽快、稳定、完全燃烧。深入研究射流的流动特性是组织良好的燃烧的重要前提，锅炉的空气动力场实验和燃烧实验就是研究从燃烧器喷出的射流流动特性及对燃烧产生的影响，从而更好地组织锅炉的燃烧，提高燃烧效率。脱硝燃烧技术也和射流特性有密切的关系。

知识二：自由淹没射流

射流指具有一定流速的流体自管嘴中喷射出来形成的流动，如自水枪喷出的水流，火箭升空时尾部喷射的燃烧气流，热力发电厂中锅炉燃烧器向炉膛喷射的一次风、二次风气流，都是射流的典型例子。工程中的流体一般为紊流流动，所以我们仅讨论紊流状态的射流，通常称之为紊流射流。

紊流射流的流动特征与紊流状态有很大关系，其发展与紊流内部流体的紊流程度有直接的关系。另外，发展空间的大小也在很大程度上制约着射流的发展。射流发展如果不受固体壁面限制，也就是说，射流发展的空间相对于射流为无穷大，射流完全可以不受固体壁面的限制而自由发展，这种射流称为自由射流。如果自由射流流入由同种介质组成的静止空间，并且自由射流与空间介质的温度、密度相同，则称这种自由射流为自由淹没射流。

通过实验，观察流体从圆形喷嘴喷出时形成的自由淹没射流，假设圆形喷嘴的半径为 r_0，流体以均匀流速 c_0 从喷嘴处喷出，建立如图 4 - 30 所示的坐标系。由于惯性，射流自喷嘴喷出后，继续沿 x 轴向前流动，进入相同温度、相同介质的静止空间中。因为静止空间非常大，射流的发展不受限制。又因为射流流体作紊流流动，流体微团间相互扰动，它会不断卷吸周围静止空间中的同种介质进入射流区域，使得射流的流量增加，射流的影响范围在不断扩大，整个射流呈喇叭形向外扩散。由于动量交换，使射流速度逐渐降低，最终，射流的能量完全消失在整个空间当中，就像射流被静止空间淹没了一样，自由淹没射流即由此得名。

下面通过图 4 - 30 中的例子说明自由淹没射流的结构和特征。随着射流沿 x 方向向前流动，周围介质不断加入到射流当中，射流不断扩张，速度为 c_0 的断面越来越小，直至某一位置 M 点，断面上只有轴线上的速度为 c_0，其他点上的速度均小于 c_0。M 点所在的断面称为转折断面。从射流出口断面至转折断面称为射流初始段。一般把射流速度为零的外周面定义为射流边界层的外边界，把速度等于 c_0 的内锥面定义为射流边界层的内边界，两者之间即是射流边界层。内边界层内速度为 c_0 的区域为核心区。在初始段，随着流动向前继续，核心区越来越小，最终将消失，而核心区以外的射流边界层由于有新的介质加入，速度在不断降低，速度分布如图 4 - 30 所示，由内边界的 c_0 逐渐减小到外边界的零。由于质量的增

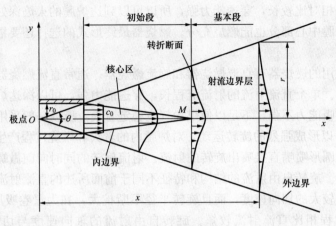

图 4 - 30　自由淹没射流

加，这一区域的横截面在不断扩大，很显然，射流边界层一方面向外扩展，同时也向核心区不断深入，直至位置 M 点，射流边界层汇合在一起。也就是说，核心区在此处消失，射流到此完成第一阶段的流动，转折断面以后的流体进入射流的第二阶段，一般称为射流的基本段。可见，基本段内完全是由射流边界层充满的，在射流基本段的流动中仍然保持着第一阶段射流质量不断增加、横截面积不断扩大、流速不断降低的基本特征。基本段射流轴心速度 c_0 沿流动方向不断降低，直至为零。

　　实验表明，射流边界层的外边界为直线。两条外边界线夹角为 θ，称为射流极角（或射流扩散角），交点 O 称为极点。任一射流横截面半径 r 与从极点算起的距离 x 成正比，即

$$\tan \frac{\theta}{2} = \frac{r}{x} = k \tag{4 - 14}$$

式中　　k——比例常数，称为实验系数。

　　对圆截面射流，$k = 3.4\alpha$，α 称为紊流系数，是反映射流结构的特征系数，一般由实验确定。α 的大小与射流出口断面的紊流强度有关。紊流强度越大，紊乱程度越高，就越能卷吸更多的静止空间的介质，则 α 值越大，扩散角 θ 也随之增大，参与射流的流体质量也增多，射流速度下降也越快。α 值还与射流出口截面上速度分布的均匀性有关，喷嘴形状也影响 α 值，即射流出口速度分布越不均匀，喷嘴形状对射流出口扰动越大，则 α 值越大。一旦 α 值确定，θ 随之确定，射流边界层的外边界也随之确定。

　　通过实验还表明，在射流边界层内，流体微团的横向分速度 c_y 远远小于主流速度 c_x，所以近似地认为，射流速度就是主流速度 c_x。同时也可近似地认为，整个射流区内压力保持不变，等于静止空间流体的压力。

　　热力发电厂中，锅炉燃烧器喷嘴就是根据自由淹没射流的基本特征进行设计和布置的，因为燃烧器喷嘴喷出的空气、燃料混合气流在炉膛中形成自由淹没射流，而射流的流程大小，卷吸周围介质的能力，以及射流的刚度等对于保证炉膛内燃烧稳定、气粉充分混合等起着至关重要的作用，因此只有对自由淹没射流的研究越深入，才能设计出越完善的燃烧器结构。

　　电厂中常用的有圆形截面和矩形截面两种喷嘴，相比较而言，圆形喷嘴的射流流程较短，穿透能力差，但其卷吸能力强，能增加气流间的掺混，使射流周围的燃料充分燃烧。矩

形喷嘴的射流流程相对比较长，穿透能力强，所以可以到达炉膛的火焰深处，增加火焰内部的扰动，从而使炉膛中心部分也能燃烧充分。燃烧器最终形式的选择还要根据燃料性质、燃料要求来综合考虑。

目前电厂中常用的燃烧器有直流燃烧器和旋流燃烧器。通常直流燃烧器由矩形喷嘴喷出不旋转的直流射流。单个直流射流的射流流程长，穿透能力强，可以深达炉膛中心，有利于充分燃烧，但是卷吸能力不强，不足以使煤粉气流稳定着火，所以一般采用四角切圆燃烧方式（见图 4-29），以形成强烈的旋转运动，对炉膛内的着火和燃烧过程产生有利的影响。

旋流燃烧器的圆形喷嘴直接喷出旋转的射流。射流旋转的同时向前做螺旋运动，可近似看作旋转自由射流。旋转自由射流的结构和特征不同于前面所述的直流射流。旋转射流既有轴向速度，也有比较大的切向速度，而且旋转半径不断扩大，在大量卷吸周围气体的同时，速度迅速减小，射程相比直流射流较短。旋转自由射流的轴向速度与切向速度分布如图 4-31所示。可以看出，离喷嘴出口不远处的轴心附近出现轴向速度为负值的流动特征，表明该位置存在一个回流区。切向速度初期较大，但很快降低，由轴线处为零沿半径方向先增加后减少，至外边界处降为零。决定旋转射流结构和特征的是旋流强度。旋流强度越大，则旋转射流扩展角越大，回流区越大，射程越短。旋转射流有强烈的卷吸作用，高温烟气回流形成中心回流区，有利于煤粉燃烧。

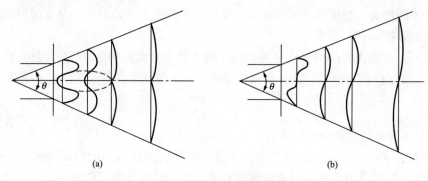

图 4-31 旋流射流
(a) 轴向速度分布；(b) 切向速度分布

由于实际上炉膛不是无限大的空间，喷入的气流与炉膛内实际烟气的成分、温度均不同，实际的炉膛内空气动力特性必须结合实验才能准确把握。实践中常常通过锅炉的冷态空气动力场实验指导锅炉的燃烧工作。锅炉优化燃烧节能技术的发展也是建立在对射流流场深入研究的基础之上的。

思 考 题

4-1 举例说明什么是平面流动？

4-2 流体运动有哪些基本运动形式？

4-3 如何判断流体是有旋流动还是无旋流动？

4-4 涡线、涡束和涡通量与流线、流束和流量在概念上有什么异同？

4-5 什么是速度环量？它与涡通量有什么关系？斯托克斯定理的内容是什么？

4-6　有旋流动有哪些基本定理？

4-7　为什么龙卷风均始于地面而终于高空？

4-8　解释流体的绕流阻力与升力是如何产生的？

4-9　什么是边界层？它有什么性质？

4-10　边界层分离的原因是什么？它对流动有哪些影响？

4-11　什么是卡门涡街，它有什么危害？

4-12　怎样减少物体运动中的阻力？

4-13　飞机是如何升空的？它与哪些因素有关？

4-14　解释汽轮机叶栅上的推动力是怎样形成的？

4-15　什么是自由淹没紊流射流？

习　　题

4-1　一辆汽车以 60km/h 的速度行驶，已知汽车垂直于运动方向的投影面积为 $3m^2$，阻力系数 $C_D=0.45$，空气密度 $\rho=1.2kg/m^3$，试求汽车克服空气阻力需要消耗的功率。

4-2　某圆柱烟囱，高 $H=20m$，直径 $d=0.6m$，已知空气密度为 $\rho=1.293kg/m^3$，当空气以 $c=18m/s$ 的流速横向吹过时，烟囱受到的推力是多大？查得绕流阻力系数 $C_D=1.3$。

4-3　水中一直径为 0.5m 的圆柱体以 200r/min 的转速绕自身的轴旋转，水以 10m/s 的速度横掠转轴，求转轴上所获得的升力大小。

4-4　飞机质量为 8000kg，其机翼叶展 $l=9.8m$，叶弦 $b=2.04m$，在高空（温度为 -10℃，压力为 400mmHg）以 300km/h 的速度飞行，求叶型的升力系数 C_L。

参 考 文 献

[1] 孙丽君．工程流体力学．2 版．北京：中国电力出版社，2010.

[2] 侯文纲．工程流体力学 泵与风机．2 版．北京：水利电力出版社，1985.

[3] 毛正孝．泵与风机．2 版．北京：中国电力出版社，2007.

[4] 赵孝保．工程流体力学．南京：东南大学出版社，2004.

[5] 管楚定，王右寰．工程流体力学．北京：中国电力出版社，1998.

[6] 孔珑．工程流体力学．4 版．北京：水利电力出版社，2014.

[7] 王松岭．流体力学．北京：中国电力出版社，2007.

[8] 潘文全．工程流体力学．北京：清华大学出版社，1988.

[9] 景思睿．流体力学．西安：西安交通大学出版社，2001.

[10] 刘志昌．工程流体力学．天津：天津科学技术出版社，1995.

[11] 陈卓如．工程流体力学．2 版．北京：高等教育出版社，2004.

[12] 周光坰．流体力学．2 版．北京：高等教育出版社，1998.

[13] 庄礼贤．流体力学．合肥：中国科学技术大学出版社，1991.

[14] 莫乃榕．工程流体力学．武汉：华中科技大学出版社，2000.

[15] 赵汉中．工程流体力学．武汉：华中科技大学出版社，2005.

[16] 周云龙．工程流体力学习题解析．北京：中国电力出版社，2007.

[17] 邢国清．流体力学泵与风机．2 版．北京：中国电力出版社，2009.

[18] 周云龙．工程流体力学．3 版．北京：中国电力出版社，2006.

[19] 莫强 C.N. 锅炉设备空气动力计算．3 版．北京：电力工业出版社，1981.

[20] 张力．电站锅炉原理．重庆：重庆大学出版社，2009.

[21] 李宏．锅炉水动力计算．河南电力勘测设计院，2009.

[22] 孙为民．发电厂认识实习．北京：中国电力出版社，2010.

[23] 杨义波．热力发电厂．2 版．北京：中国电力出版社，2010.

[24] 田金玉．热力发电厂．北京：水利电力出版社，1986.

[25] 樊泉桂．锅炉原理．2 版．北京：中国电力出版社，2014.

[26] 朱全利．超超临界机组锅炉设备及系统．北京：化学工业出版社，2008.

[27] 孙为民．电厂汽轮机．2 版．北京：中国电力出版社，2010.

[28] 刘正华．热工自动检测技术．北京：机械工业出版社，2011.

[29] 范洁川．近代流动显示技术．北京：国防工业出版社，2002.

[30] 张志新．滴灌工程规划设计原理与应用．北京：中国水利水电出版社，2007.

[31] 李异河．液压与气动技术．北京：国防工业出版社，2006.

[32] 王光谦．都江堰古水利工程运行 2260 年的科学原理．中国水利，2004 (18)，26.

[33] 魏刚．以色列依靠现代农业科技将沙漠变绿洲．科技生活周刊，2012 (21)，38.